高职高专园林专业系列教材

园林施工图设计

主　编　郭宇珍　高　卿

副主编　丁文华　鲁　琼　熊余婷

参　编　李　玲　李在明　张丽娟

　　　　甘云涛　阙　菁

主　审　文益民

机 械 工 业 出 版 社

本书是在园林工程制图的基础上，结合高等职业教育园林类专业的培养目标和教学特点，以培养学生的读图和绘图能力为目标而编写的，它系统地阐述了一套完整的园林工程施工图所包含的内容、绘图要求和技巧。

本书主要内容包括概述、施工总图设计、园路施工图、园林建筑施工图、假山施工图、种植施工图、园林给水排水施工图和园林景观照明施工图等八个学习项目，每个学习项目又分为不同的学习任务，每个学习项目结束后有项目小结、思考与练习，突出理论练习和实践操作练习，全书易于教、利于学。

本书适合高职高专院校、应用型本科院校、成人高校及二级职业技术院校、继续教育学院和民办高校的园林类、园艺类、旅游类、建筑类等专业的老师和学生使用，也可以作为园林、园艺等行业相关从业人员的培训教材。

图书在版编目（CIP）数据

园林施工图设计/郭宇珍，高卿主编. —北京：机械工业出版社，2018.5（2025.1重印）

高职高专园林专业系列教材

ISBN 978-7-111-59370-6

Ⅰ.①园… Ⅱ.①郭… ②高… Ⅲ.①园林-工程施工-工程制图-高等职业教育-教材 Ⅳ.①TU986.3

中国版本图书馆CIP数据核字（2018）第044850号

机械工业出版社（北京市百万庄大街22号 邮政编码100037）
策划编辑：时 颂 责任编辑：时 颂 于伟蓉 责任校对：陈 越
封面设计：张 静 责任印制：单爱军
北京虎彩文化传播有限公司印刷
2025年1月第1版第9次印刷
184mm×260mm · 15.5印张 · 320千字
标准书号：ISBN 978-7-111-59370-6
定价：49.00元

电话服务	网络服务
客服电话：010-88361066	机 工 官 网：www.cmpbook.com
010-88379833	机 工 官 博：weibo.com/cmp1952
010-68326294	金 书 网：www.golden-book.com
封底无防伪标均为盗版	机工教育服务网：www.cmpedu.com

高职高专园林专业系列教材
编审委员会名单

出版说明

近年来，随着我国城市化进程和环境建设的高速发展，全国各地都出现了园林景观设计的热潮，园林学科发展速度不断加快，对具备园林类高等职业技能的人才需求也不断加大。为了贯彻落实国务院《关于大力推进职业教育改革与发展的决定》的精神，我们通过深入调查，组织了全国二十余所高职高专院校的一批优秀教师，编写出版了本套“高职高专园林专业系列教材”。

本套教材以“高等职业教育园林工程技术专业教学基本要求”为纲，编写中注重培养学生的实践能力，基础理论贯彻“实用为主、必需和够用为度”的原则，基本知识采用广而不深、点到为止的编写方法，基本技能贯穿教学的始终。在编写中，力求文字叙述简明扼要、通俗易懂。本套教材结合了专业建设、课程建设和教学改革成果，在广泛的调查和研讨基础上进行规划和编写，紧密结合职业要求，力争满足高职高专的教学需要，并推动高职高专园林专业的教材建设。

本套教材包括园林专业的16门主干课程，编者来自全国多所在园林专业领域积极进行教育教学研究并取得优秀成果的高等职业院校。在未来的2~3年内，我们将陆续推出工程造价、工程监理、市政工程等土建类各专业的教材及实训教材，最终出版一系列体系完整、内容优秀、特色鲜明的高职高专土建类专业教材。本套教材适合高职高专院校、应用型本科院校、成人高校及二级职业技术院校、继续教育学院和民办高校的园林及相关专业使用，也可作为相关从业人员的培训教材。

从 书 序

为了全面贯彻国务院《关于大力推进职业教育改革与发展的决定》，认真落实教育部《关于全面提高高等职业教育教学质量的若干意见》，培养园林行业紧缺的工程管理型和技术应用型人才，依照高职高专教育土建类专业教学指导委员会规划园林类专业分指导委员会编制的园林专业的教育标准、培养方案及主干课程教学大纲，我们组织了全国多所在该专业领域积极进行教育教学改革，并取得了许多优秀成果的高等职业院校的老师们共同编写了本套“高职高专园林专业系列教材”。

本套教材包括园林专业的《园林绘画》《园林设计初步》《园林制图（含习题集)》《园林测量》《中外园林史》《园林计算机辅助制图》《园林植物》《园林植物病虫害防治》《园林树木》《花卉识别与应用》《园林植物栽培与养护》《园林工程计价》《园林施工图设计》《园林规划设计》《园林建筑设计》《园林建筑材料与构造》等16个分册，较好地体现了园林类高等职业教育培养“施工型”“能力型”“成品型”人才的特征。本着遵循专业人才培养的总体目标和体现职业型、技术型的特色，以及反映课程改革新成果的原则，整套教材在体系的构建、内容的选择、知识的互融、彼此的衔接和应用的便捷上不但可为一线老师的教学和学生的学习提供有效的帮助，而且必定会有力推进高职高专园林专业教育教学改革的进程。

教学改革是一项在探索中不断前进的过程，教材建设也必将随之不断革故鼎新，希望使用本系列教材的院校，以及老师和同学们及时将意见和要求反馈给我们，以使本系列教材不断完善，成为反映高等职业教育园林专业改革新成果的精品系列教材。

高职高专园林专业系列教材编审委员会

前　言

园林施工图设计是一门集园林建筑材料、施工工艺、绘图标准及规范于一体的综合性课程，课程内容与行业岗位需求和实际工作紧密结合。课程设计以培养学生绘图能力为目标，以完成项目任务为载体，充分体现基于工作过程为导向的课程开发与设计理念。

本书编写打破传统章节的组织形式，按照项目进行编写，整本教材分为八个项目，每个项目由不同的任务组成。项目一让学生明白一套完整的园林施工图包含哪些内容，绘制施工图时应该遵守什么样的制图标准。项目二至项目八分别结合真实案例，按照不同的任务阐述园林施工总图、园路施工图、园林建筑施工图、假山施工图、种植施工图、给水排水施工图和景观照明施工图的绘图内容及要求。

本书由郭宇珍和高卿任主编，郭宇珍负责全书的统稿工作，丁文华、鲁琼和熊余婷任副主编。具体编写分工如下：高卿编写项目一概述；熊余婷编写项目二施工总图设计；张丽娟编写项目三园路施工图；鲁琼编写项目四园林建筑施工图；李玲编写项目五假山施工图；郭宇珍编写项目六种植施工图；郭宇珍和阙菁编写项目七园林给水排水施工图；丁文华编写项目八园林景观照明施工图；李在明和甘云涛提供项目七园林给水排水施工图和项目八园林景观照明施工图的部分施工图。

本书在编写过程中参考了大量的相关书籍和资料，在此向有关作者深表谢意。同时，在该书的编写过程中，得到了武汉华中科大建筑设计研究院李在明所长、甘云涛总工程师的鼎力相助和指点，在此表示感谢。

由于编者水平有限，不完善之处敬请广大读者批评指正并提出宝贵意见。

编　者

目 录

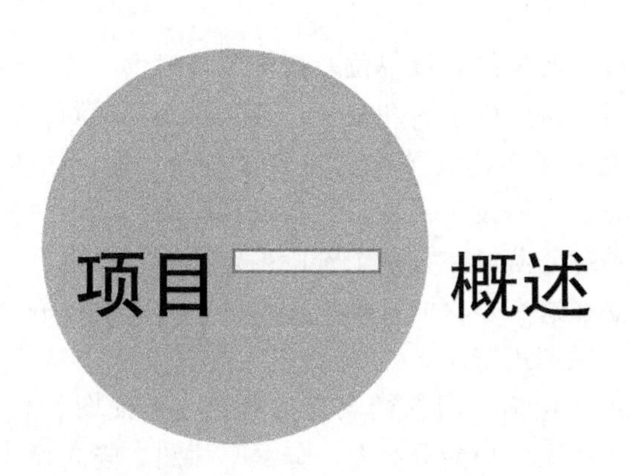

项目一 概述

教学目标

通过对景观设计方法的了解以及对《房屋建筑制图统一标准》（GB/T 50001—2010）中有关图纸幅面、图框规格、标题栏、会签栏等规定的学习，了解长仿宋字、数字和字母的写法和比例选用的规定以及索引的标注；掌握有关图线的线型、主要用途和画法以及线段、圆弧、坡度、标高和曲线的标注，能正确地进行图形尺寸标注。

教学要求

能力目标	知识要点	权重
了解园林工程设计的步骤	施工图阶段应该完成的图纸	10%
掌握园林施工图的构成及要求	园林施工图的构成、施工图的绘图要求	30%
掌握施工图的绘图标准	园林施工图的绘图标准及图例	60%

章节导读

园林工程制图是风景园林设计的基本语言，是每个初学者必须掌握的基本技能。绘制园林施工图不仅要掌握正确的方法，还要遵照有关的制图规范，以保证制图的规范化。园林工程制图可沿用国家颁布的建筑制图标准中的有关标准，例如，《房屋建筑制图统一标准》（GB/T 50001—2010）就可作为园林工程制图的依据和标准。

任务一　园林工程设计的步骤

园林工程设计的基本流程大致可以分为概念方案设计阶段、方案成果设计阶段、扩初设计阶段、施工图设计阶段和现场施工配合及验收。

一、概念方案设计阶段

在概念方案设计阶段，要依据建设单位及招标单位提供的各项经济技术指标，对各种文件、图纸、资料和参数进行深入的了解和分析，并亲自到场勘测、踏看现场，和建设单位进行必要的了解和沟通，充分领会建设单位的需要和意图，进行概念性的设计，确定总体风格，确定方案的功能特点、大概设计手法，并根据经验进行成本估算。

这个阶段是设计最关键的阶段。在这个阶段确定的设计风格、功能布局等都是设计的核心，以后的所有步骤都是在这个步骤的基础上进行的。只有通过概念方案设计出好的构想才能打动甲方，使工程得以顺利进行。

本阶段完成的图纸主要包括：园林景观方案彩色总平面图、总平面竖向总体关系设计图、交通分析图或人车分流图、功能分区图、分区平面图、竖向设计剖面图、细部空间意向设计图、景观轴线分析图、景观节点意向图和设计说明。

二、方案成果设计阶段

方案成果设计阶段的主要工作，是在概念设计的基础上，从整体到局部，从个别到细部，一步一步地继续深入，使各景观之间既有整体又有局部，既有联系又有区别，既有统一又有特色；在效果上要注重起伏变化，疏密相间，动静结合，声色相伴，软硬相接，做到既有高潮又有亮点，既生动又活泼。此阶段可以准确地把握景观的设计效果，进行相对准确的造价预算。

此阶段的成果需要以文本的形式充分而全面地展示出来。它包含了设计者的全部思想和成果表达，具体包括：设计说明，总平面图，总平面竖向设计图，分区图，分析图，主要景观节点的平面图、立面图和剖面图，重要区域效果图，植物配植意向图等。此文本是一本形色兼备的，能系统地、完整地表达设计者的思想，并能用于向建设单位汇报和进行沟通的范本，也是设计师一个设计阶段完成的总结。

三、扩初设计阶段

在方案初步完成和认可之后，经过一段时间的酝酿和再构思，需要在原设计基础上做一次调整和深入，这就是扩初设计阶段的主要工作。此时的扩初设计已经不再是原来意义上的重复继续，而是要把已经形成的设计成果与建设单位现有的物质、技术、经济、文化等方面的条件进行一次有机的结合；不再是单纯地为设计而设计，而是要将设计者的设计成果与现有条件联系起来进行的一次综合处理与评估，也就是论证设计的可行性。它包括技术、材料、资金、人力、环保、文化、后期管理等，还包括设计的工艺、成本是否在节能、增效的范围内。在此阶段，要对原有设计进行检查和完善，使之更具有合理性、完整性、可行性，不行还得重新修改。总的来说，扩初设计是在原来设计基础上的加工，是一次全面综合的检验和完善，要趋利避害，从而形成合理、高效、经济、环保的设计成果，以满足建设单位、社会大众的需要。

此阶段的成果包括：园林景观总平面设计图，园林竖向总平面图、网络定位总平面图、尺寸总平面图，园林景观建筑小品立面图和剖面彩图，景观水体的平面、立面和剖面彩图，

景观铺装图，景观绿化设计平面图和品种介绍彩图，景观给水排水布置平面图，景观电器、灯位布置平面图。

四、施工图设计阶段

扩初设计阶段完成以后，设计师要根据甲方对扩初设计阶段的修改意见进行施工图设计，这就是施工图设计阶段的主要工作。施工图设计要求在方案的基础上进行成品化的设计和转变，此时无论是在成品形式上还是在构造、尺寸、材料、颜色、方位上都要求精益求精，毫不马虎，并将各种材质、构造、做法、详图一一清楚而准确地表达出来，为施工更为顺利、方便、快捷、高效、节约、安全地进行和预算等方面提供有力的保障。

此阶段的图纸包括：总平面图，索引总平面图，标高总平面图，铺装总平面图，放线总平面图，园林建筑小品施工图（包含广场、景观车道、人行道、平台、景观亭、景观廊架、观景台、景观墙、台阶、护栏等的施工图），水景施工图，室外照明灯具系统图，室外给水排水系统图，灌溉布置图，绿化施工图，施工说明等。

五、现场施工配合与验收

业主拿到施工设计图纸后，会联系监理方和施工方对施工图进行看图和读图。之后，由业主牵头，组织设计方、监理方和施工方进行施工图设计交底会。在交底会上，业主方、监理方和施工方都要提出看图后所发现的专业方面的问题，各专业设计人员将对其进行答疑。一般情况下，业主方的问题多涉及总体上的协调、衔接，监理方和施工方的问题常涉及设计节点图、大样图的具体实施，双方侧重点不同。由于上述三方是有备而来，并且有些问题往往是施工中关键节点，因此设计方在交底会前要充分准备，会上要尽量结合设计图纸当场答复，现场不能回答的，回去考虑后要尽快做出答复。

最后，设计师在工程项目施工过程中，要经常踏勘建设中的工地，解决施工现场暴露出来的设计问题，以及设计与施工相配合的问题。有些重大工程项目，整个建设周期相当紧迫，业主普遍采用“边设计边施工”的方法。针对这种工程，设计师更要勤下工地，结合现场客观地形、地质、地表情况，做出最合理、最迅速、最便捷的设计。

任务二　园林施工图设计说明及施工图构成

一、园林景观施工图的要求

园林景观施工图的设计文件要完整，内容、深度要符合要求，文字、图纸要准确清晰，整个文件要经过严格校审，避免“错、漏、碰、缺”。施工图设计应根据已通过的方案设计文件、初步设计文件及设计合同书中的有关内容进行编制。内容以图纸为主，应包括：封面、图纸目录、设计说明、图纸、材料表、材料附图、详细面积指标等。

施工图设计文件一般以专业为编排单位，包括园建、绿化、结构、给水排水、电气等专业。各专业的设计文件应经严格校审、签字后，方可出图及整理归档。

施工图的设计深度应满足以下要求：能以此编制施工图预算；能以此安排材料、设备订货及非标准材料的加工；能以此进行施工和安装；能以此进行工程验收。

二、园林景观施工图的构成

（一）图纸封面

图纸封面应包含项目名称、图纸专业、设计出图单位、出图时间及出图版本，如图 1-1 所示。

（二）设计说明

设计说明中应包含以下内容：

1）设计依据及设计要求。应注明采用的标准图及其他设计依据。

2）设计的范围。

3）标高及单位。应说明图纸文件中采用的标注单位；采用的坐标是相对坐标还是绝对坐标，如果是相对坐标，必须说明采用的依据。

4）材料选择及要求。一般应说明的材料包括饰面材料、木材、钢材、防水疏水材料、种植土及铺装材料等。

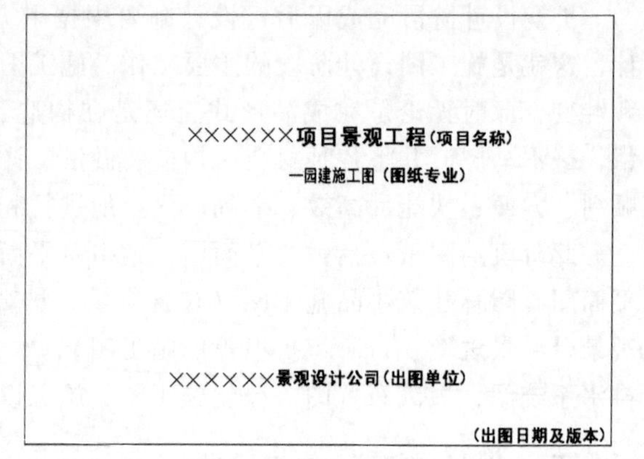

图 1-1　图纸封面

5）施工要求。强调需注意工种配合及对气候有要求的施工部分。

6）用地指标。总占地面积、绿地面积、道路面积、铺地面积、绿化率及工程的估算总造价等。

（三）图纸目录

图纸目录中应包含项目名称、设计时间、图纸序号、图纸名称、图号、图幅及备注等，如图 1-2 所示。

图　纸　目　录

序号	编号	图纸名称及内容	图幅	附注
001	LGN–0.00	封面	A2	
002	LGN–1.01	图纸目录～1	A2	
003	LGN–1.02	图纸目录～2	A2	
004	LGN–2.01	设计说明	A2	
	总图部分			
005	LP–1.01	总平面图	A0	
006	LP–1.02	标高平面图	A0	
007	LP–1.03	索引平面图	A0	
008	LP–1.04	标注定位图	A0	
009	LP–1.05	网格放线图	A0	
010	LP–1.06	铺装总平面图	A0	
	详图部分			
011	LD–1.01	主入口景观区标高平面图	A2	
012	LD–1.01–1	主入口景观区标注定位图	A2	
013	LD–1.01–2	主入口景观区索引平面图	A2	
014	LD–1.01–3	主入口景观区铺装平面图	A2	
015	LD–1.01–4	主入口景观区平面大样图	A2	

序号	编号	图纸名称及内容	图幅	附注
030	LD–3.01–3	次入口铺装索引平面图	A2	
031	LD–3.01–4	节点铺装大样图	A2	
032	LD–3.02	次入口剖面图	A2+892	
033	LD–3.03	景观桥平、立面图	A2	
034	LD–3.03–1	景观桥剖面图	A2	
035	LD–3.03–2	栏杆大样、汀步剖面图	A2	
036	LD–3.04	特色灯柱详图	A2	
037	LD–3.04–1	灯柱雕花放线图	A2	
038	LD–3.05	孔雀铜雕基座做法详图	A2	
039	LD–4.01	样板展示区——标高平面图	A2	
040	LD–4.01–1	样板展示区——标注定位图	A2	
041	LD–4.01–2	样板展示区——铺装索引图	A2	
042	LD–4.02	样板展示区——剖面图1	A2+892	
043	LD–4.03	样板展示区——剖面图2、大样图	A2+892	
044	LD–4.04	样板展示区——剖面图3、4	A2	
045	LD–4.05	样板展示区——大样图	A2	
046	LD–4.06	景观草亭平、天面图	A2	
047	LD–4.06–1	景观草亭剖、立面图	A2	

图 1-2　图纸目录

注：图 1-2 所示的图纸目录以园建图为例，其中 LNG 部分为目录及说明，LP 部分为总图部分，LD 部分为分区详图部分。许多图纸目录中，还会列出通用图（用 PD 表示）。

图纸编号时以专业为单位，各专业各自编排各专业的图号。对于大、中型项目，应按以下专业进行图纸编号：园建、绿化、建筑小品、园建结构、给水排水、电气、物料表及材料附图等。对于小型项目，可按以下专业进行图纸编号：园建、绿化、结构、给水排水、电气等。

（四）施工总平面图

1）应以详细尺寸或坐标标明各类园林植物的种植位置、构筑物、地下管线位置、外轮廓。

2）施工总平面图中要注明基点、基线。基点要同时注明标高。

3）为了减少误差，整形式平面要注明轴线与现状的关系；自然式道路、山丘种植要以方格网为控制依据。

4）注明道路、广场、台承、建筑物、河湖水面、地下管沟上皮、山丘、绿地和古树根部的标高，它们的衔接部分亦要做相应的标注。

5）图的比例为 1∶100~1∶500。

（五）种植施工图

1. 平面图

1）在图上应按实际距离尺寸标注出各种园林植物品种、数量。

2）标明与周围固定构筑物和地上地下管线的距离。

3）施工放线依据。

4）自然式种植可以用方格网控制距离和位置，方格网尺寸采用 2m×2m~10m×10m，方格网尽量与测量图的方格线方向一致。

5）现状保留树种，如属于古树名木，则要单独注明。

6）图的比例为 1∶100~1∶500。

2. 立面图、剖面图

1）在竖向上标明各园林植物之间的关系、园林植物与周围环境及地上地下管线设施之间的关系。

2）标明施工时准备选用的园林植物的高度、体型。

3）标明与山石的关系。

4）图的比例为 1∶20~1∶50。

3. 局部放大图

1）重点树丛、各树种关系、古树名木周围处理和覆层混交林种植详细尺寸。

2）花坛的花纹细部。

3）与山石的关系。

4. 文字说明

1）放线依据。

2）交代与各市政设施、管线管理单位配合情况。

3）选用苗木的要求（品种、养护措施）。

4）栽植地区客土层的处理，客土或栽植土的土质要求。

5）施肥要求。

6）苗木供应规格发生变动的处理。

7）重点地区采用大规格苗木时要采取号苗措施，应说明苗木的编号与现场定位的方法。

8）非植树季节的施工要求。

5. 苗木表

1）种类或品种。

2）规格、胸径以厘米为单位，写到小数点后一位；冠径、高度以米为单位，写到小数点后一位。

3）观花类要标明花色。

4）数量。

6. 预算

根据有关主管部门批准的定额，按实际工程量计算，内容包括：

1）基本费。

2）不可预见费

3）各种管理、附加费。

4）设计费。

（六）竖向施工图

1. 平面图

1）现状与原地形标高。

2）设计等高线，等高距为 0.20~0.5m。

3）土山山顶标高。

4）水体驳岸、岸顶、岸底标高。

5）池底高程用等高线表示，水面要标出最低水位、最高水位及常水位。

6）建筑室内外标高和建筑出入口标高。

7）道路、折点处标高和纵坡坡度。

8）绿地高程用等高线表示，画出排水方向、雨水口位置。

9）图的比例为 1∶100~1∶5000

10）必要时增加土方调配图，方格为 2m×2m~10m×10m，注明各方格点原地面标高、设计标高、填挖高度，列出土方平衡表。

2. 剖面图

1）在重点地区、坡度变化复杂地段增加剖面图。

2）标明各关键部位标高。

3）图的比例为 1∶20~1∶500。

3. 文字说明

1）夯实程度。

2）土质分析。

3）微地形处理。

4）客土处理。

4. 预算

（七）园路、广场施工图

1. 平面图

1）路面总宽度及细部尺寸。

2）放线用基点、基线、坐标。

3）与周围构筑物、地上地下管线的距离及对应标高。

4）路面及广场高程、路面纵向坡度、路中标高、广场中心及四周标高、排水方向。

5）雨水口位置，和雨水口详图或标准图索引号。

6）路面横向坡度。

7）对现存物的处理。

8）曲线园路线形标出转弯半径或用方格网控制，方格网为 2m×2m～10m×10m。

9）路面面层花纹。

10）图的比例为 1∶20～1∶1000。

2. 剖面图

1）路面、广场纵横剖面上的标高。

2）路面结构，即表层、基础做法。

3）图的比例为：1∶20～1∶500。

3. 局部放大图

1）重点结合部。

2）路面花纹。

4. 文字说明

1）放线依据。

2）路面强度。

3）路面粗糙度。

4）铺装缝线允许尺寸，以毫米为单位。

5）路缘石与路面结合部做法、路缘石与绿地结合部高程做法。

6）异型铺装块与路缘石衔接处理。

7）正方形铺装块折点、转弯处做法。

5. 预算

（八）假山施工图

1. 平面图

1）山石平面位置、尺寸。

2）山峰、制高点、山谷、山洞的平面位置、尺寸及各处高程。

3）山石附近地形，构筑物、地下管线与山石的距离。

4）植物及其他设施的位置、尺寸。

5）图的比例为：1∶20～1∶50。

2. 剖面图

1）山石各山峰的控制高程。

2）山石基础结构。

3）管线位置、管径。

4）植物种植池的做法、尺寸、位置。

3. 立面图或透视图

1）山石层次、配置形式。

2）山石大小与形状。

3）与植物及其他设备的关系。

4. 文字说明

1）堆石手法。

2）接缝处理。

3）山石纹理处理。

4）山石形状、大小、纹理、色泽的选择原则。

5）山石用量控制。

5. 预算

（九）水池施工图

1. 平面图

1）放线依据。

2）与周围环境、构筑物、地上地下管线的距离。

3）自然式水池轮廓可用方格网控制，方格网为2m×2m～10m×10m。

4）周围地形标高与池岸标高。

5）池岸岸顶标高、岸底标高。

6）池底转折点、池底中心、池底标高、排水方向。

7）进水口、排水口、溢水口的位置、标高。

8）泵房、泵坑的位置、尺寸、标高。

2. 剖面图

1）池岸、池底进出水口高程。

2）池岸、池底结构、表层（防护层）、防水层、基础做法。

3）池岸与山石、绿地、树木接合部做法。

4）池底种植水生植物做法。

3. 各单项土建工程详图

1）泵房

2）泵坑

3）给水排水、电气管线。

4）配电装置。

5）控制室。

（十）给水排水设计

1）给水排水设计说明：给水排水设计原则及其施工质量要求。

2）给水（喷灌）平面定位图：定位给水排水位置，并标明服务半径。

3）给水排水管网图：绘制雨水口及管网系统连接方式，管道系统的材料规格及排水导流方向。

4）给水排水细部大样图：绘制给水排水细部大样做法，清楚详细地说明施工工艺和材料及规格的要求。

（十一）电气设计

1）电气设计说明：讲述电气设计原则，及其施工质量要求。

2）电气设施布置系统图：清楚交代灯具、控制箱等电气的布置位置，以及回路连接方式。

3）电气设备电路图：说明各电气电路连接方式、控制方式、布线要求及功率大小要求。

4）电气设备安装细部详图：绘制各电路设备节点做法，清楚详细地说明施工工艺、安装方法和材料及规格的要求。

5）灯具选型照片：提供灯具选型图片。

任务三　园林施工图的制图标准及图例

一、施工图制图规范

（一）图纸幅面、标题栏与会签栏

园林施工图绘制时，其幅面、标题栏、会签栏应符合下列规定。

1. 图纸幅面（简称图幅）

园林施工图幅面尺寸及图框尺寸应按照表 1-1 的规定执行。

表 1-1　国家标准工程图图纸幅面及图框尺寸　　（单位：mm）

尺寸代号 \ 幅面代号	A0	A1	A2	A3	A4
$b \times l$	841×1189	594×841	420×594	297×420	210×297
c	10			5	
a	25				

注：表中 b 为幅面短边尺寸，l 为幅面长边尺寸，c 为图框线与幅面线间宽度，a 为图框线与装订边间宽度。

图纸的基本幅面有五种，分别用幅面代号 A0、A1、A2、A3、A4 表示。必要时，可以按规定加长幅面，加长后的幅面尺寸是由基本幅面的短边整数倍增加后而形成的，加长的图纸幅面如图 1-3 所示。

2. 图纸标题栏（简称图标）

在每张正式的图纸上都应有工程名称、图名、图纸编号、日期、设计单位和设计人、绘图人、校核人、审定人的签名区等栏目，将上述栏目集中列成表格的形式就是图纸的标题栏，简称图标。

图标内容包括：公司名称；业主、工程名称；图纸签发参考（填写图纸签发的序号、说明、日期）版权归属（中英文注明的版式的归属权）；设计阶段；签名区（包括项目负责人、设计、制图、校对和审核）。标准图标示例如图 1-4 所示。

3. 会签栏

会签栏是与设计相关的专业人员的签字栏。例如，给水排水专业、暖通、设备、工艺等

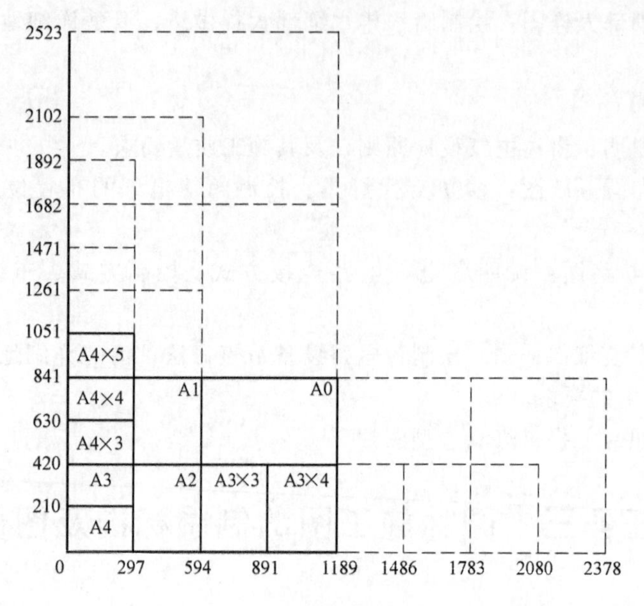

图 1-3　加长的图纸幅面

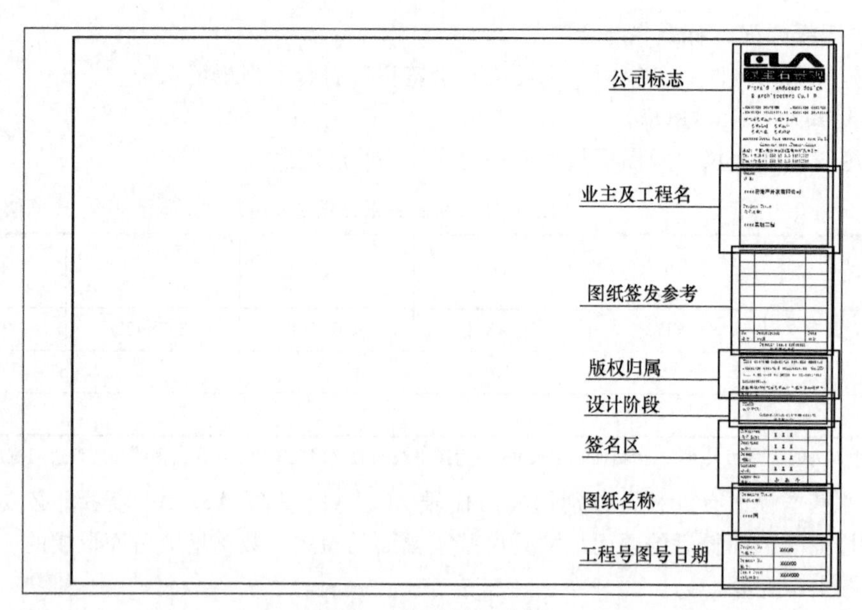

图 1-4　标准图标示例

专业要提出意见，由建筑专业进行相关设计后，这些专业都要进行检查，以查看所提供的条件是否都得到满足，然后在会签栏进行签字。会签栏位置和格式分别如图 1-5 和 1-6 所示。

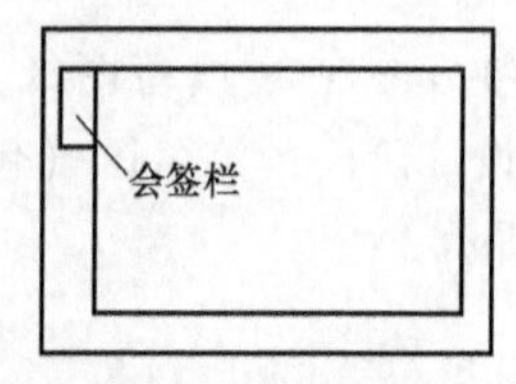

图 1-5　会签栏位置

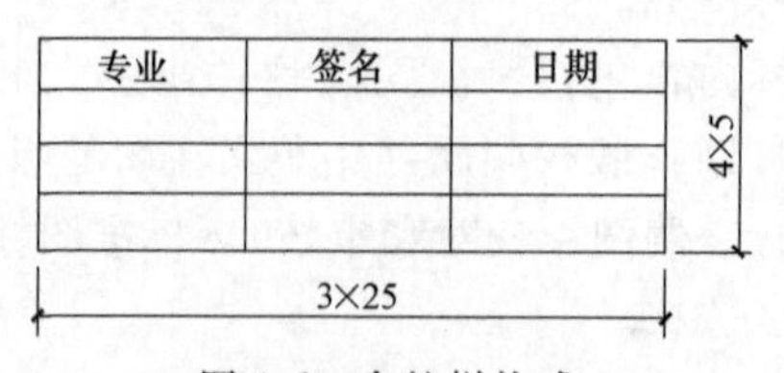

图 1-6　会签栏格式

（二）制图用线与图样比例

1. 制图用线

绘制施工图时采用的线型有：实线、虚线、点画线、双点画线、波浪线及双折线等。不同的线型有不同的适用范围，绘图时，可按照表 1-2 规定执行。

表 1-2　常用线型及用途

图线名称	图线线型	主要用途
粗实线		可见轮廓线
细实线		尺寸线、尺寸界限、剖面线、辅助线、重合剖面的轮廓线、引出线等
虚线	4　1	不可见轮廓线
细点画线	15　3	轴线、对称中心线
粗点画线		有特殊要求的线或表面的表示线
双点画线	15　5	假想轮廓线、极限位置的轮廓线
波浪线		断裂处的边界线、视图和剖视的分界线
双折线		断裂处的边界线

2. 图线的尺寸

图线宽度应在下列数系中选择：0. 13mm，0. 18mm，0. 25mm，0. 35mm，0. 5mm，0. 7mm，1mm，1. 4mm，2mm。该数系的公比为 $1:\sqrt{2}$。

粗线、中粗线和细线的宽度比率为 4：2：1，在同一图样中，同类图线的宽度应一致。

3. 绘图比例

绘图时，选定图幅后，根据本张图纸要表达的内容选定合适的绘图比例，可参照表 1-3 的规定执行。

表 1-3　常用绘图比例

图名	常用比例
总平面图	1：500，1：1000，1：2000
平面图、剖面图、立面图	1：50，1：100，1：200
不常见平面图	1：300，1：400
详图	1：1，1：2，1：5，1：10，1：20，1：50

（三）字体

工程图常用字体包括汉字、字母和数字，书写时要求字体工整、笔画清楚、间隔均匀、排列整齐。工程图中字体的高度即为字号，其数系规定为 1. 8mm，2. 5mm，3. 5mm，5mm，7mm，14mm，20mm。字体高度代表字体的号数。汉字的高度 h 不应小于 3. 5mm，数字和字母的高度应不小于 2. 5mm。

字母、数字可以写成斜体或直体，斜体字字头向右倾斜，与水平基准线呈 75°，与汉字写在一起时，宜写成直体。

汉字应写成长仿宋体字。长仿宋体是仿宋体的变形，其字宽一般为 $h/\sqrt{2}$。工程图中的字体如图 1-7 所示。

图 1-7　工程图中的字体

图纸中总说明文字，字高 6mm，宽 0.8[⊖]，用仿宋体；总图名字体为仿宋，字高 6mm，宽 0.9，比例标注选用字 4.8mm；文字标注用仿宋体，字高 3.5mm，宽 0.7；详图图名标注文字选用字高 5mm，比例标注选用字高 3.5mm；图标栏内图纸名称字高 5mm，项目名称、工程名称等字高 4mm，设计人、校对人等字高 3.5mm。

（四）符号标注

1. 风玫瑰图

在总平面图中应画出工程所在地的地区风玫瑰图，用以指定方向及指明地区主导风向。地区风玫瑰图查阅相关资料或由设计委托方提供。

2. 指北针

在总图部分的其他平面图上应画出指北针，所指方向应与总平面图中风玫瑰的指北针方向一致。指北针用细实线绘制，圆的直径为 24mm，指针尾宽为 3mm，在指针尖端处注“N”字，字高 5mm。指示针示例如图 1-8 所示。

3. 定位轴线及编号

平面图中定位轴线，用来确定各部分的位置。定位轴线用细点画线表示，其编号注在轴线端部用细实线绘制的圆内，圆的直径为 8~10mm，圆心在定位轴线的延长线或延长线的折线上。平面图上定位轴线的编号应标注在图样的下方与左侧，横向编号用阿拉伯数字按从左至右顺序编号，竖向编号用大写拉丁字母（除 I、O、Z 外）按从下至上顺序编号，如图 1-9 所示。

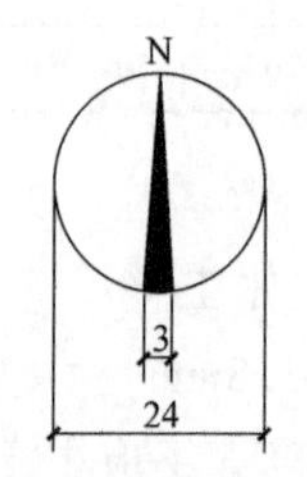

图 1-8　指北针示例

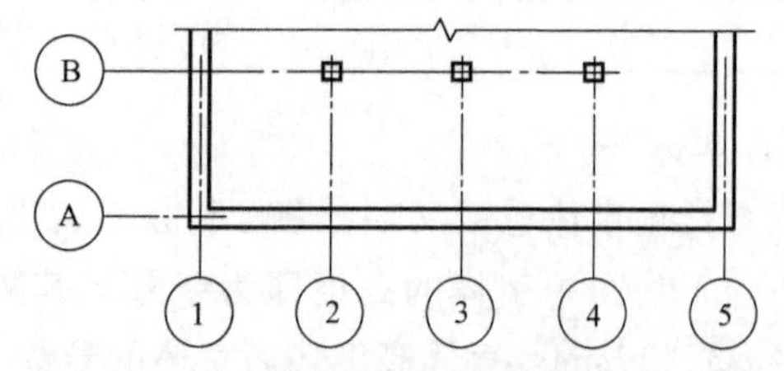

图 1-9　定位轴线示意图

⊖　此处的“宽 0.8”，是指 CAD 绘图中，将宽度因子设为“0.8”，下文的“宽 0.9”“宽 0.7”意义与之相同。

附加定位轴线的编号用分数表示。两根轴线间的附加轴线，分母表示前一轴线的编号，分子表示附加轴线的编号，如图 1-10a 所示。1 号和 A 号轴线之前的附加轴线的分母应以 01 或 0A 表示，如图 1-10b 所示。

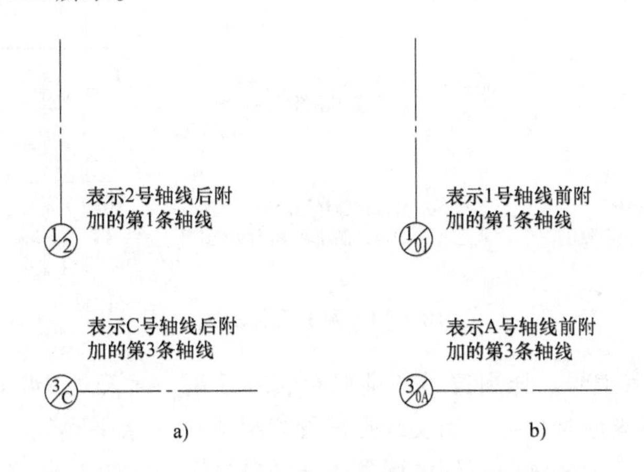

图 1-10　附加轴线及其编号

a）在两根轴线之间的附加轴线　b）在 1 号和 A 号轴线之前附加轴线

当一个详图适用于几根轴线时，同时注明各有关轴线的编号。例如，图 1-11a 所示用于两根轴线；图 1-11b 所示用于多根非连续编号的轴线；图 1-11c 所示用于多根连续编号的轴线；通用详图的定位轴线如图 1-11d 所示，不注明轴线编号。

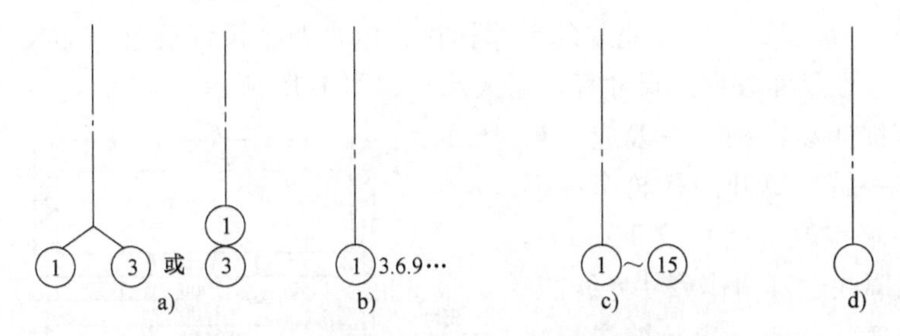

图 1-11　一个详图适用于几根定位轴线时的编号示例

a）用于两根轴线　b）用于多根非连续编号的轴线　c）用于多根连续编号的轴线　d）用于通用详图的轴线

组合较复杂的平面图，定位轴线可采用分区编号。编号形式分为“分区号-该分区编号”，分区号用阿拉伯数字或大写拉丁字母表示，如图 1-12 所示。

4. 索引符号及详图符号

对图中需要另画详图表达的局部构造或构件，在图中的相应部位应以索引符号索引。索引符号用来索引详图，而索引出的详图应画出详图符号来表示详图的位置和编号，并用索引符号和详图符号相互之间的对应关系，建立详图与被索引的图样之间的联系，以便相互对照查阅。

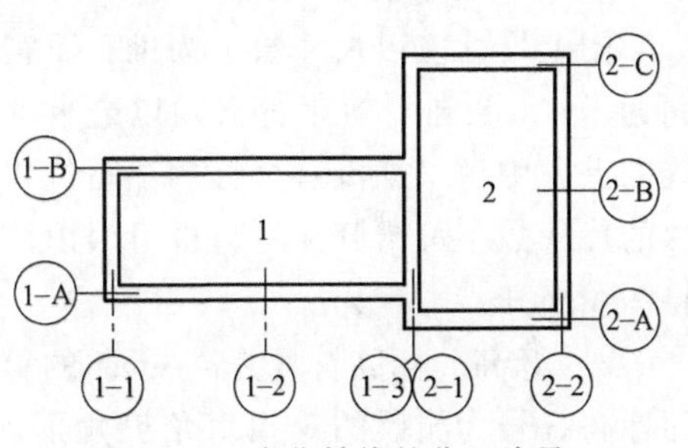

图 1-12　定位轴线的分区编号

1）索引符号及其编号。索引符号的圆及水平直径线均以细实线绘制，圆的直径应为 10mm。索引符号的引出线应指在要索引的位置上。引出的是剖面详图时，用粗实线段表示剖切位置，引出线所在的一侧应为剖视方向。圆内编号的含义为：上行为详图编号，下行为详图所在图纸的图号。索引符号示例如图 1-13 所示。

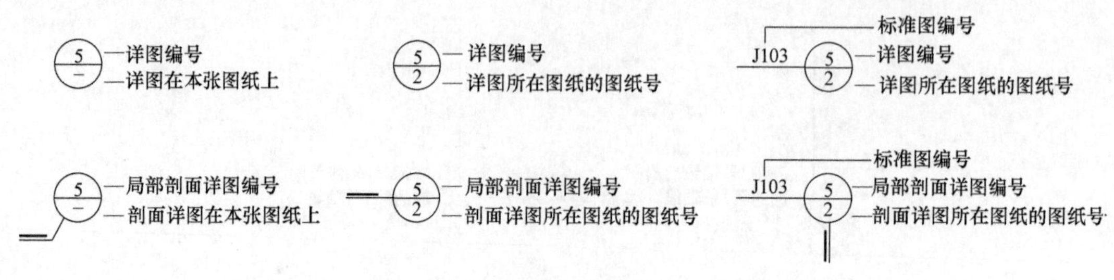

图 1-13　索引符号示例

2）详图符号及其编号。详图符号的圆以粗实线绘制，直径为 14mm。当详图与被索引的图样不在同一张图纸内时，可用细实线在详图符号内画一水平直线。圆内编号的含义为：上行为详图编号，下行为被索引图纸的图号。详图符号示例如图 1-14 所示。

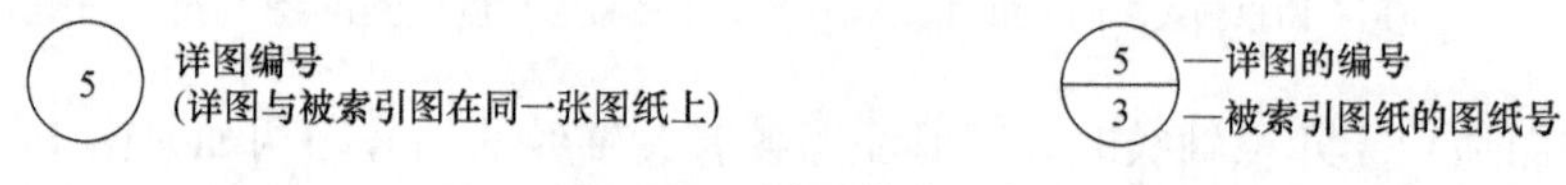

图 1-14　详图符号示例

5. 尺寸标注

1）尺寸标注一般规定。一个完整的尺寸标注，包含四个尺寸要素，即尺寸界线、尺寸线、尺寸起止符号和尺寸数字。尺寸标注组成示例如图 1-15 所示。

尺寸界线用细实线绘制，一般应与被注长度垂直，其一端应离开图样轮廓线不小于 2mm。另一端宜超出尺寸线 2 ~ 3mm。必要时，图样轮廓线也可用作尺寸界线。

尺寸线用细实线绘制，应与被注长度平行，且不宜超出尺寸界线。尺寸线不能用其他图线替代，一般也不得与其他图线重合或画在其延长线上。

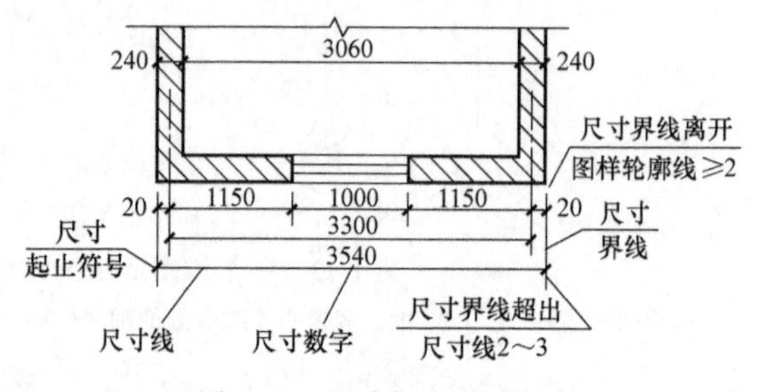

图 1-15　尺寸标注组成示例

尺寸起止符应用中粗斜短线绘制，其倾斜方向应与尺寸界线呈顺时针 45°角，长度宜为 2 ~ 3mm。半径、直径、角度与弧长的尺寸起止符号宜用箭头表示。

图上尺寸应以尺寸数字为准，不得从图上直接量取。图样上的尺寸单位，除标高及总平面为米（m）外，其他都必须以毫米（mm）为单位。尺寸数字应依据其读数方向写在尺寸线的上方中部，如没有足够的注写位置，最外边的尺寸数字可在尺寸界线外侧注写，中间相邻的尺寸数字可错开注写，也可引出注写。尺寸数字不能被任何图线穿过。不可避免时，应将图线断开。

2）标高。标高符号为高 3mm 的等腰直角三角形，用细实线绘制。总平面图室外整平地面标高符号为涂黑的等腰直角三角形。标高数字注写在符号的右侧、上方或右上方。如图 1-16所示。

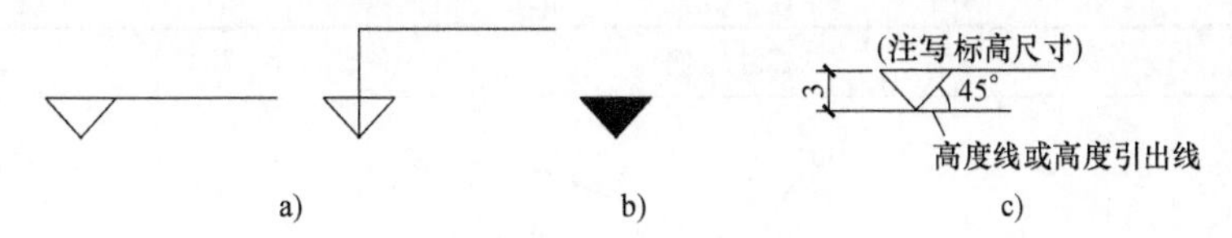

图 1-16　标高符号示例

a）用于个体建筑标高　b）用于总平面图标高　c）画法尺寸

标高数字以米（m）为单位，注到小数点以后第三位；在总平面图中，可注写到小数点后二位。零点标高应注写成±0.000；正数标高不注“+”，负数标高应注“-”。标高符号的尖端应指至被注的高度处，尖端可向上，也可向下，如图 1-17a 所示。在图样的同一位置需表示几个不同标高时，标高数字可按图 1-17b 所示的形式注写。

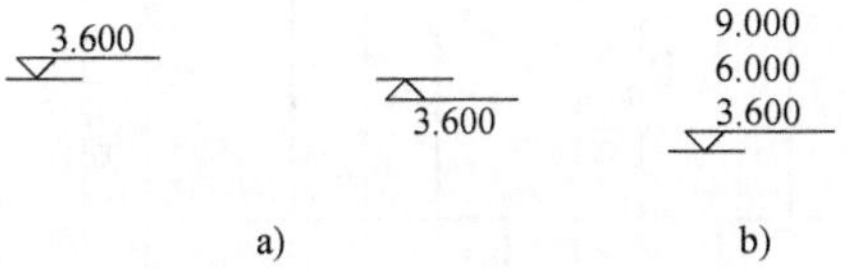

3.600　3.600　9.000　6.000　3.600

a)　b)

图 1-17　标高符号及其画法规定

a）标高的指向　b）一个符号标注几个标高

3）尺寸标注的其他规定。其他尺寸标注见表 1-4。

表 1-4　其他尺寸标注说明

标注内容	标注示例	说　明
半径	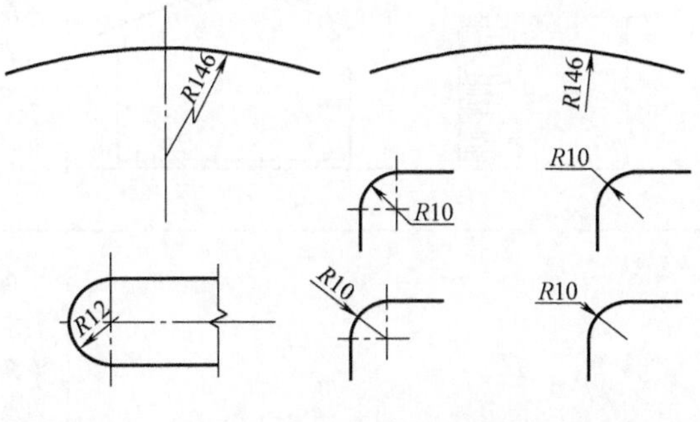 R146　R146　R10　R10　R12　R10　R10	半圆及小于半圆的圆弧，只标注半径。标注半径的尺寸线的方向应一端指向圆弧，半径数字前加注符号“*R*”
直径	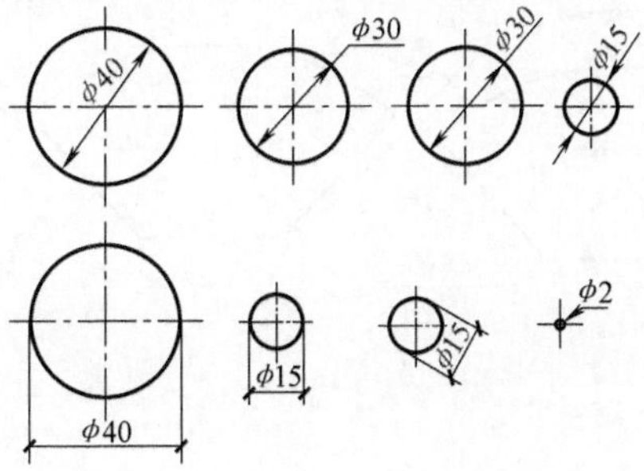 φ40　φ30　φ30　φ15　φ15　φ15　φ2　φ40	圆及大于半圆的圆弧应标注直径，并在直径数字前加注符号“φ”。较小圆的直径尺寸，可标注在圆外

（续）

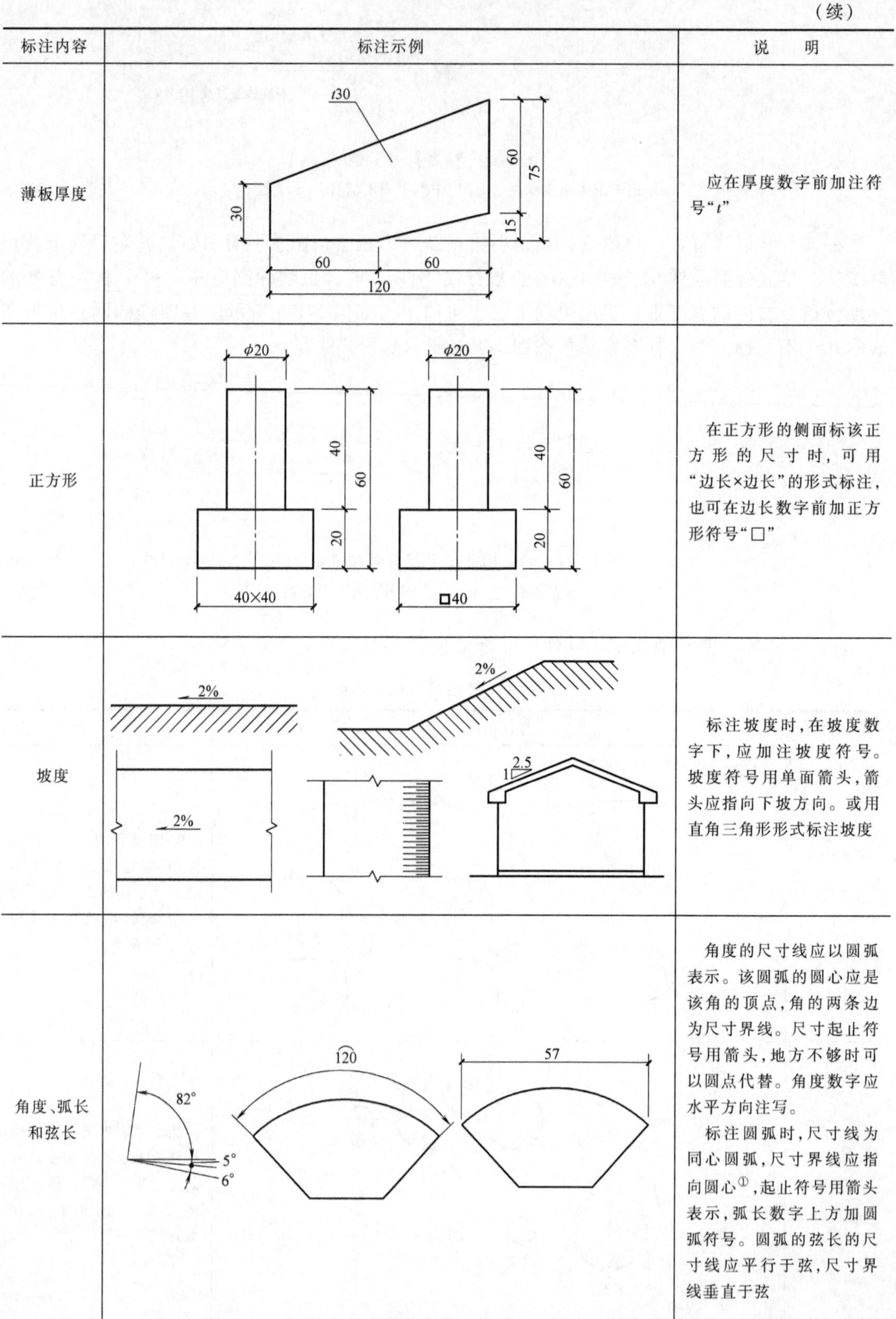

标注内容	标注示例	说　明
薄板厚度	t30　60　75　30　15　60　60　120	应在厚度数字前加注符号“t”
正方形	ϕ20　40　60　20　40×40　ϕ20　40　60　20　□40	在正方形的侧面标该正方形的尺寸时，可用“边长×边长”的形式标注，也可在边长数字前加正方形符号“□”
坡度	2%　2%　2%　1　2.5	标注坡度时，在坡度数字下，应加注坡度符号。坡度符号用单面箭头，箭头应指向下坡方向。或用直角三角形形式标注坡度
角度、弧长和弦长	82°　5°　6°　$\overset{\frown}{120}$　57	角度的尺寸线应以圆弧表示。该圆弧的圆心应是该角的顶点，角的两条边为尺寸界线。尺寸起止符号用箭头，地方不够时可以圆点代替。角度数字应水平方向注写。 标注圆弧时，尺寸线为同心圆弧，尺寸界线应指向圆心[①]，起止符号用箭头表示，弧长数字上方加圆弧符号。圆弧的弦长的尺寸线应平行于弦，尺寸界线垂直于弦

（续）

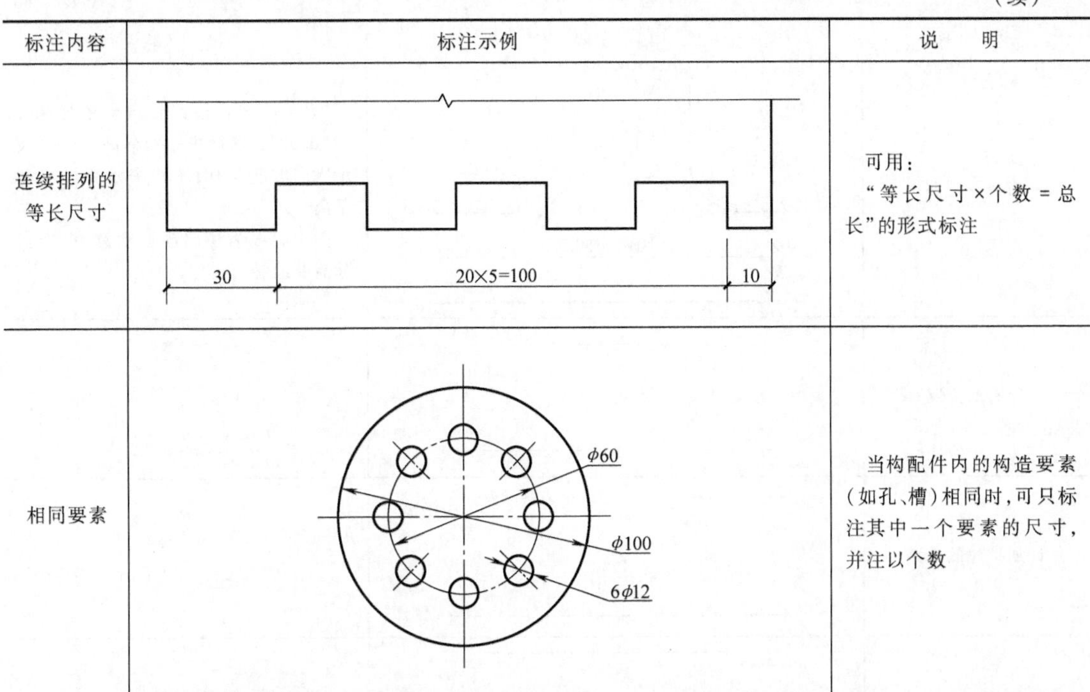

标注内容	标注示例	说　明
连续排列的等长尺寸	30　20×5=100　10	可用："等长尺寸×个数=总长"的形式标注
相同要素	φ60　φ100　6φ12	当构配件内的构造要素（如孔、槽）相同时，可只标注其中一个要素的尺寸，并注以个数

① 对于圆弧的标注，已废止的《房屋建筑制图统一规范》（GB 50001—2001）规定，圆弧的尺寸界线垂直于该圆弧的弦。因此，在许多施工图中，特别是2010年以前的施工图中，圆弧的标注方式与本表略有不同。

（五）常用图例

园林工程总平面图中的常用图例见表1-5。

表1-5　园林工程总平面图图例

名　称	图　例	说　明
坐标	X=105.00 Y=425.00 A=131.51 B=278.25	上图表示测量坐标，下图表示施工坐标
室内标高	3.600	
室外标高	143.00	

（续）

名　称	图　例	说　明
新建的道路		“$R=9$”表示道路转弯半径为9m，“150.00”为路面中心的标高，“6%”表示纵向坡度，“101.00”表示变坡点间距离 图中斜线为道路断面示意，根据实际需要绘制
原有的道路		
计划扩建的道路		
人行道		
桥梁（公路桥）		用于旱桥时应注明

绘制园林工程施工图时，各种建筑材料常需用图例来表示，常用园林建筑材料图例见表1-6。

表1-6　常用建筑材料图例

材料名称	图例	说　明
自然土壤		包括各种自然土壤
夯实土壤		
砂		

（续）

材料名称	图例	说　　明
灰土		
砂砾石、碎砖三合土		
天然石材		包括岩层、砌体、铺地、贴面等材料
毛石		
普通砖		包括砌体、砌块；断面较窄，不易画出图例线时，可涂红
混凝土		本图例仅适用于能承重的混凝土及钢筋混凝土；包括各种强度等级、骨料、添加剂的混凝土；在剖面图上画出钢筋时，不画图例线；断面较窄，不易画出图例线时，可涂黑
钢筋混凝土		
多孔材料		包括水泥珍珠岩、沥青珍珠岩、泡沫混凝土、非承重加气混凝土、泡沫塑料、软木等
木材		上图为横断面，左上图为垫木、木砖、木龙骨；下图为纵断面
金属		包括各种金属；图形小时，可涂黑

项目小结

绘制园林工程施工图之前对园林工程设计的步骤、园林工程施工图的构成和施工图的制图标准及图例要有所了解并掌握，此为绘制园林工程施工图的基本技能，贯穿于施工平面图、园林建筑施工图、种植施工图、假山施工图等各个学习项目中。本项目作为园林施工图绘制的入门篇，目的是让学生对园林工程施工图的绘制有一个全面的认识和了解，培养良好的制图习惯、严谨的工作作风，为以后每个项目的学习打下良好的基础。

思考与练习

第一部分：理论题

1. 园林景观施工图由哪些图纸构成？
2. 请说出图纸的标题栏、会签栏及装订线的位置。
3. 绘制施工图时采用的线型有哪些？
4. 尺寸标注有哪些组成要素？
5. 详图符号是表示什么的？该符号绘制时有哪些要求？

第二部分：实践操作题

【任务提出】临摹仿宋字。

【任务目标】熟练掌握工程制图中数字、字母、长仿宋字体的写法与基本要求。

【任务要求】书写规范、笔画清晰、结构匀称。

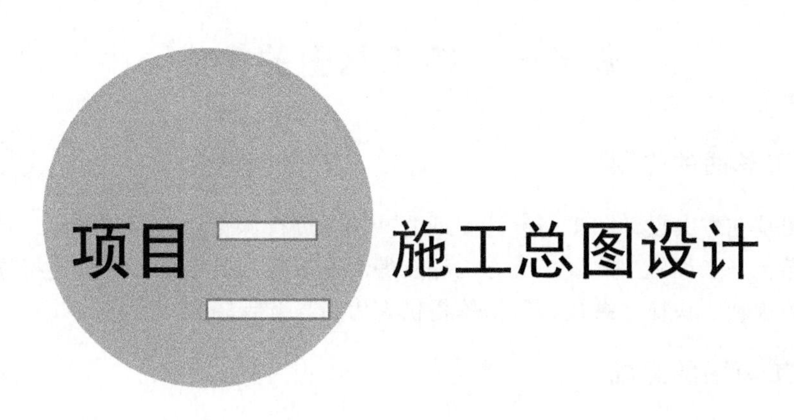

项目二　施工总图设计

教学目标

通过对施工总图的构成、施工总图绘制方法、案例等内容的分析学习，了解施工总图的要求、绘制步骤及施工总图的绘制方法。

教学要求

能力目标	知识要点	权重
了解施工总图的构成	构成施工总图的图纸种类	5%
了解施工总图各部分图纸内容、标准	景观施工总图各部分图纸设计内容；图纸绘制标准	15%
了解并掌握景观施工总图的绘制	景观施工总图案例分析学习；景观施工总图的绘制步骤、方法	30%

章节导读

景观施工总图设计分为方案设计阶段、扩初设计阶段与施工图设计阶段，从方案设计阶段到施工图设计阶段是设计深度要求不断加深、设计内容不断细化的过程。方案设计阶段的总图设计主要侧重于方案的可行性、功能布局、交通等宏观问题。扩初设计阶段的总图设计则是对方案设计阶段进行总结细化，是对方案设计的扩大性初步设计。方案设计阶段和扩初设计阶段同为施工图设计的重要依据。施工总图设计主要用来指导后期施工，是工程施工的重要依据。

施工总图是在方案总图、扩初总图的基础上进行细化、深化和具体化的设计。施工总图的实际操作性更强，同时弥补了方案设计阶段和扩初设计阶段的缺陷和不足。施工总图是景观施工图的核心，它贯穿到设计的每一个细节、环节。

施工总图是园路施工图、水景施工图、假山施工图、种植施工图等图纸设计的依据，同时也指导着这些图纸的绘制。

任务一　施工总图的构成

一、施工总图的作用

施工总图是在方案设计和扩初设计图纸的基础上进行深化加工而完成的，是表现工程总体布局的图样，是工程施工放线、土方工程及编制施工规划的依据，它直接指导项目后期施工，为施工的顺利、快捷、高效、节约等提供有力指导和保障。

二、施工总图的组成

施工总图主要由以下各类总图构成：总平面图、总平面索引图、总平面定位图、竖向设计总平面图、总铺装图、总灯位图、总植物配置图、总公用设施图、总平面施工图、总放线图等。

其中对于较大工程的施工图，在总平面图中不能表达清楚，或图纸空间有限不能表达的细节部分，可以进行有分区平面设计。对应的分区图纸也可包括分区平面图、分区索引图、分区竖向图、分区铺装图、分区灯位图、分区植物配置图等，应根据图纸情况选择绘制。

任务二　景观施工总图的内容、绘图步骤及要求

一、总平面图的内容及绘图步骤

总平面图应能直观地告诉施工人员道路、建筑与景观的大体布置。

（1）图纸主要表现内容及绘制方法

1）首先绘制设计场地的范围界线、坐标、地形图，以及与其相关的道路红线、建筑控制线和坐标。

2）场地中建筑物以粗实线表示其外墙轮廓，标明建筑坐标、建筑名称、层数、编号、出入口及±0.000设计标高。其中，建筑坐标、设计标高可根据图纸实际情况选择是否标注，当图纸内容过多表示不清时可不标注。

3）场地内道路对外的车行、人行出入口位置用箭头、文字标示，并标注道路中心线交叉点坐标、标高。

4）景观设计元素用图例或文字标注标示。例如，绿地位置应填充并标示植物图例；水系及水景应标示出来；广场活动场地及游园道路要标示外轮廓范围，可根据实际情况大致标示铺装纹样；园林景观建筑、小品需标示其位置、名称、形状、主要控制坐标（坐标是否标注可根据图纸具体情况而定）。

5）最后在图纸右上角绘制指北针或当地风玫瑰图。

（2）常用比例　总平面图常用出图比例为：1∶2000，1∶1500，1∶1000，1∶500或1∶800，1∶600。

二、总平面索引图的内容、绘图步骤及要求

对于一些复杂、面积较大的景观工程，为了交代清楚景观细部尺寸和施工做法，应采用分区的方式先将整个工程分成若干个区域（每个分区不宜重叠），再进行详细表达。总平面索引图有着表现各分区划分情况的作用。

（1）图纸主要表现内容及绘制方法

1）在规划总平面图的基础上绘制总平面索引图，将分区范围线用粗虚线表示。分区的划分方式可遵循图纸放大比例要求，也可根据场地地块情况进行划分。

2）对每个区域进行编号、命名标注。并将分区索引到各分区详图。

（2）常用比例　总平面索引图常用出图比例为：1∶2000，1∶1500，1∶1000，1∶500或1∶800，1∶600。

三、总平面定位图的内容、绘图步骤及要求

总平面定位图可通过网格定位、坐标定位和尺寸定位的方法进行定位设计，在总平面图的基础上（隐藏种植设计图层）详细标注图中各类建筑物、构筑物、广场、道路、平台、水体、主题雕塑等的主要定位坐标控制点及相应尺寸标注。

（1）图纸主要表现内容及绘制方法

1）网格定位法。通过网格定位法施工人员可以在图纸上快速测算相应的距离、宽度。网格的定位绘制首先应找准起始点，其位置必须在整个施工过程中较为固定（且无障碍）的点，一般固定在建筑轴线交汇点上。

以定位点为基准点，根据场地大小进行网格状放线，网格间距在大尺寸处一般为10m、15m等大单位。

放线采用A-B相对坐标系，A为纵坐标，B为横坐标，放线基准点即坐标原点为（A=0，B=0）点，并标注该点坐标，图中坐标以m为单位，尺寸标注以mm为单位。

2）坐标定位法。在场地范围内以原规划总平面图中的坐标为基本坐标点，标注场地范围内的重要点位，如建筑四角轴线交汇点坐标（坐标是否标注可根据图纸具体情况而定）、道路中心线交叉点坐标、广场起始点坐标、景观小品起始点坐标、圆弧圆心坐标等，再通过与坐标点的相对关系进行定位。

3）尺寸定位法。通过尺寸定位法可以直接在场地内标出道路、建筑和景观节点对应的尺寸、弧度。

（2）常用比例　总平面定位图常用出图比例为：1∶2000，1∶1500，1∶1000，1∶500或1∶800，1∶600。

四、竖向设计总平面图的内容、绘图步骤及要求

竖向设计指的是在场地中进行垂直于水平方向的布置和处理，也就是地形高程设计。

（1）图纸主要表现内容及绘制方法

1）在规划总平面图的基础上（隐藏种植设计图层），标注与景观设计相关的建筑物一层室内±0.000设计标高（相对标高、绝对标高）。

2）标注场地内道路中心线交叉点设计标高。

3）自然水系常年最高和最低水位标高，人工水景最高水位及水底标高，旱喷地面标高。

4）微地形的设计标高、范围。用等高线表示高差，等高线的等高距一般取0.25～0.5m。

5）园林建筑、小品的主要控制标高，如亭、台的底标高和顶标高。

6）主要景点广场或主要铺装面控制标高，如下沉广场、台地等的标高。

7）园林道路的起点、边坡点、转折点和终点的设计标高。

8）地形中的汇水线和分水线。用坡向箭头标明设计地面坡向，指明地面排水的方向、排水的坡度等。

注：图纸中标高用绝对坐标系统标注或相对坐标系统标注，在相对坐标系统中标出±0.000标高的绝对坐标值。

（2）常用比例　竖向设计总平面图常用出图比例为：1∶2000，1∶1500，1∶1000，1∶500或1∶800，1∶600。

五、铺装总平面图的内容、绘图步骤及要求

（1）图纸主要表现内容及绘制方法

1）在规划总平面图的基础上（隐藏种植设计图层），用图例详细标注各区域内硬质铺装材料的材质、颜色及尺寸规格（对于一些不再进行铺装详图设计的铺装部分，应标明铺装的分格、材料规格、铺装方式、铺设尺寸等）。

2）CAD填充图案必须与现场做法一样，注意规格、表面、角度。

3）大面积拼花广场铺装，应有具体规格、尺寸、角度、厚度、表面及铺装的放样，这对于购置材料时确定材料数量和施工时保证铺装的准确性较为关键。

4）在保证图面清洁的前提下，尽量将物料名称直接表示在平面图中。如果图面过于复杂，要求将材料进行编号，并用编号来替代文字描述，在材料列表中将编号与材料名称对应填写。

（2）常用比例　铺装总平面图常用出图比例为：1∶2000，1∶1500，1∶1000，1∶500或1∶800，1∶600。

六、总植物配置图的内容、绘图步骤及要求

总植物配置图主要表明规划范围内植物的种类、规格、配置形式等内容。

（1）图纸主要表现内容及绘制方法

1）在总平面图中详细标注各类植物的种植点、品种。

2）行列式的种植形式（如行道树，树阵等），可以用尺寸标注出株距和始末树种植点与参照物的距离。

3）自然式的种植形式（如孤植树），可采用坐标标注种植点的位置，或采用三角形标注法进行标注。

4）片植、丛植的种植形式，应绘出清晰的种植范围边界线，标明植物名称、规格、密度等。对边缘线呈规则几何形状的片状种植，可用尺寸标注方法进行标注，为施工放线提供依据；而边缘线呈不规则的自由线的片状种植，应绘坐标网格，并结合文字进行标注。

5）草皮的种植用打点的方法表示，并标注对应的草种名称、规格及种植面积。

6）统计植物的种类、数量和规格，并绘制植物配置表。

（2）常用比例　总植物配置图常用出图比例为：1∶2000，1∶1500，1∶1000，1∶500或1∶800，1∶600。

任务三　景观施工分区图的各图纸设计内容与标准

对于复杂、面积较大的景观工程，为了交代清楚景观细部尺寸和施工做法，采用分区的方式先将整个工程分成若干个区域（每个分区不宜重叠），再进行详细表达。分区施工图按照总平面索引图中的分区将各分区平面放大表示，并补充平面细部，尽可能地将施工图细节表达清楚。

分区设计的图纸主要包含分区平面图、分区索引图、分区竖向图、分区铺装图、分区灯位图、分区植物配置图等。

一、分区平面图、分区索引平面图

当在总图图纸比例下无法叙述详尽时，可在分区平面图中将各分区平面放大进行详细设计，并补充平面细部，尽可能地将施工图细节表达清楚。在设计包含的内容不多不复杂的情况下，可将分区平面图及索引图绘制在一张图上，但应清晰表达设计中所涉及的所有构成及小品等的名称。

二、分区竖向平面图

分区竖向平面图应在竖向设计总平面图的基础上更为详尽地对场地竖向进行表示。

图纸主要表现内容及绘制方法如下：

1）标注道路中心线交汇点标高，直线道路的两端标高，曲线道路的各圆弧两端标高。当道路纵坡坡度大于5%时，必须注明坡度及坡向。

2）场地标高应根据场地排水方向进行标高标注，标注排水面最高点及最低点，并标注场地排水方向及坡度；场地如贴近建筑，应标注与建筑交接处的标高。

3）分区内有构筑物时，构筑物一般标注顶面标高，如构筑物坐落在绿地上，应同时标注出基面及顶面标高。

4）分区内有水体时，人工水体应同时标注出水面及水底标高，自然水体标注水面标高。

三、分区定位平面图

分区定位平面图一般采用坐标定位结合尺寸定位的方式，不适合用网格进行定位。

图纸主要表现内容及绘制方法如下：

1）亭、廊一般以轴线定位，标注轴线交叉点坐标。

2）柱以中心定位，标注中心坐标。

3）道路，宽度大于4m时，应用道路中心线定位道路。标注道路中心线的起点、终点、交叉点、转折点的坐标、转弯半径、路宽。对于园林小路，原则上可用道路一侧距离建筑的相对距离定位，或通过道路铺装轮廓线端点坐标定位。

4）花池、水池，形状规则的，以中心点和转折点定位坐标或相对尺寸。

四、分区铺装平面图

分区铺装平面应详细绘制各分区平面内硬质铺装花纹，标注清楚每一种铺装材料的名称、规格及铺装方式，由于各地对材料命名不同，为了便于分辨材料品种。图纸材料名称统一用尺寸+颜色+材料种类的方式命名。

五、分区植物配置图

按区域详细标注各类植物的种植点、品种名、规格、数量，需要时可配以植物配植的简要说明和区域苗木统计表。

图纸主要表现内容及绘制方法如下：

1）乔灌木种植：应将各种植物的种植类别、位置以图例和文字的形式区别标注，对于同种苗木不同规格要进行注释。

2）地被植物种植：应标注每块区域地被种类与面积。区域内可选用图例填充或数字标注，整套图纸内标注方式需统一。

任务四　石榴园景观带施工总图

一、案例概况

本任务以某市某区某街道办境内石榴园景观带施工总图为例，进行施工总图案例解析。石榴园景观带全长约500m，规划总用地面积为24724.28m²。

二、图纸解说

该项目施工总图部分图纸主要有总平面图（附图1[㊀]）、索引总平面图（附图2）、总平面定位图（附图3和附图4）、竖向设计总平面图（附图5）、铺装总平面图（附图6）、种植总平面图（附图7）。其中总平面定位图包含了网格定位图和尺寸定位图两类。

（1）总平面图　说明项目总体布局情况，包括道路、建筑与景观的大体布置，直观指导施工人员了解项目情况。

（2）总平面索引图　根据项目情况将工程索引分为5个区域，并在对应的分区图纸中进行详细表达；同时对于简单的节点进行直接索引，并在对应详图图纸上绘制其大样做法。

（3）总平面定位图　采用网格定位和尺寸定位的方法，对园区进行定位设计。

（4）竖向设计总平面图　主要采用标注标高的方式表现场地高程设计，即场地垂直于水平方向的布置和处理。

（5）铺装总平面图　粗略地展现了规划范围内主要道路、广场的铺装设计。（详细绘制方法见项目三园路施工图）

㊀　附图均收录在与本书配套的图集小册——《园林施工图设计·附图集》中。

（6）总植物配置图　主要表明规划范围内植物的种类、规格、配置形式等内容。（详细绘制方法见项目六种植施工图）

由于石榴园规划范围较大，为了交代清楚景观细部尺寸和施工做法，该案例先将整个工程分为 A 区、B 区、C 区、D 区和 E 区 5 个区域绘制分区图纸，再在分区图纸中分别进行详细表达。以 C 区分区图纸为例，案例包含了 C 区铺装详图、C 区尺寸详图、C 区索引图（详见项目三园路施工图）。

项目小结

施工总图具体内容包括：总平面图、总平面索引图、总平面定位图、竖向设计总平面图、总铺装图、总灯位图、总植物配置图、总公用设施图、总平面施工图、总放线图。

在园林施工工作里，施工总图起到了承上启下的作用，施工人员通过施工总图了解整个规划范围内设计整体情况，从而控制整个规划范围内的施工。上到方案的定位放线，下到各详细节点施工图设计都与施工总图密不可分。

思考与练习

第一部分：理论题

1. 景观设计总图分为几个阶段？分别是什么？
2. 施工总图在施工图设计中起到什么作用？
3. 施工总图包括哪些内容？

第二部分：实践操作题

【任务提出】施工总图设计实训。

【任务目标】绘制某居住区景观施工分区平面定位图。

【任务要求】根据施工分区平面图（附图 8），运用所学知识绘制施工分区平面定位图。

通过对园路、广场、停车场及台阶施工图的作用、绘图内容、绘制步骤等内容的学习，了解此类施工图的要求、绘制步骤，掌握园路、广场、停车场及台阶铺装图与详图的绘制方法。

教学要求

能力目标	知识要点	权重
了解园路、广场、停车场及台阶施工图的作用与绘图内容等	园路、广场、停车场及台阶施工图的作用、内容	10%
了解园路、广场、停车场及台阶施工图绘图步骤	园路、广场、停车场及台阶施工图绘图步骤	10%
掌握园路、广场、停车场及台阶施工图平面图的绘制	园路、广场、停车场及台阶施工图平面图的绘制要点	30%
掌握园路、广场、停车场及台阶施工图断面图的绘制	园路、广场、停车场及台阶施工图断面图的绘制要点	30%
掌握园路、广场、停车场及台阶详图的绘制	园路、广场、停车场及台阶详图的绘制要点	20%

章节导读

本项目涉及的园路，是指绿地中的道路、广场等各种铺装地坪。它是园林不可缺少的构成要素，是园林的骨架和网络。园路除了组织交通、运输外，还有其景观上要求，它组织游览线路，提供休憩地面。园路有各种形式，如主园路、次园路、游步道、步石、汀步、台阶、各种广场等，而不同的园路，它们的规格尺寸也不同，这主要是由用途和人流密度决定

的。园路、广场的铺装、线型、色彩等本身也是园林景观一部分，它们以多种多样的形态，花纹来衬托景色，美化环境。铺装结构构造一般分为三层：最上层是表现铺地纹样质感的面层；其下层是柔软承托垫接的垫层，再下层是结构基层，承受上层传来的荷载，并将之向下扩散。每层所用材料厚度与技术要求，视具体情况而定。铺装结构下方是土基，素土夯实。

园路施工图是指导园林道路施工的技术性图纸，它能够清楚地反映园林路网、广场布局，以及铺装的材料、施工方法和要求等。

园路施工图是园路施工、工程预决算、工程验收的依据，它应准确表达出设计园路的铺装类型、结构。园路施工图包括平面图、剖（断）面图、详图和做法说明。

任务一　广场铺装

一、广场铺装的作用与绘图内容

1. 广场铺装的作用

广场是园林道路系统的组成部分，是园林中供人休憩、活动的一个较大型空间，也是不同景观之间的过渡，同时，广场也是园景中的一个景观节点。广场以硬质景观为主，因此铺装是广场设计的一个重点，许多著名的广场都因其精美的铺装设计而给人留下深刻的印象。通过不同铺装材料、图案的运用，可划分地面的不同用途，界定不同的空间特征，还可标明前进的方向，暗示游览的速度和节奏，以达到预期的游览效果。广场路面铺装可精细美观，以增加空间的装饰性。

2. 广场铺装施工图的主要内容

广场铺装施工图主要有平面图、剖（断）面图和局部放大图。

平面图主要表示广场的平面布局、广场高程、广场中心及四周标高、排水方向、广场铺装纹样等。广场坡度一般以1%~2%为宜，最小不能低于0.3%，最大坡度不得超过3%。绘图比例一般为1∶20~1∶100。

剖（断）面图反映广场的结构和做法，绘图比例一般为1∶20~1∶50。

局部放大图清楚地反映重点部位的纹样设计。

二、广场铺装绘图步骤

1）选择绘图比例、图幅。

2）绘制广场铺装的平面图，通常需要标注铺装材料的名称，形状、色彩，规则的铺装材料还要标注材料的尺寸。

3）绘制广场铺装剖（断）面图。

4）对具有艺术性铺装图案，应绘制局部放大图，并标注尺寸。

下面以石榴园景观带项目为例说明广场铺装的设计与施工图绘制。该规划用地位于某市某区某街道办境内，南邻汉江，全长约500m，规划面积24724.28m^2。铺装总平面图如附图6所示，由西至东包括西入口百子千孙广场、休闲广场、婚庆广场和东广场。索引总平面图如图2-2所示，分别用字母A、B、C、D、E表示对应的广场编号。各广场的平面、尺寸及剖面做法分别如图3-1~图3-13所示。

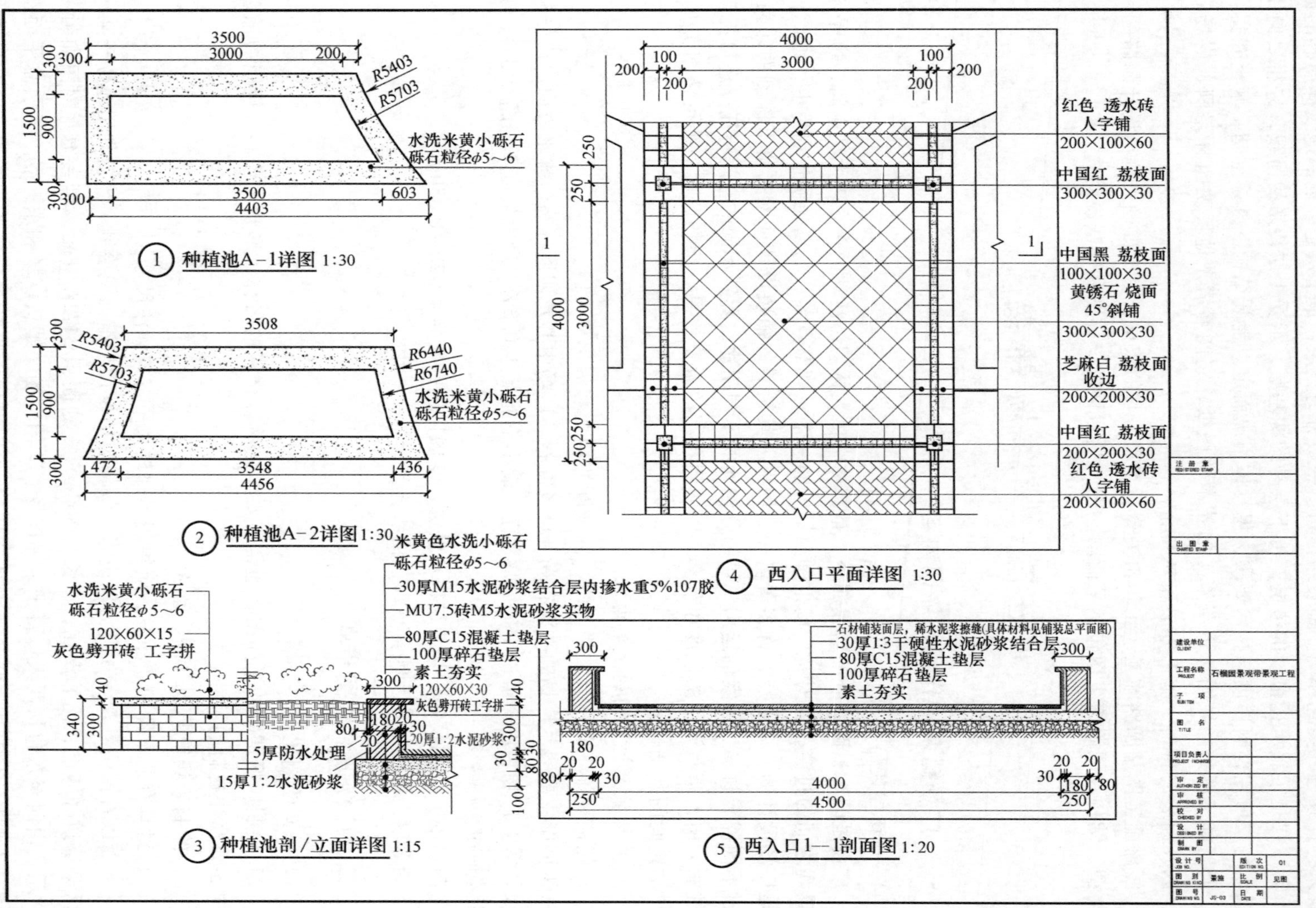

种植池A－1详图 1:30
水洗米黄小砾石
砾石粒径φ5～6
种植池A－2详图 1:30
米黄色水洗小砾石
砾石粒径φ5～6
30厚M15水泥砂浆结合层内掺水重5%107胶
MU7.5砖M5水泥砂浆实物
80厚C15混凝土垫层
100厚碎石垫层
素土夯实
120×60×30
灰色劈开砖工字拼
20厚1:2水泥砂浆
水洗米黄小砾石
砾石粒径φ5～6
120×60×15
灰色劈开砖 工字拼
5厚防水处理
15厚1:2水泥砂浆
种植池剖/立面详图 1:15
红色 透水砖
人字铺
200×100×60
中国红 荔枝面
300×300×30
中国黑 荔枝面
100×100×30
黄锈石 烧面
45°斜铺
300×300×30
芝麻白 荔枝面
收边
200×200×30
中国红 荔枝面
200×200×30
红色 透水砖
人字铺
200×100×60
西入口平面详图 1:30
石材铺装面层，稀水泥浆擦缝(具体材料见铺装总平面图)
30厚1:3干硬性水泥砂浆结合层
80厚C15混凝土垫层
100厚碎石垫层
素土夯实
西入口1—1剖面图 1:20
工程名称 石榴园景观带景观工程

图 3-1　西入口详图

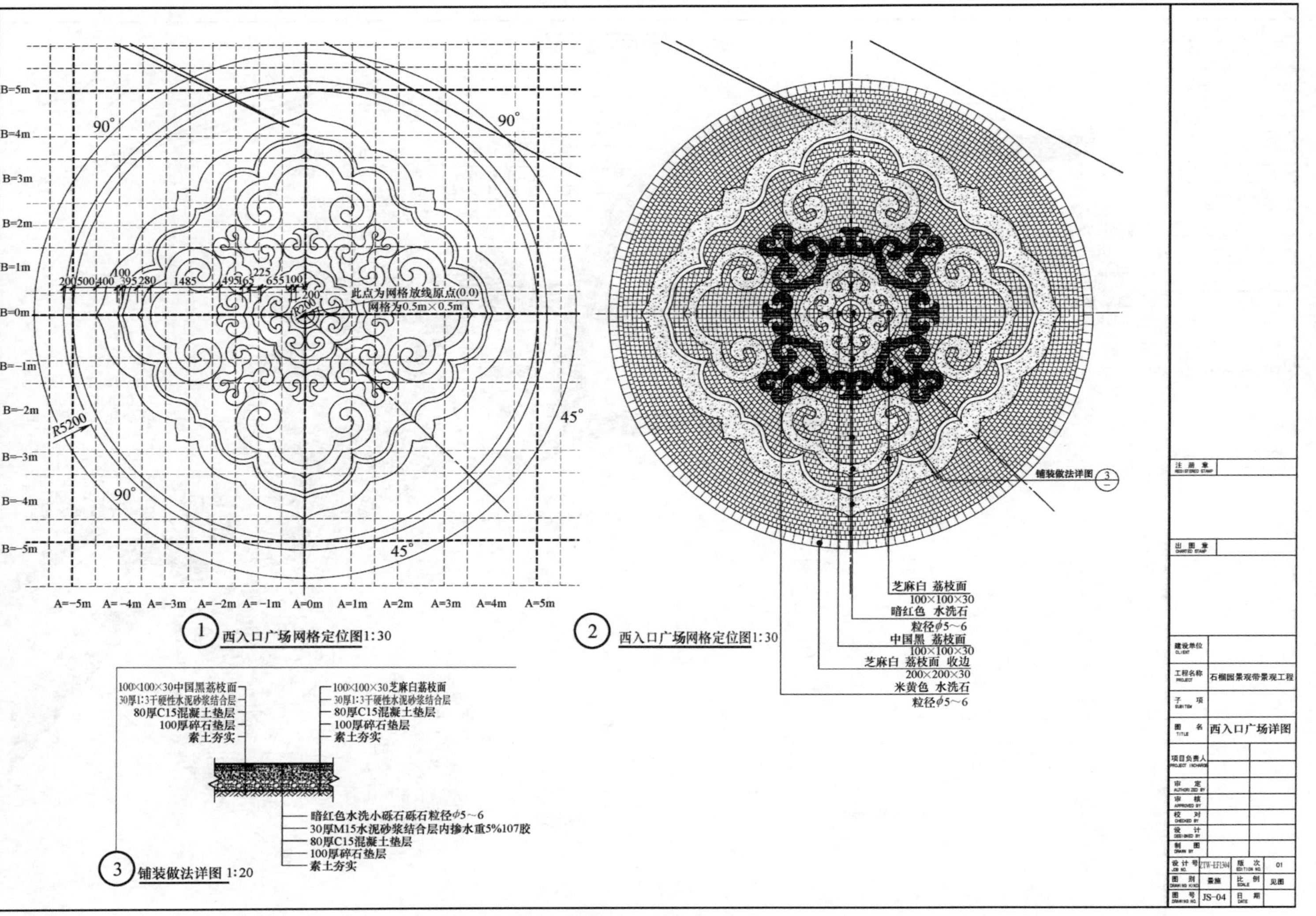
B=5m
B=4m
B=3m
B=2m
B=1m
B=0m
B=-1m
B=-2m
B=-3m
B=-4m
B=-5m
A=-5m A=-4m A=-3m A=-2m A=-1m A=0m A=1m A=2m A=3m A=4m A=5m
90°
45°
R5200
此点为网格放线原点(0,0)
网格为0.5m×0.5m
西入口广场网格定位图1:30
西入口广场网格定位图1:30
铺装做法详图
芝麻白 荔枝面
100×100×30
暗红色 水洗石
粒径φ5～6
中国黑 荔枝面
100×100×30
芝麻白 荔枝面 收边
200×200×30
米黄色 水洗石
粒径φ5～6
100×100×30中国黑荔枝面
30厚1:3干硬性水泥砂浆结合层
80厚C15混凝土垫层
100厚碎石垫层
素土夯实
100×100×30芝麻白荔枝面
30厚1:3干硬性水泥砂浆结合层
80厚C15混凝土垫层
100厚碎石垫层
素土夯实
暗红色水洗小砾石砾石粒径φ5～6
30厚M15水泥砂浆结合层内掺水重5%107胶
80厚C15混凝土垫层
100厚碎石垫层
素土夯实
铺装做法详图 1:20
建设单位
工程名称 石榴园景观带景观工程
子项
图名 西入口广场详图
项目负责人
审定
审核
校对
设计
制图
设计号 ZTW-EF1304
版次 01
图别 景施
比例 见图
图号 JS-04
日期

图 3-2　西入口广场详图

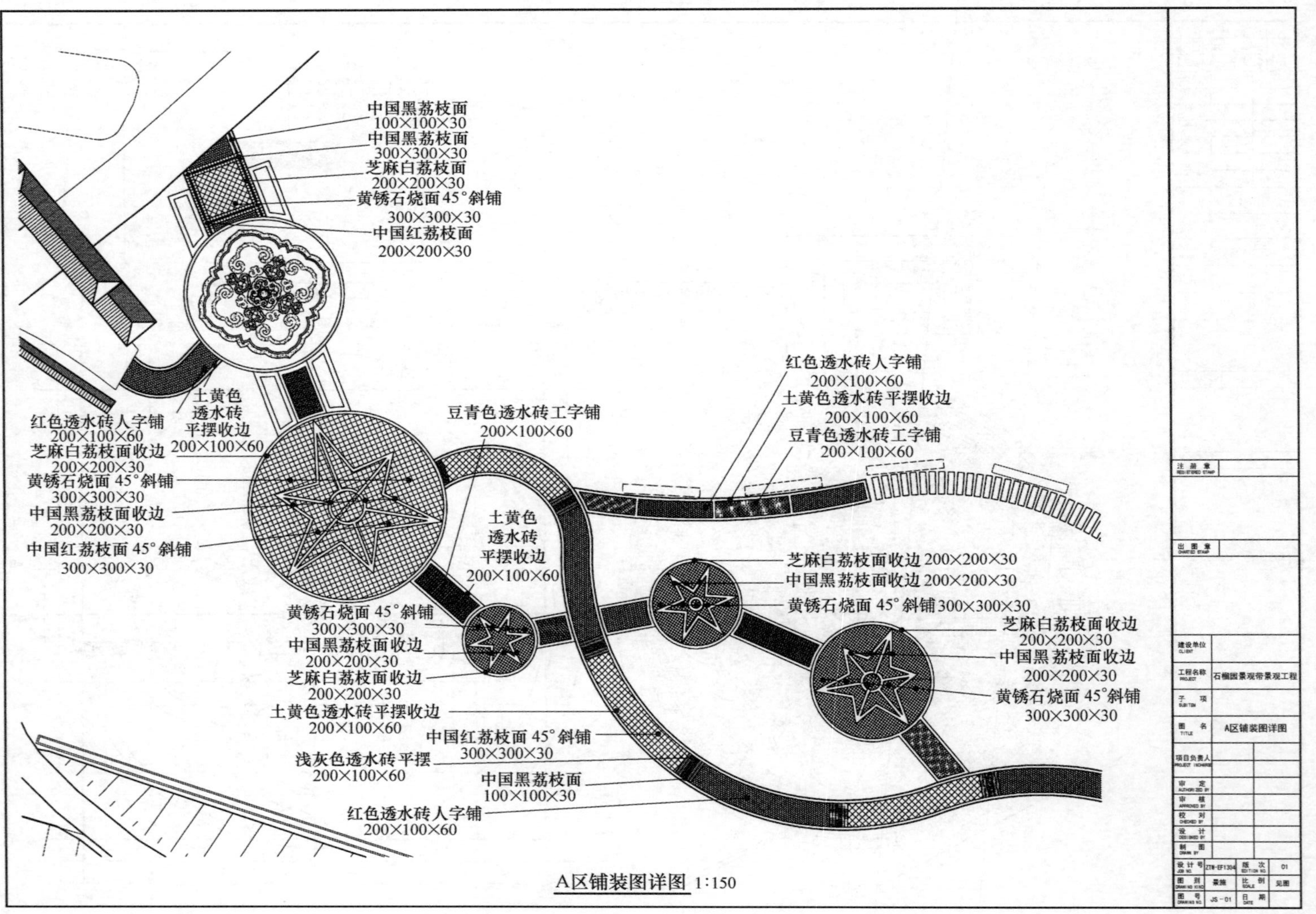
中国黑荔枝面
100×100×30
中国黑荔枝面
300×300×30
芝麻白荔枝面
200×200×30
黄锈石烧面 45°斜铺
300×300×30
中国红荔枝面
200×200×30
红色透水砖人字铺
200×100×60
芝麻白荔枝面收边
200×200×30
黄锈石烧面 45°斜铺
300×300×30
中国黑荔枝面收边
200×200×30
中国红荔枝面 45°斜铺
300×300×30
土黄色
透水砖
平摆收边
200×100×60
豆青色透水砖工字铺
200×100×60
土黄色
透水砖
平摆收边
200×100×60
红色透水砖人字铺
200×100×60
土黄色透水砖平摆收边
200×100×60
豆青色透水砖工字铺
200×100×60
芝麻白荔枝面收边 200×200×30
中国黑荔枝面收边 200×200×30
黄锈石烧面 45°斜铺 300×300×30
芝麻白荔枝面收边
200×200×30
中国黑荔枝面收边
200×200×30
黄锈石烧面 45°斜铺
300×300×30
黄锈石烧面 45°斜铺
300×300×30
中国黑荔枝面收边
200×200×30
芝麻白荔枝面收边
200×200×30
土黄色透水砖平摆收边
200×100×60
中国红荔枝面 45°斜铺
300×300×30
浅灰色透水砖平摆
200×100×60
中国黑荔枝面
100×100×30
红色透水砖人字铺
200×100×60
工程名称
石榴园景观带景观工程
图名
A区铺装图详图
A区铺装图详图 1:150

图 3-3　A 区铺装图详图

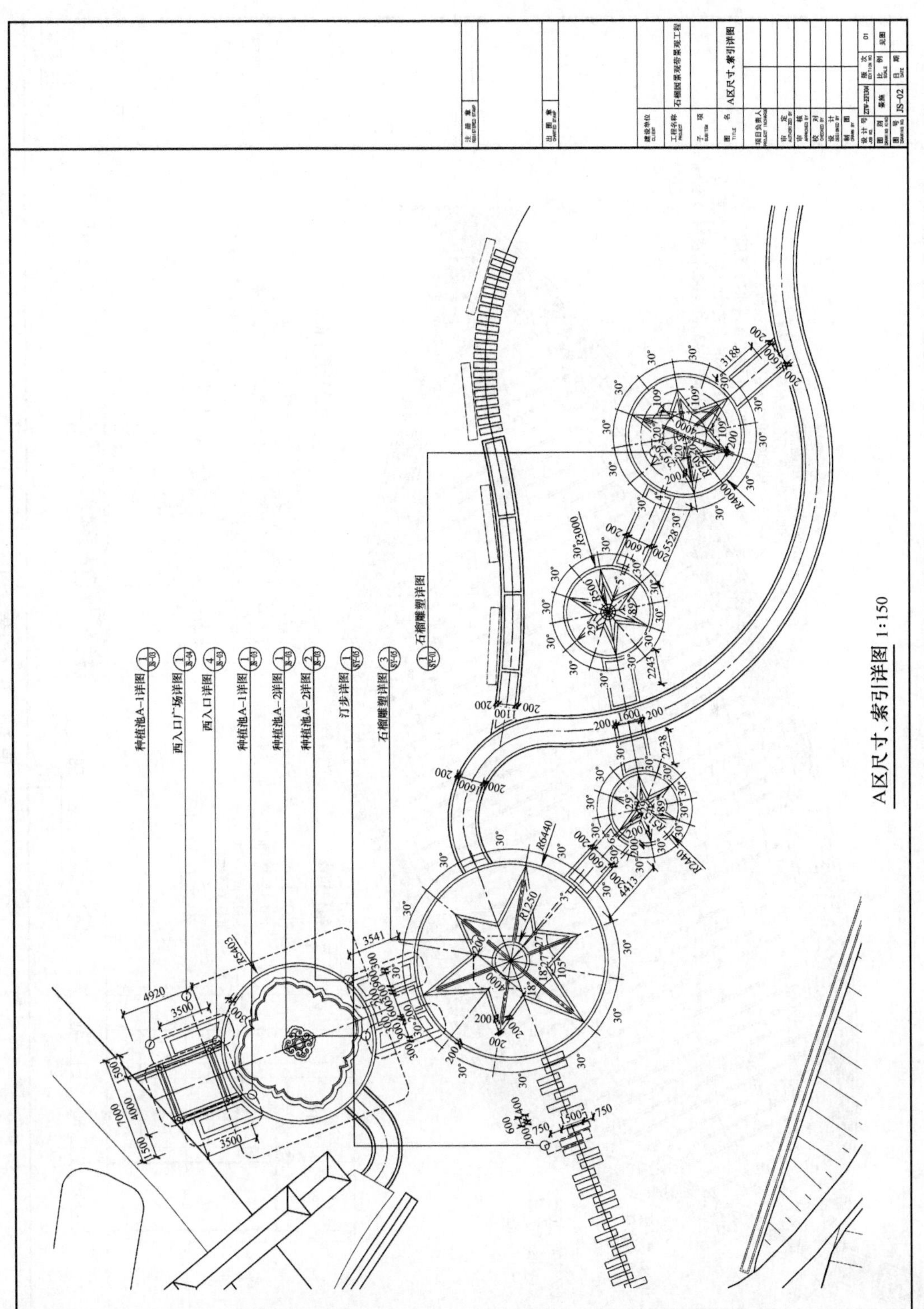

图 3-4　A 区尺寸、索引详图

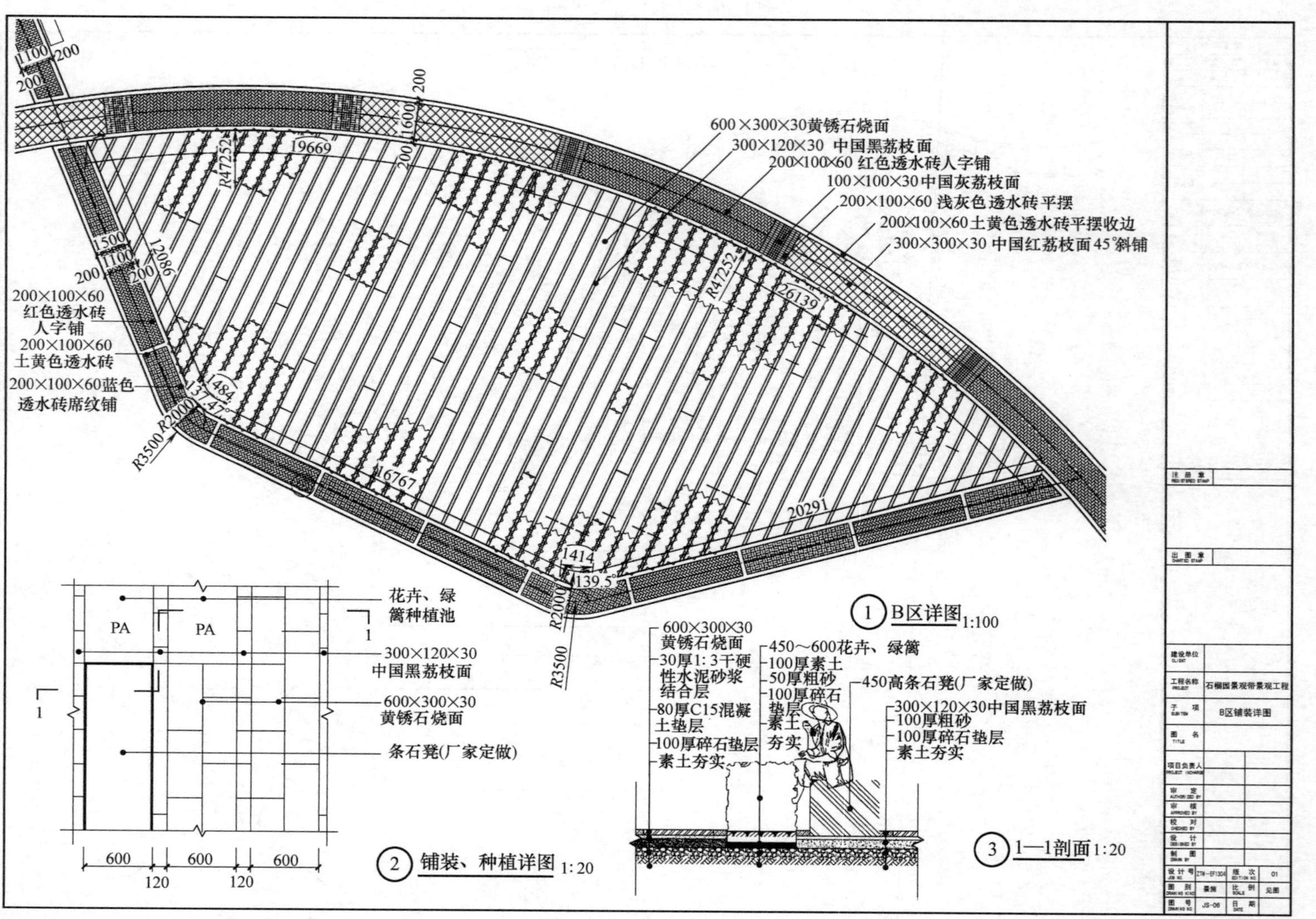

600×300×30黄锈石烧面
300×120×30 中国黑荔枝面
200×100×60 红色透水砖人字铺
100×100×30中国灰荔枝面
200×100×60 浅灰色透水砖平摆
200×100×60土黄色透水砖平摆收边
300×300×30 中国红荔枝面45°斜铺
200×100×60 红色透水砖 人字铺
200×100×60 土黄色透水砖
200×100×60蓝色 透水砖席纹铺
R47252
19669
12086
26139
16767
20291
R3500
R2000
1 B区详图 1:100
花卉、绿篱种植池
PA
300×120×30 中国黑荔枝面
600×300×30 黄锈石烧面
条石凳(厂家定做)
2 铺装、种植详图 1:20
600×300×30 黄锈石烧面
30厚1:3干硬性水泥砂浆结合层
80厚C15混凝土垫层
100厚碎石垫层
素土夯实
450～600花卉、绿篱
100厚素土
50厚粗砂
100厚碎石垫层
素土夯实
450高条石凳(厂家定做)
300×120×30中国黑荔枝面
100厚粗砂
100厚碎石垫层
素土夯实
3 1—1剖面 1:20
石榴园景观带景观工程
B区铺装详图

图 3-5 B区铺装详图

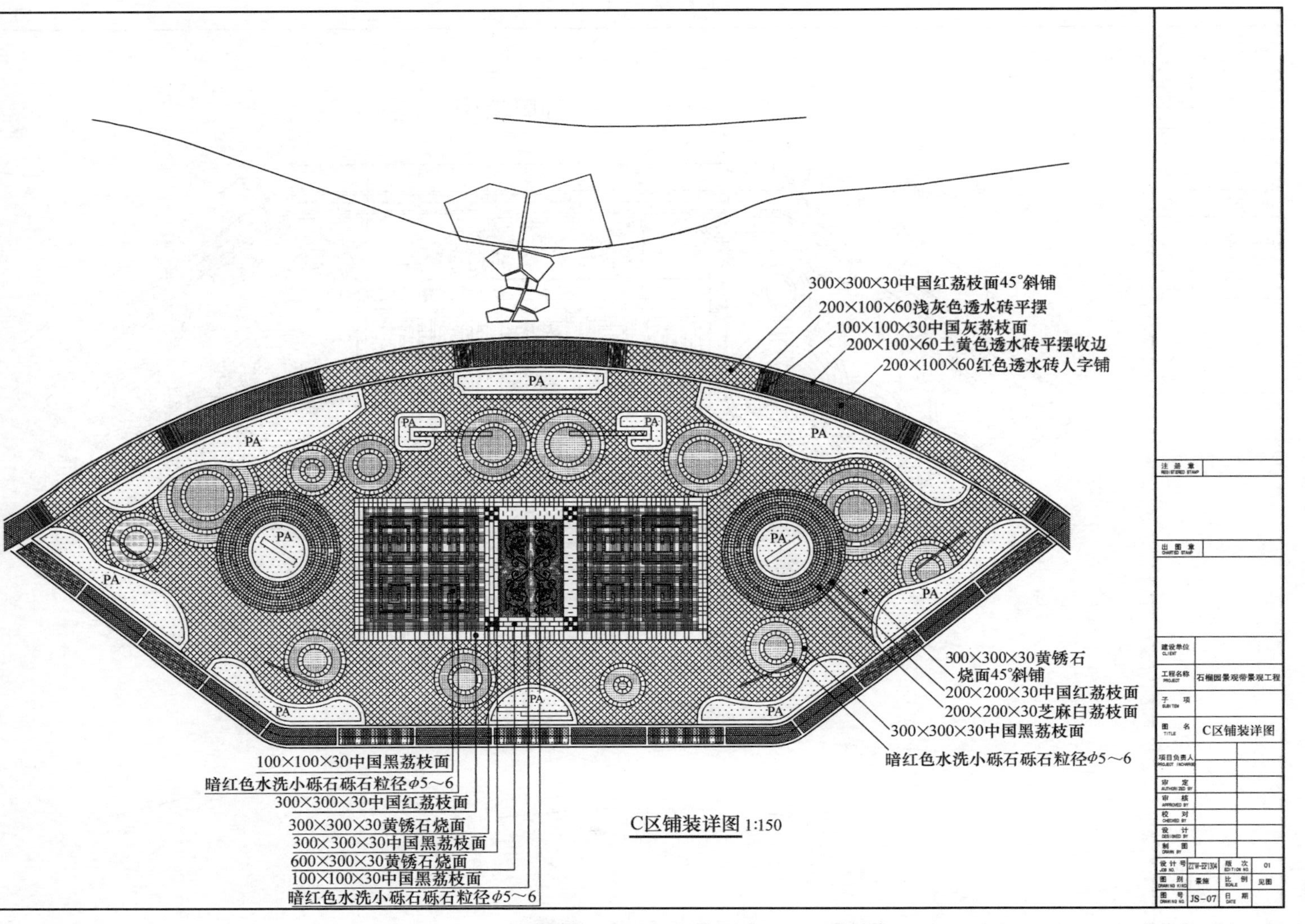
300×300×30中国红荔枝面45°斜铺
200×100×60浅灰色透水砖平摆
100×100×30中国灰荔枝面
200×100×60土黄色透水砖平摆收边
200×100×60红色透水砖人字铺
PA
300×300×30黄锈石
烧面45°斜铺
200×200×30中国红荔枝面
200×200×30芝麻白荔枝面
300×300×30中国黑荔枝面
暗红色水洗小砾石砾石粒径φ5～6
100×100×30中国黑荔枝面
暗红色水洗小砾石砾石粒径φ5～6
300×300×30中国红荔枝面
300×300×30黄锈石烧面
300×300×30中国黑荔枝面
600×300×30黄锈石烧面
100×100×30中国黑荔枝面
暗红色水洗小砾石砾石粒径φ5～6
C区铺装详图 1:150
建设单位
工程名称
石榴园景观带景观工程
子　项
图　名
C区铺装详图
项目负责人
审　定
审　核
校　对
设　计
制　图
设计号
版　次
01
图　别
比　例
见图
图　号
JS-07
日　期

图 3-6　C 区铺装详图

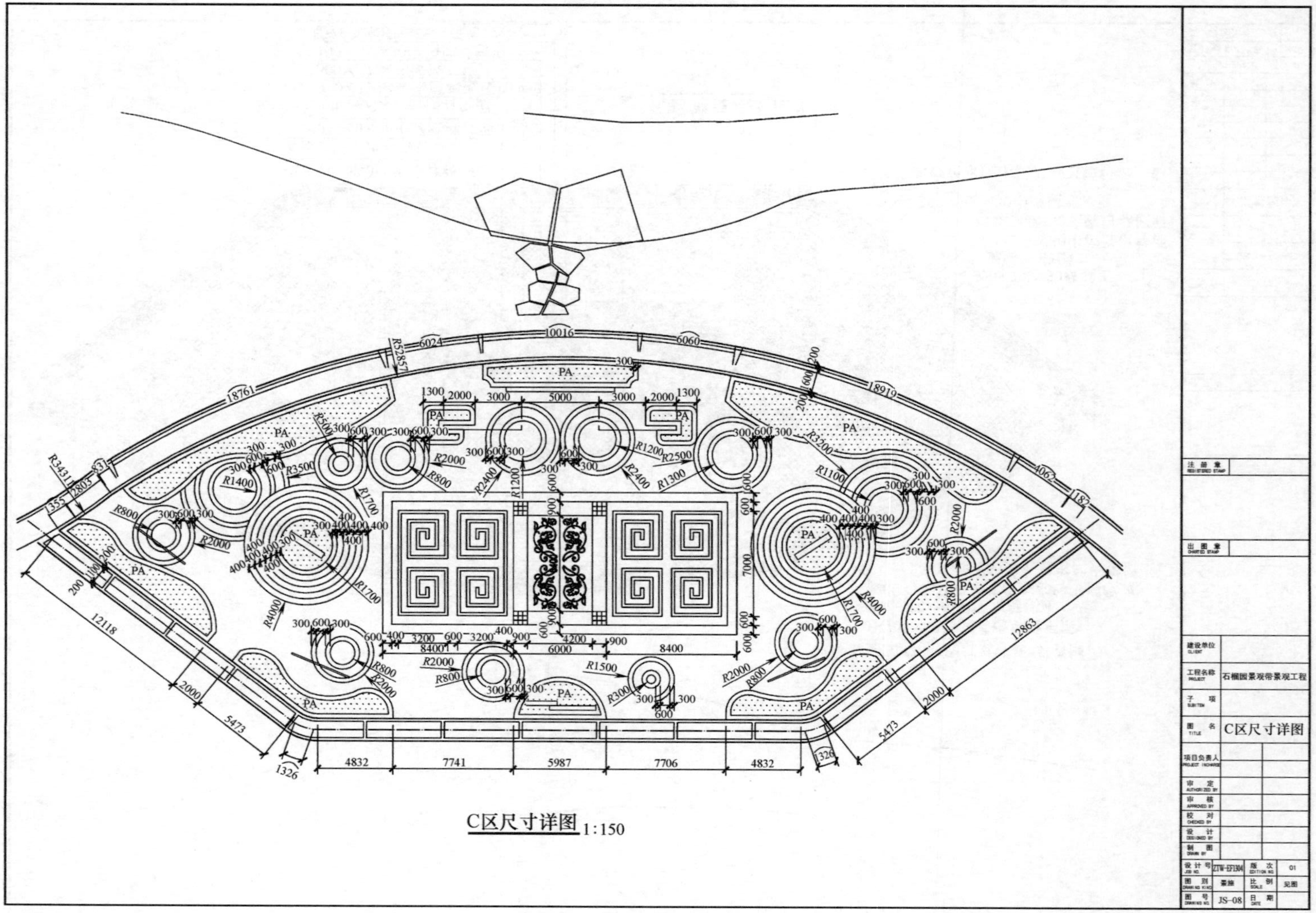
C区尺寸详图 1:150
注册章
出图章
建设单位
工程名称 石榴园景观带景观工程
子项
图名 C区尺寸详图
项目负责人
审定
审核
校对
设计
制图
设计号
版次 01
图别 景施
比例 见图
图号 JS-08
日期
PA
R52857
6024
10016
6060
18761
18919
12118
12863
5473
2000
1326
4832
7741
5987
7706
4832
8400
6000
4200
7000
R4000
R1700

图 3-7　C 区尺寸详图

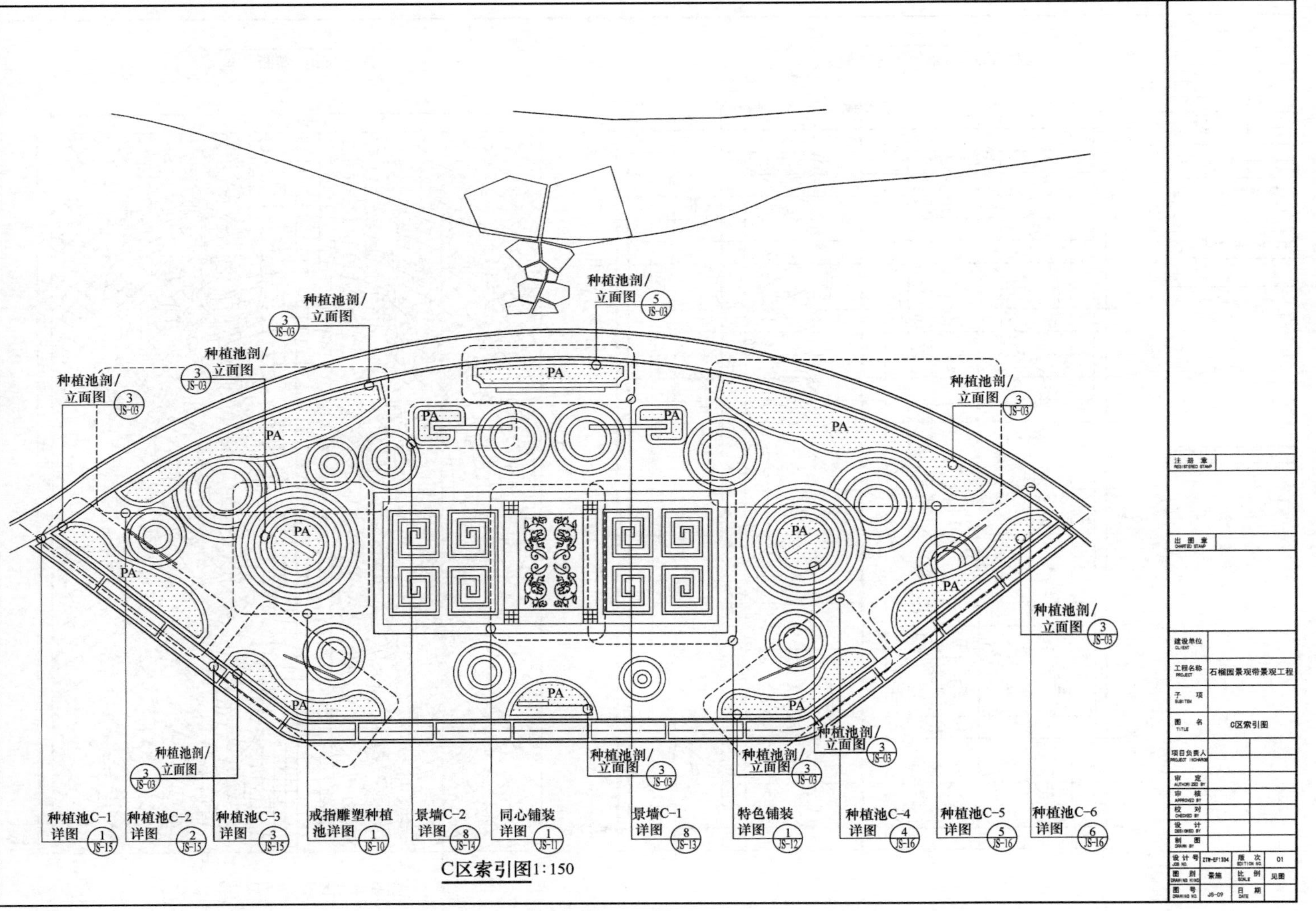
种植池剖/立面图
种植池C-1 详图
种植池C-2 详图
种植池C-3 详图
戒指雕塑种植池详图
景墙C-2 详图
同心铺装 详图
景墙C-1 详图
特色铺装 详图
种植池C-4 详图
种植池C-5 详图
种植池C-6 详图
PA
C区索引图1:150
建设单位
工程名称 石榴园景观带景观工程
子项
图名 C区索引图
项目负责人
审定
审核
校对
设计
制图
设计号 ZTR-EF1304
版次 01
图别 景施
比例 见图
图号 JS-09
日期

图 3-8　C 区索引图

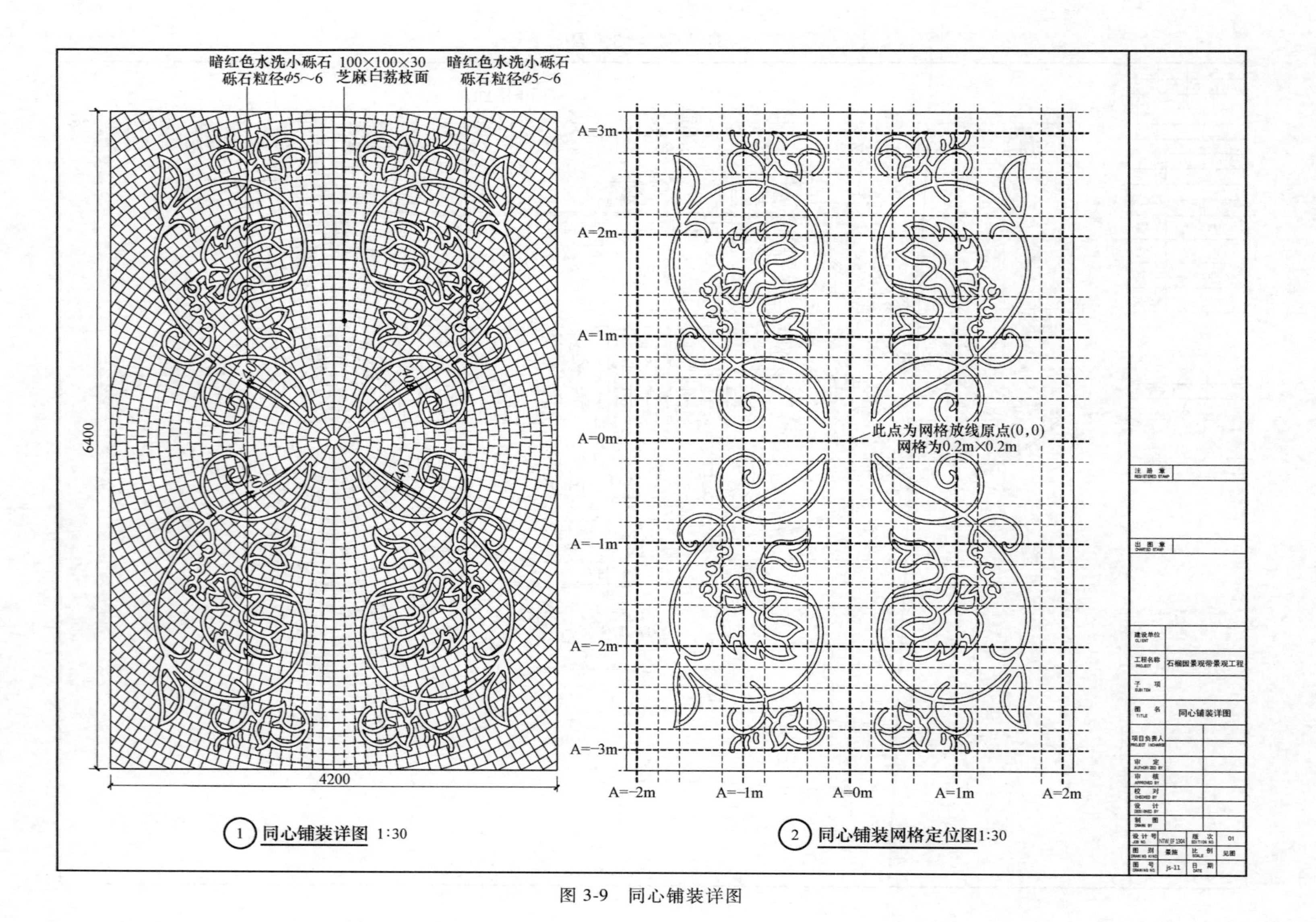

暗红色水洗小砾石
砾石粒径φ5~6
100×100×30
芝麻白荔枝面
暗红色水洗小砾石
砾石粒径φ5~6
40
40
40
40
6400
4200
① 同心铺装详图 1:30
A=3m
A=2m
A=1m
A=0m
A=−1m
A=−2m
A=−3m
A=−2m
A=−1m
A=0m
A=1m
A=2m
此点为网格放线原点(0,0)
网格为0.2m×0.2m
② 同心铺装网格定位图1:30
注册章
出图章
建设单位
工程名称
石榴园景观带景观工程
子项
图名
同心铺装详图
项目负责人
审定
审核
校对
设计
制图
设计号
NTW JF 1304
版次
01
图别
景施
比例
见图
图号
js-11
日期

图 3-9 同心铺装详图

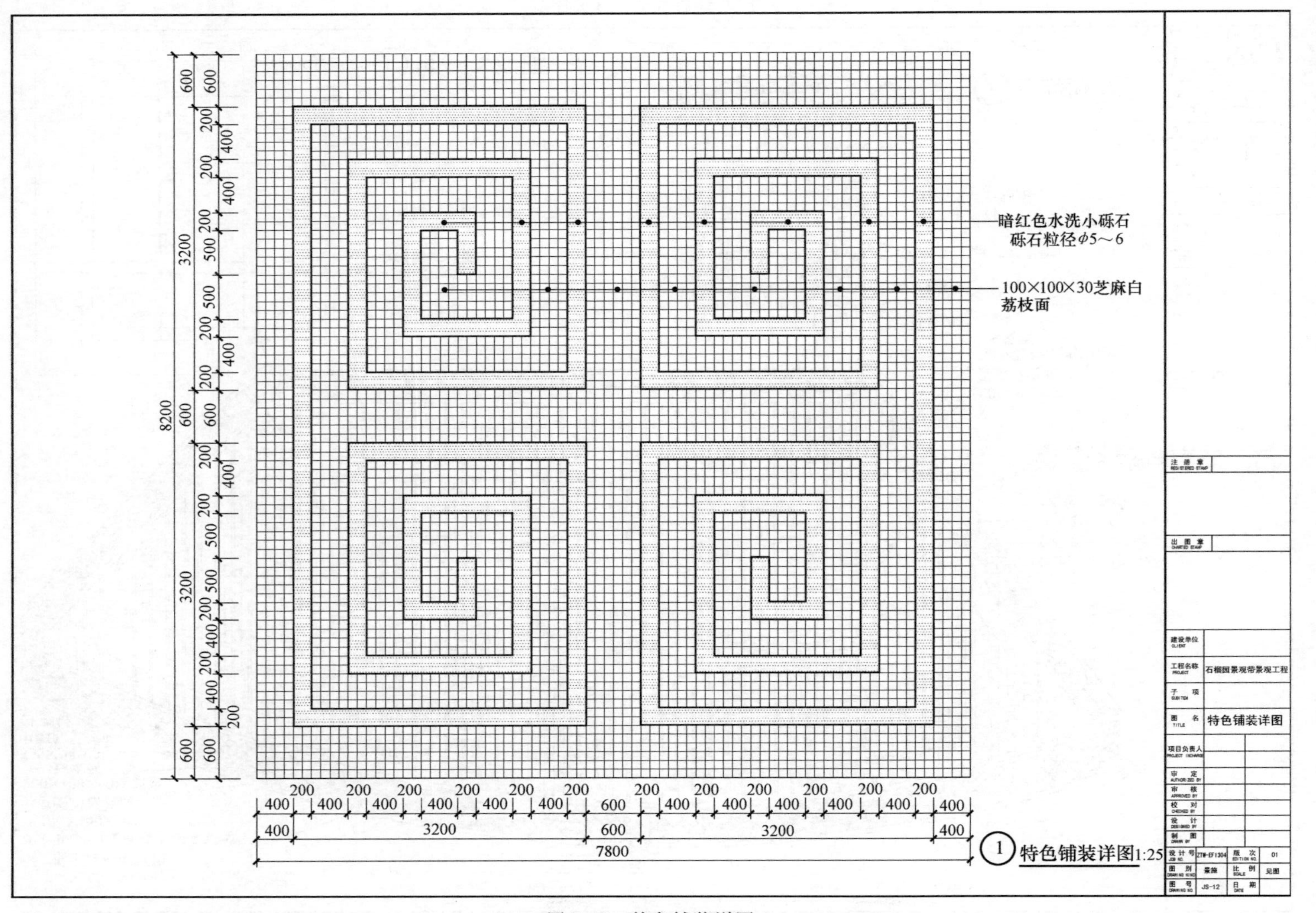
暗红色水洗小砾石
砾石粒径φ5～6
100×100×30芝麻白
荔枝面
特色铺装详图1:25
石榴园景观带景观工程
特色铺装详图
8200
7800
3200
600
400
200
500

图 3-10　特色铺装详图

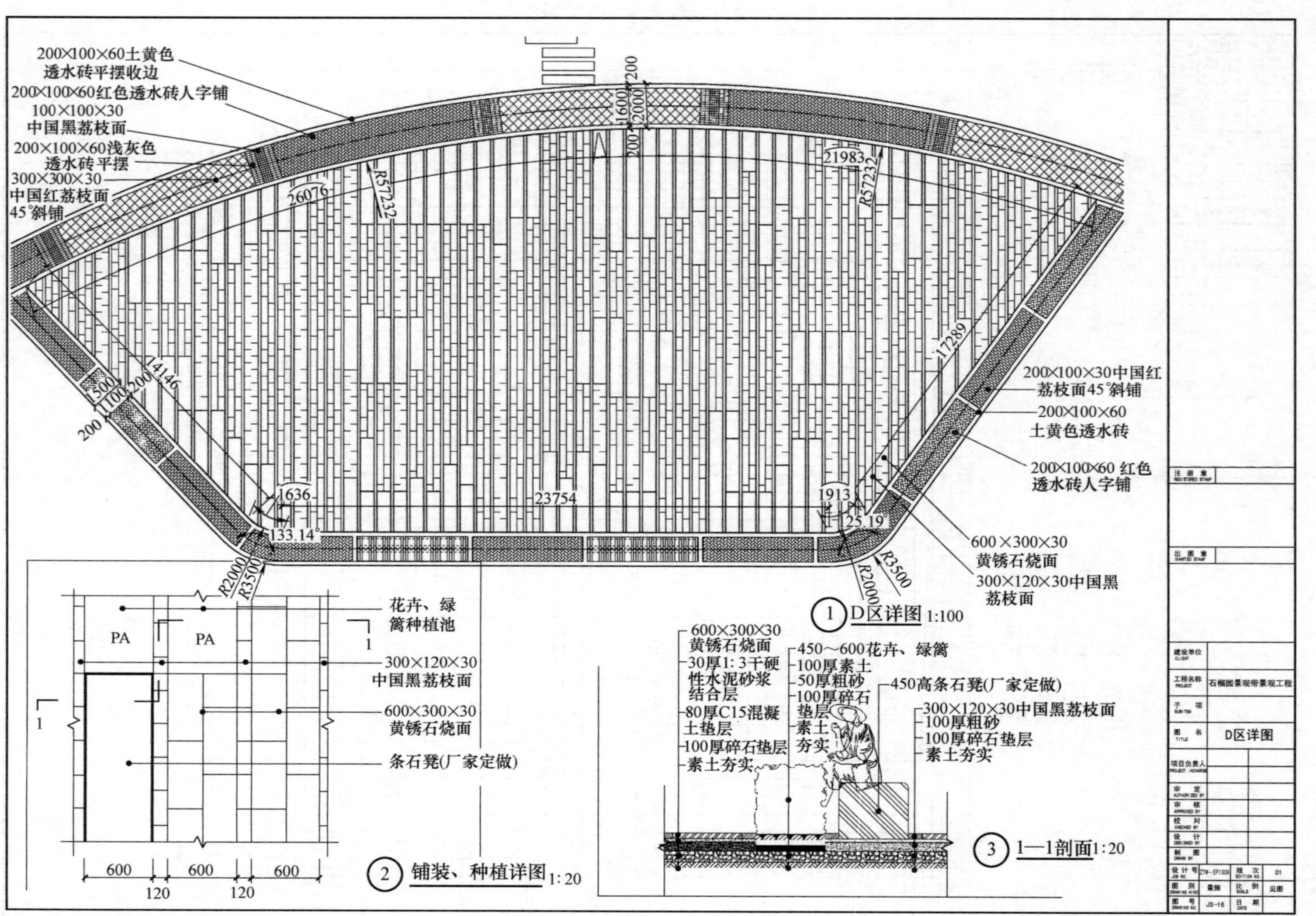

200×100×60土黄色透水砖平摆收边
200×100×60红色透水砖人字铺
100×100×30中国黑荔枝面
200×100×60浅灰色透水砖平摆
300×300×30中国红荔枝面45°斜铺
200×100×30中国红荔枝面45°斜铺
200×100×60土黄色透水砖
200×100×60 红色透水砖人字铺
600×300×30黄锈石烧面
300×120×30中国黑荔枝面
R57232
26076
21983
17289
14146
23754
1636
1913
133.14°
125.19°
R2000
R3500
① D区详图 1:100
花卉、绿篱种植池
300×120×30中国黑荔枝面
600×300×30黄锈石烧面
条石凳(厂家定做)
PA
600
120
② 铺装、种植详图 1:20
600×300×30黄锈石烧面
30厚1:3干硬性水泥砂浆结合层
80厚C15混凝土垫层
100厚碎石垫层
素土夯实
450~600花卉、绿篱
100厚素土
50厚粗砂
100厚碎石垫层
素土夯实
450高条石凳(厂家定做)
300×120×30中国黑荔枝面
100厚粗砂
100厚碎石垫层
素土夯实
③ 1—1剖面 1:20
工程名称 石榴园景观带景观工程
图名 D区详图

图 3-11　D 区铺装详图

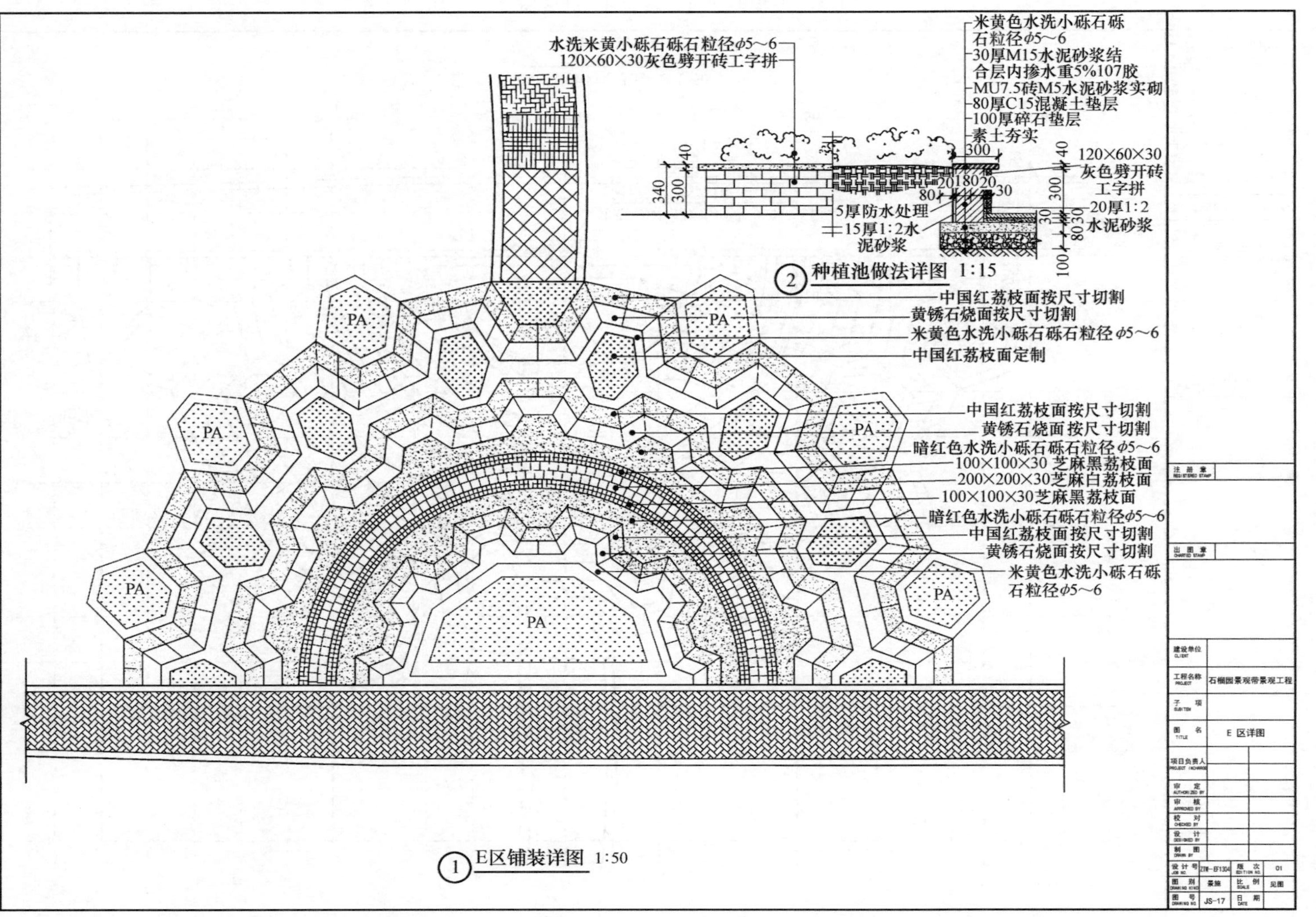

水洗米黄小砾石砾石粒径φ5～6
120×60×30灰色劈开砖工字拼
米黄色水洗小砾石砾石粒径φ5～6
30厚M15水泥砂浆结合层内掺水重5%107胶
MU7.5砖M5水泥砂浆实砌
80厚C15混凝土垫层
100厚碎石垫层
素土夯实
120×60×30灰色劈开砖工字拼
20厚1:2水泥砂浆
5厚防水处理
15厚1:2水泥砂浆
②种植池做法详图 1:15
中国红荔枝面按尺寸切割
黄锈石烧面按尺寸切割
米黄色水洗小砾石砾石粒径φ5～6
中国红荔枝面定制
中国红荔枝面按尺寸切割
黄锈石烧面按尺寸切割
暗红色水洗小砾石砾石粒径φ5～6
100×100×30 芝麻黑荔枝面
200×200×30芝麻白荔枝面
100×100×30芝麻黑荔枝面
暗红色水洗小砾石砾石粒径φ5～6
中国红荔枝面按尺寸切割
黄锈石烧面按尺寸切割
米黄色水洗小砾石砾石粒径φ5～6
PA
①E区铺装详图 1:50
石榴园景观带景观工程
E区详图
JS-17

图 3-12　E区铺装详图

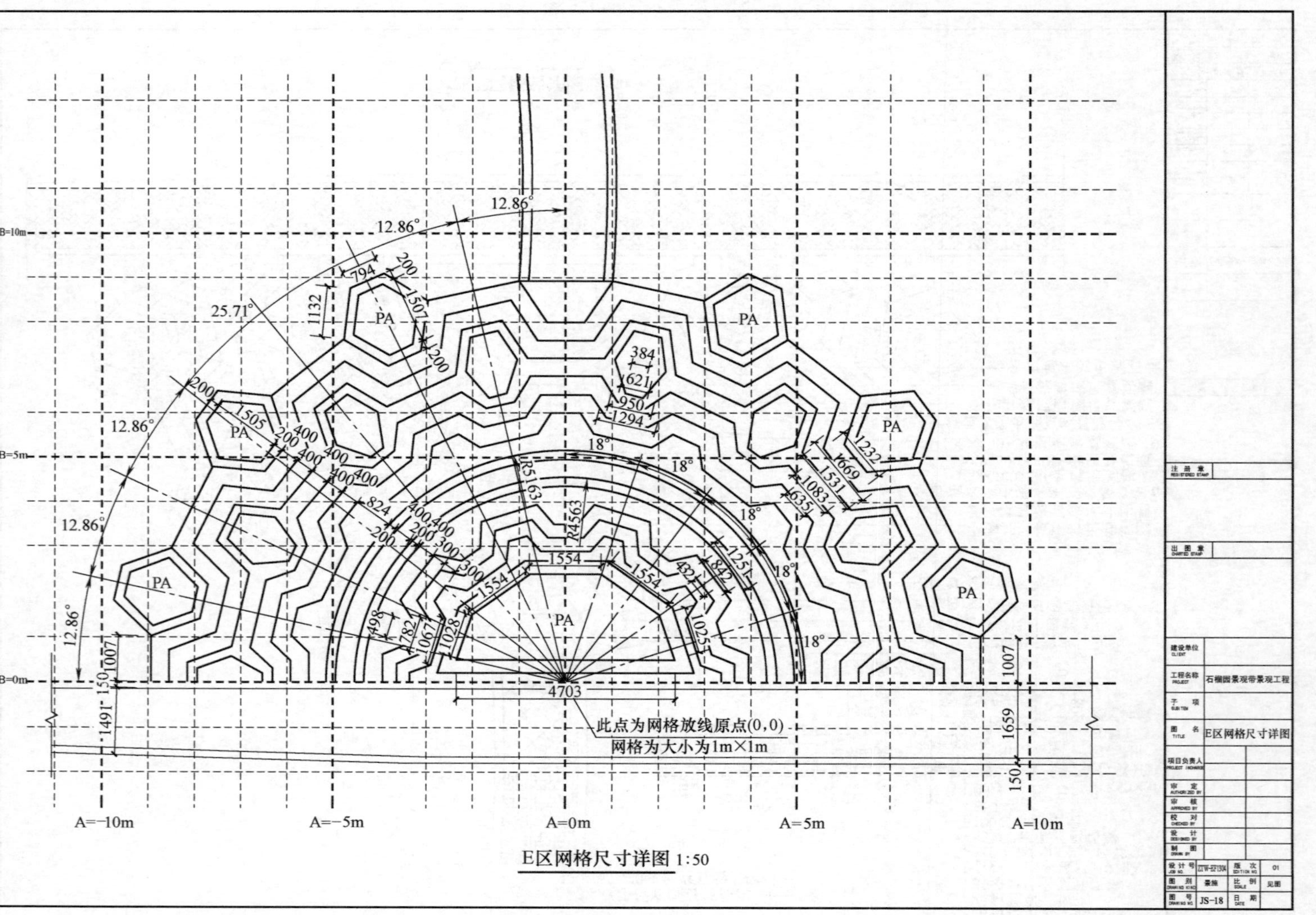

图 3-13 E 区网格尺寸详图

任务二　几种园路铺装

一、园路铺装的作用与绘图内容

1. 园路铺装的作用

园路的铺装，除满足一般道路所要求的坚固、平稳、耐磨、防滑和易于清扫外，还起到有丰富景色、引导游人的作用。园路铺装要有主有次，类别分明。即主路、次路、游步道，在形式和内容上应有变化，更要注意统一。

2. 园路铺装施工图的主要内容

园路铺装施工图主要有平面图和断面图。断面图又分为横断面图和纵断面图。

平面图主要表示园路的平面布置情况。对于不同的路段，要在各段上分别标注横断面详图索引符号，对于自然式园路，平面曲线复杂，交点和曲线半径都难以确定，不方便单独绘制平曲线，为了方便施工，园路铺装平面图必须有准确的方格网，方格网的基准点必须在实地有准确固定的位置。平面图的绘图比例一般为 1∶20~1∶100。

横断面图是假设用平面垂直园路路面剖切而形成的断面图。它一般与局部平面图配合，通过图例和文字标注来表示园路各构造层的厚度与材料。横断面图的图纸比例一般为 1∶20~1∶50。

有特殊要求或路面起伏较大的园路，应绘制断面图。纵断面图是假设用铅垂面沿园路中心轴线剖切，然后将所得断面图展开而成的立面图，它表示某一区段园路各部分的起伏变化情况。

二、园路铺装施工图绘图步骤

1）选择绘图比例、图幅，对于自然式园路，画出坐标网格，确定定位轴线。

2）绘制园路平面图，内容包括园路所在范围内的地形、建筑设施、路面宽度与高程。

3）绘制主路、次路、游步道等园路的横断面图及局部平面图，内容包括铺装形式和剖面结构详图，并标注必要的尺寸和材料类型。

4）对路面的复杂纹样，应绘制平面大样图，并标注尺寸。

三、园路铺装举例

1）入口广场铺装的平面和剖面做法，如图 3-14 所示。

2）陶土砖铺装的平面及剖面做法，如图 3-15 所示。

3）天然虎皮石铺装的平面及剖面做法，如图 3-16 所示。

4）汀步铺装的平面及剖面做法，如图 3-17 所示。

5）常见园林景观铺装构造的通用做法，如图 3-18 所示。

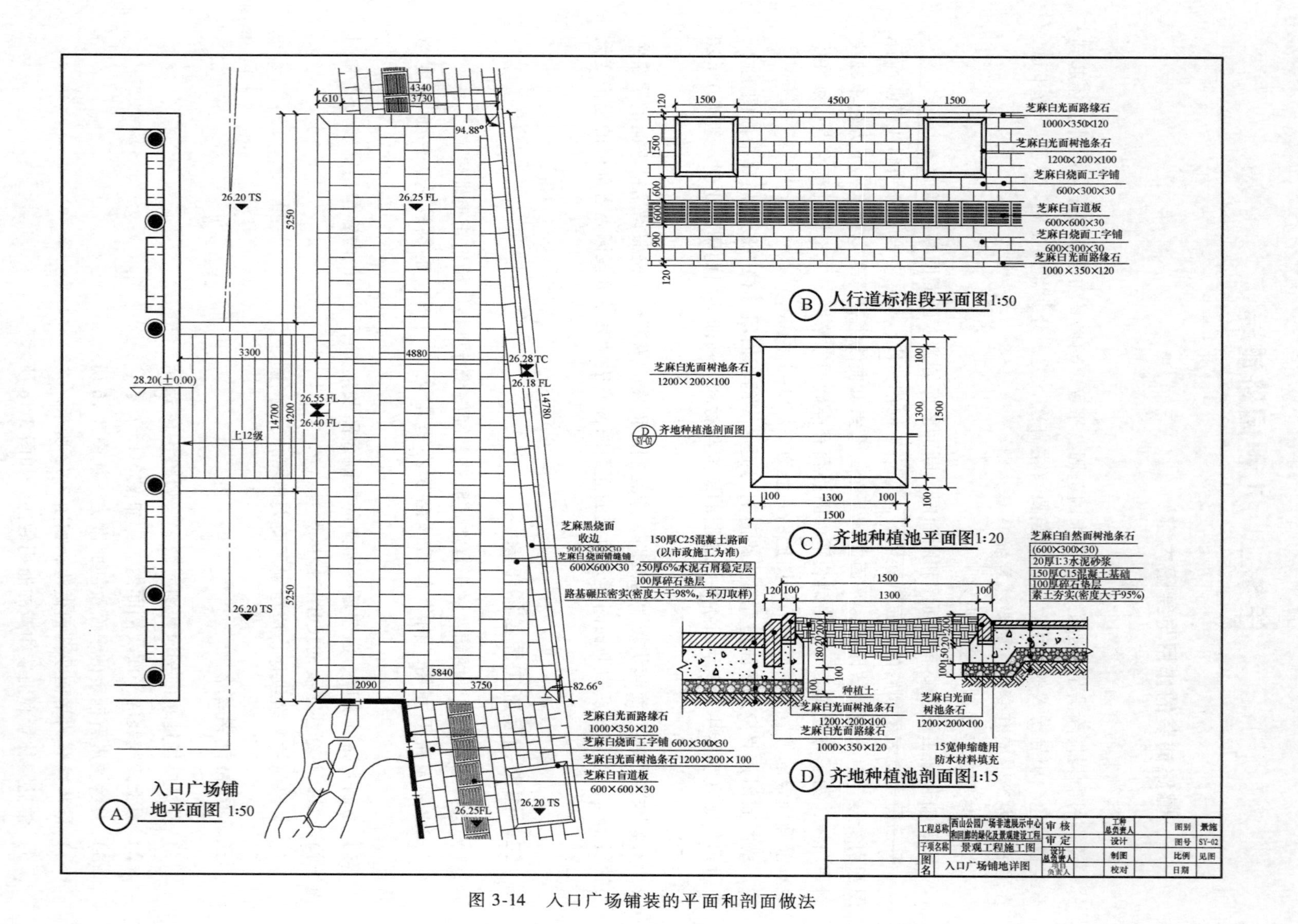

图 3-14　入口广场铺装的平面和剖面做法

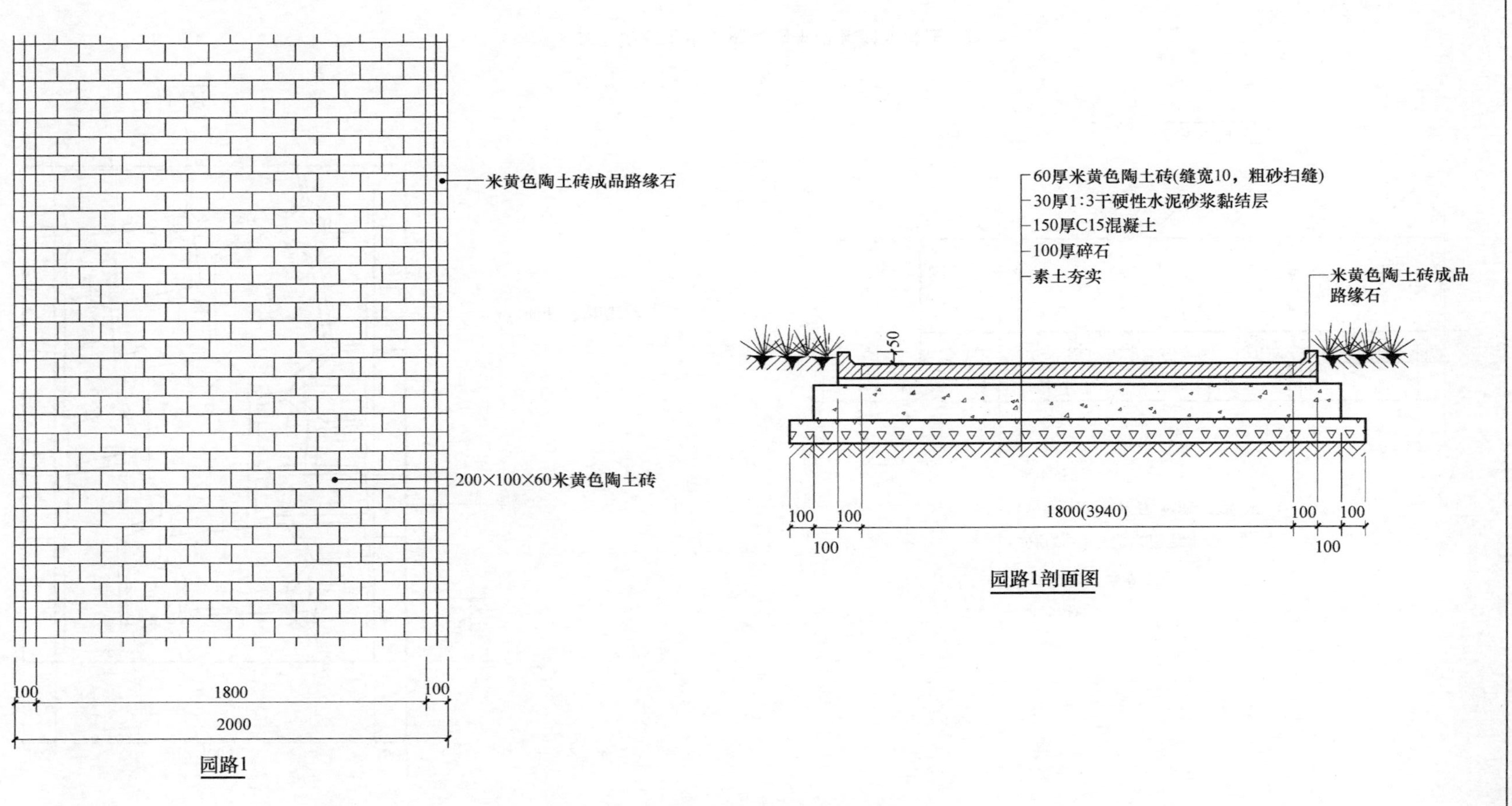

图 3-15　陶土砖铺装的平面和剖面做法

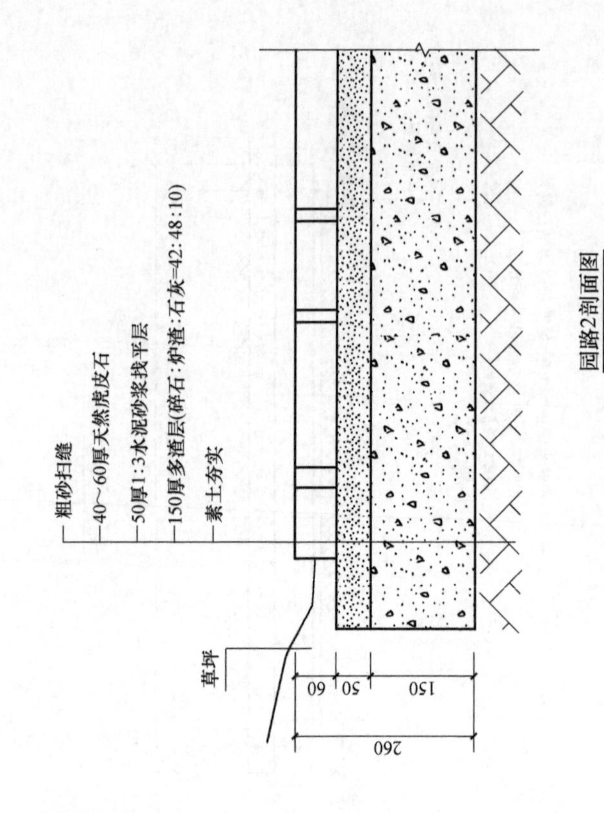

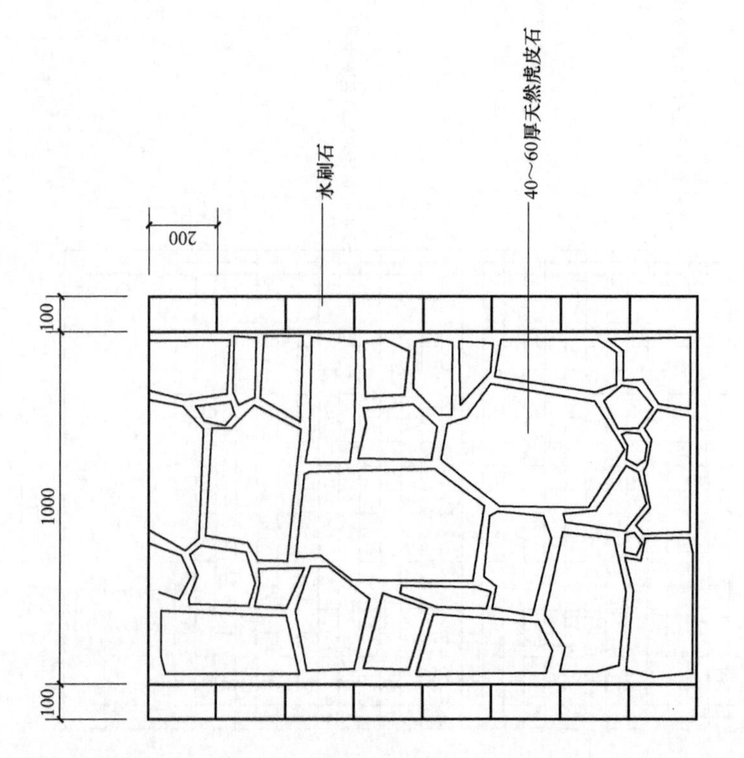

图 3-16　天然虎皮石铺装的平面和剖面做法

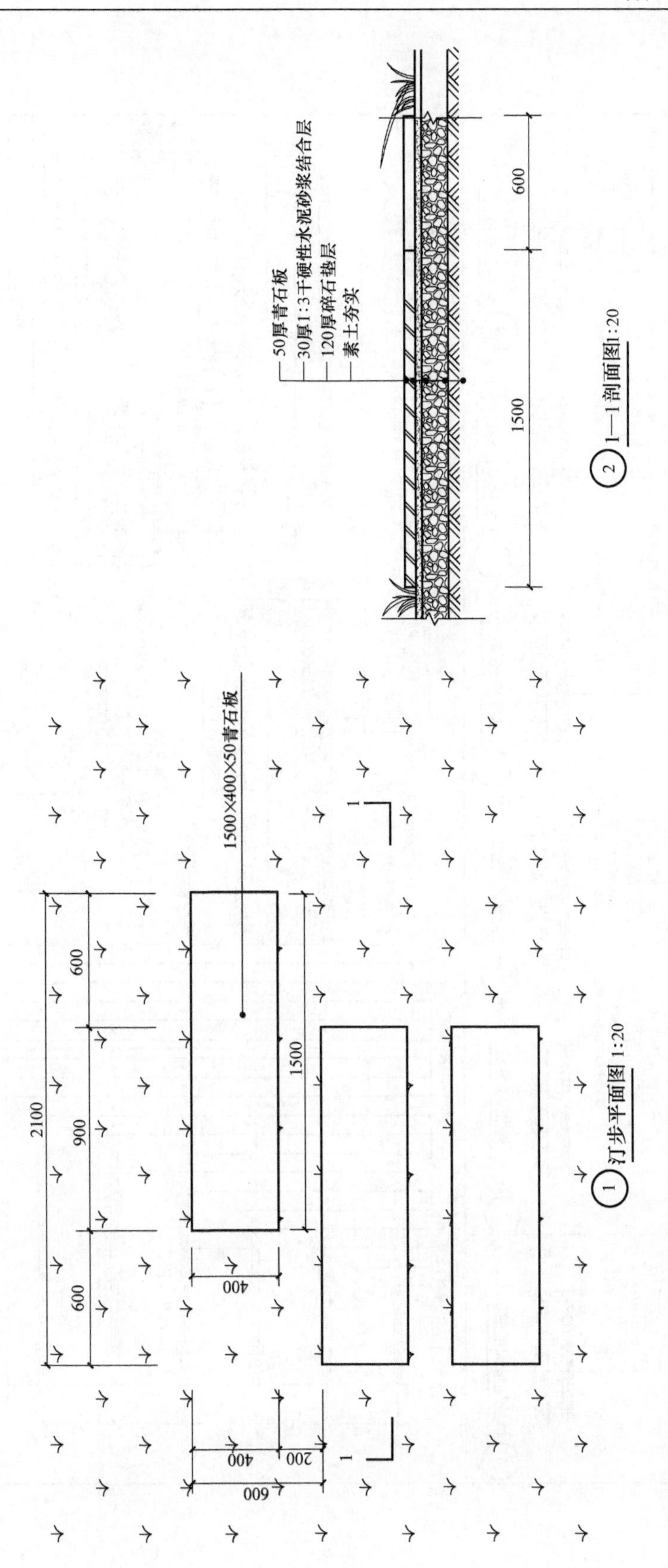

图 3-17　汀步铺装的平面和剖面做法

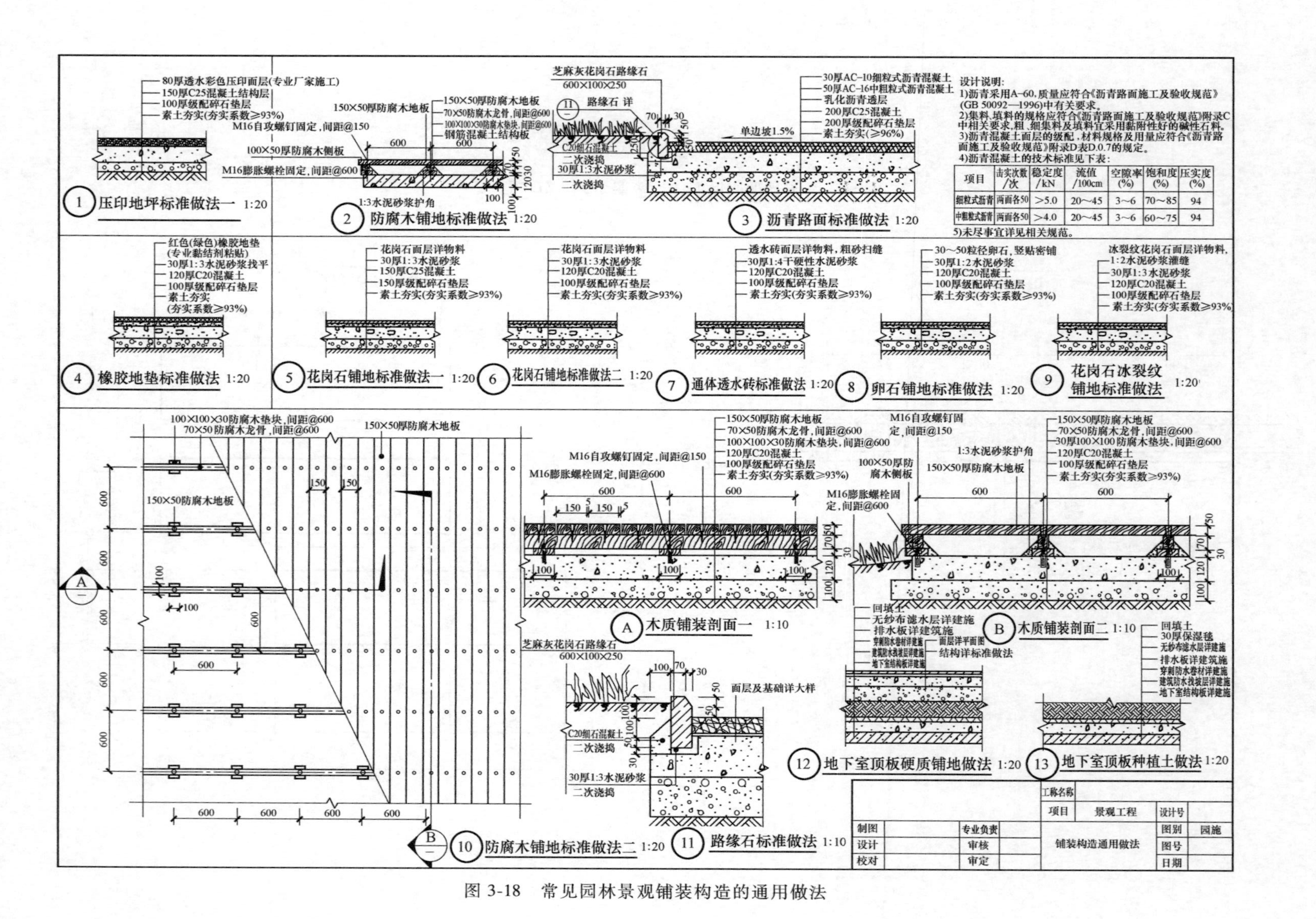

项目	击实次数/次	稳定度/kN	流值/100cm	空隙率(%)	饱和度(%)	压实度(%)
细粒式沥青	两面各50	>5.0	20~45	3~6	70~85	94
中粗粒式沥青	两面各50	>4.0	20~45	3~6	60~75	94

图 3-18 常见园林景观铺装构造的通用做法

任务三　停车场铺装

一、停车场铺装的作用与绘图内容

1. 停车场铺装的作用

平整的停车场铺装要满足机动车停车需要。停车场地面铺装生态化，能减少地面辐射，增加绿化面积，减少对环境的负面影响，同时具有一定装饰性的作用。常见的生态式停车场铺装形式有嵌草铺装和透水铺装等。

2. 停车场铺装施工图的主要内容

根据不同的园林环境和停车的需要，停车场地面可以采用不同的铺装形式。城市广场、公园的停车场一般采用混凝土整体现浇铺装，也常采用预制混凝土砌块铺装或混凝土嵌草砖铺装。为保证场地地面结构的稳定，地面基层设计厚度和强度都要适当增加。为了地面防滑的需要，场地地面纵坡在平原地区不应大于0.5%，在山区、丘陵区不应大于0.8%。从排水通畅方面考虑，地面也必须有不小于0.2%的排水坡度。

停车场铺装施工图主要有平面图和剖面图。平面图主要表示停车场铺装纹样，绘图比例一般为1：20~1：100。剖面图主要反映停车场的结构，绘图比例一般为1：20~1：50。

二、停车场铺装绘图步骤

1）选择绘图比例、图幅。

2）绘制停车场铺装平面图，内容包括停车位的铺装纹样。

3）绘制停车场铺装剖面图。

三、停车场铺装举例

1）停车场平面和剖面的做法，如图3-19所示。其中，详图1和2分别对应机动车停车位标准单元段和无障碍机动车停车位平面图，详图3为停车场的剖面图做法。

2）人行道路标准段平面和剖面的做法，如图3-20所示。

3）人行道路与消防车通道标准段平面和剖面的做法，如图3-21所示。

任务四　台阶铺装

一、台阶的作用与绘图内容

1. 台阶的作用

在景观营造中，台阶解决了地势高低差的问题，方便行走，还联系了室内外空间。台阶是园路的一部分，因此台阶的设计应与园路风格成为一体。

2. 台阶铺装施工图的主要内容

台阶铺装施工图主要有平面图和剖面图。

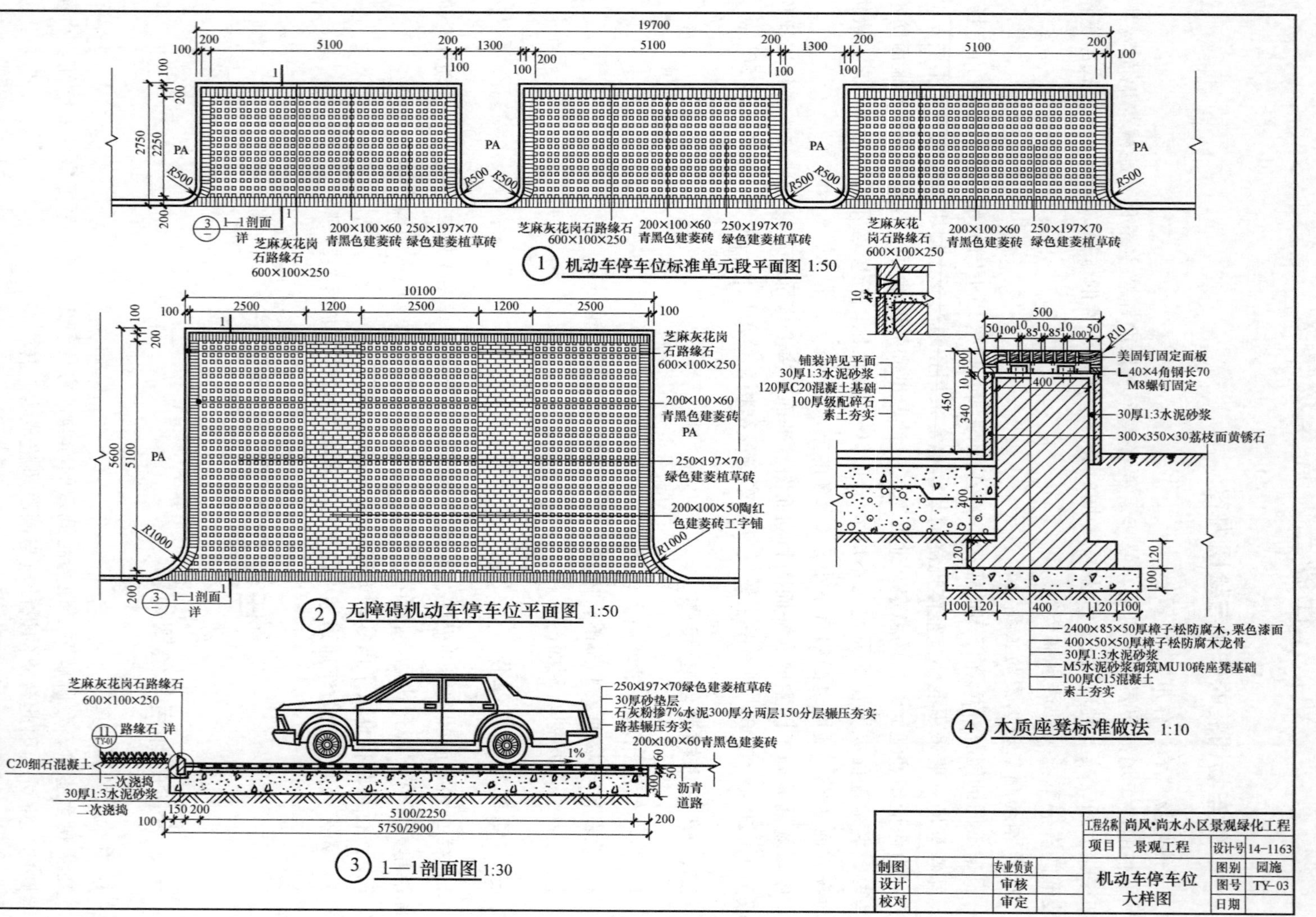

图 3-19 停车场平面和剖面的做法

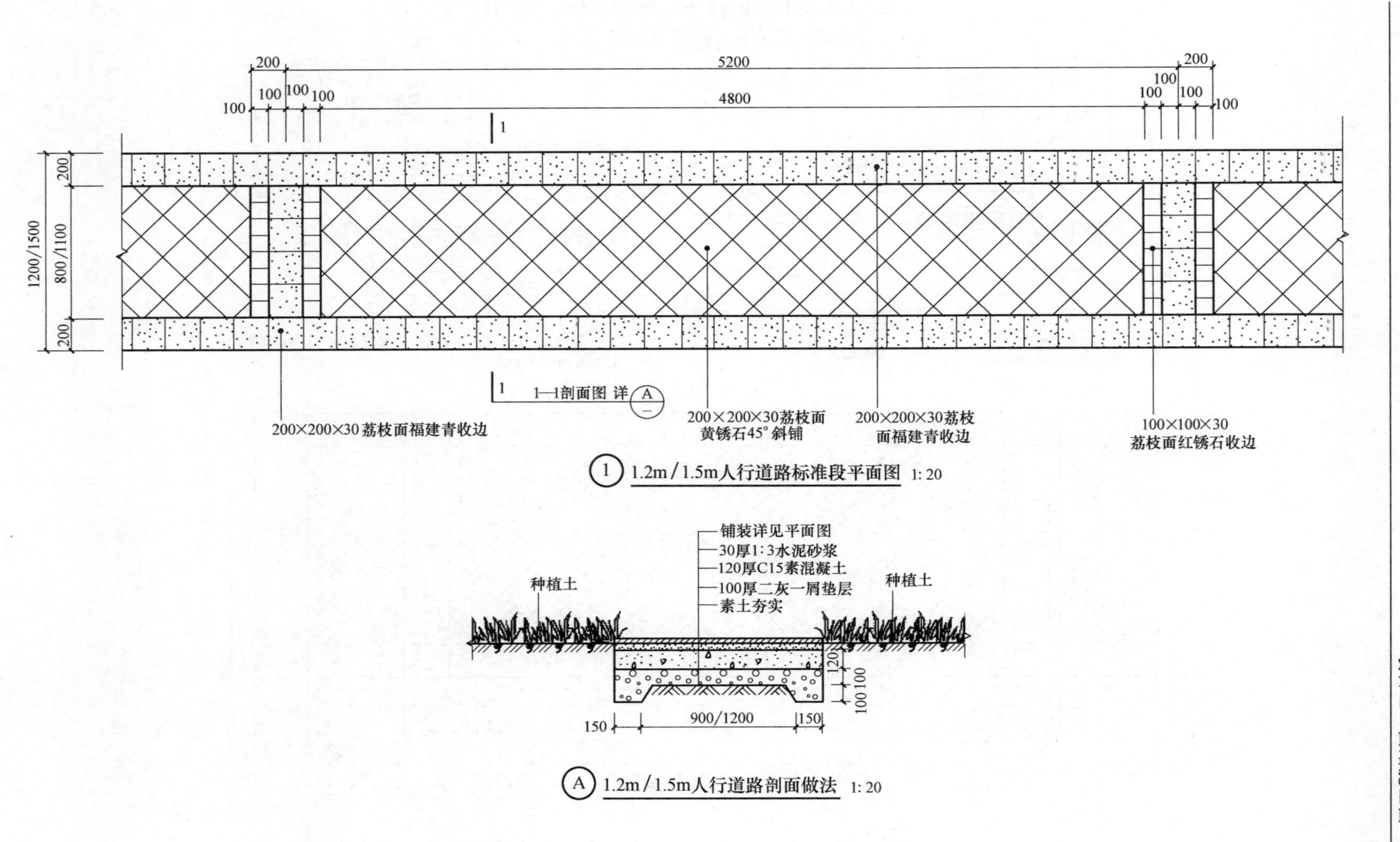

图 3-20 人行道路标准段平面和剖面的做法

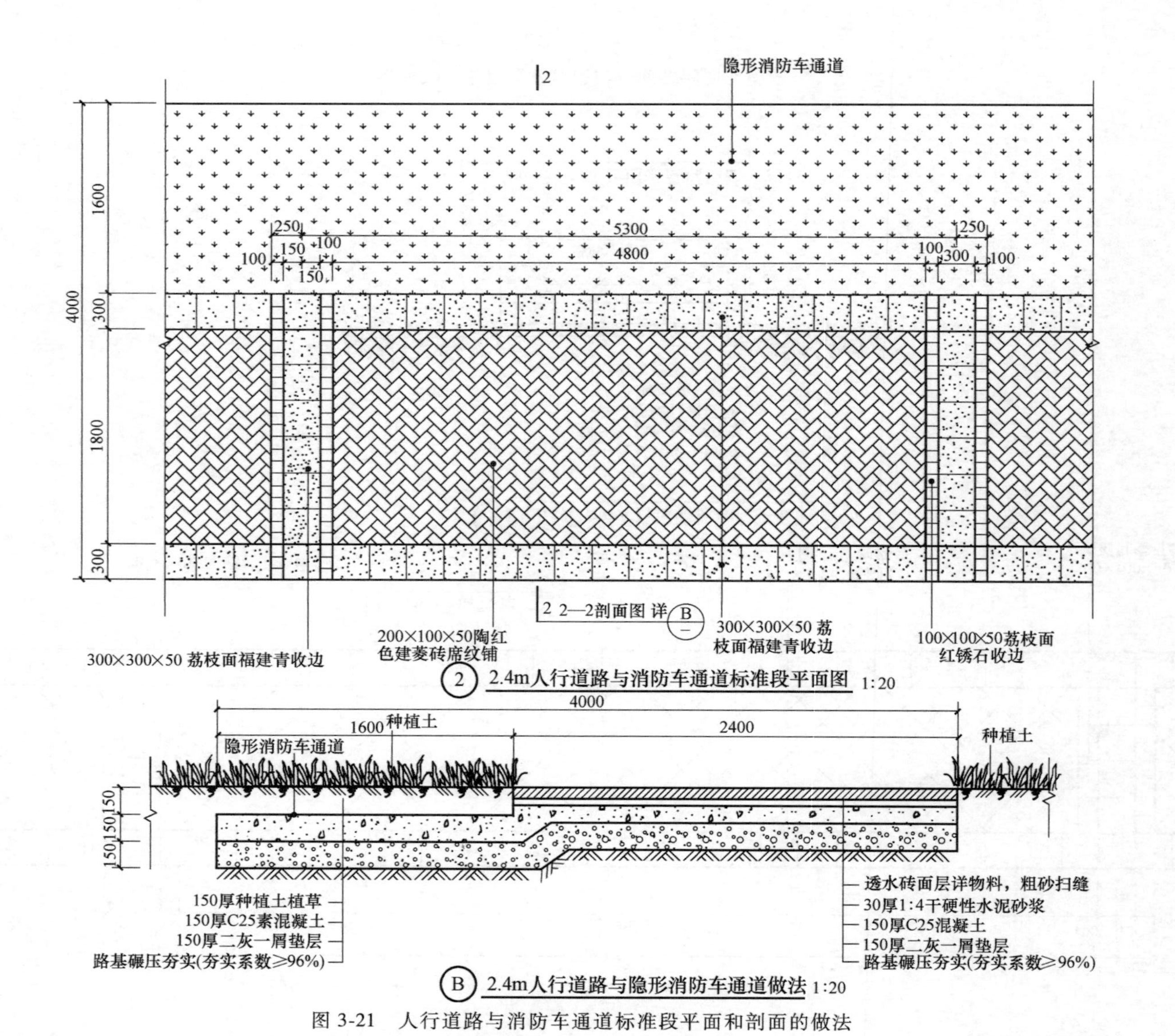

图 3-21　人行道路与消防车通道标准段平面和剖面的做法

平面图主要表示台阶的踏面，即脚踩的平面。台阶的表面要防滑，向前有一定倾斜度以利排水。台阶宽一般为28~45cm。绘图比例一般为1：20~1：100。

剖面图是假设用一个平面垂直踢面台阶剖切而形成的。踢面台阶主要表示的垂直面，高一般以10~15cm为宜，最高不超过17.6cm。绘图比例一般为1：20~1：50。

二、台阶铺装绘图步骤

1）选择绘图比例、图幅。

2）绘制台阶铺装平面图。

3）绘制台阶铺装剖面图。

三、台阶铺装举例

以尚风尚水小区绿化工程项目中1#楼景观台阶和休憩广场为例，其平面和剖面做法如图3-22和图3-23所示。

项目小结

园路施工图是园路施工的依据，它应包括园路平面图、局部平面图、剖（断）面图、做法说明等图样与文字内容。园路平面图中应明确表示出园路路面宽度、坡度、广场中心及排水方向，铺装纹样等。为了清楚地反映出重点部位的纹样设计，通常还绘出局部平面大样图。剖（断）面图直观地反映了园路的结构以及做法。

园路、广场施工图是指导园林道路和广场施工的技术性图纸，它能够清楚地反映园林路网和广场布局以及广场、园路铺装的材料、施工方法和要求等。

思考与练习

第一部分：理论题

1. 园路施工图包括哪些图纸？
2. 试绘制主园路、次园路、游步道的铺装形式和剖面结构详图。
3. 广场施工图设计要点有哪些？
4. 停车场施工图设计要点有哪些？
5. 绘制台阶构造施工做法。

第二部分：实践操作题

【任务提出】园路施工图设计实训。

【任务目标】绘制园路的平面和结构做法。

【任务要求】根据道路平面图（图3-24），绘制园路平面铺装和结构做法。

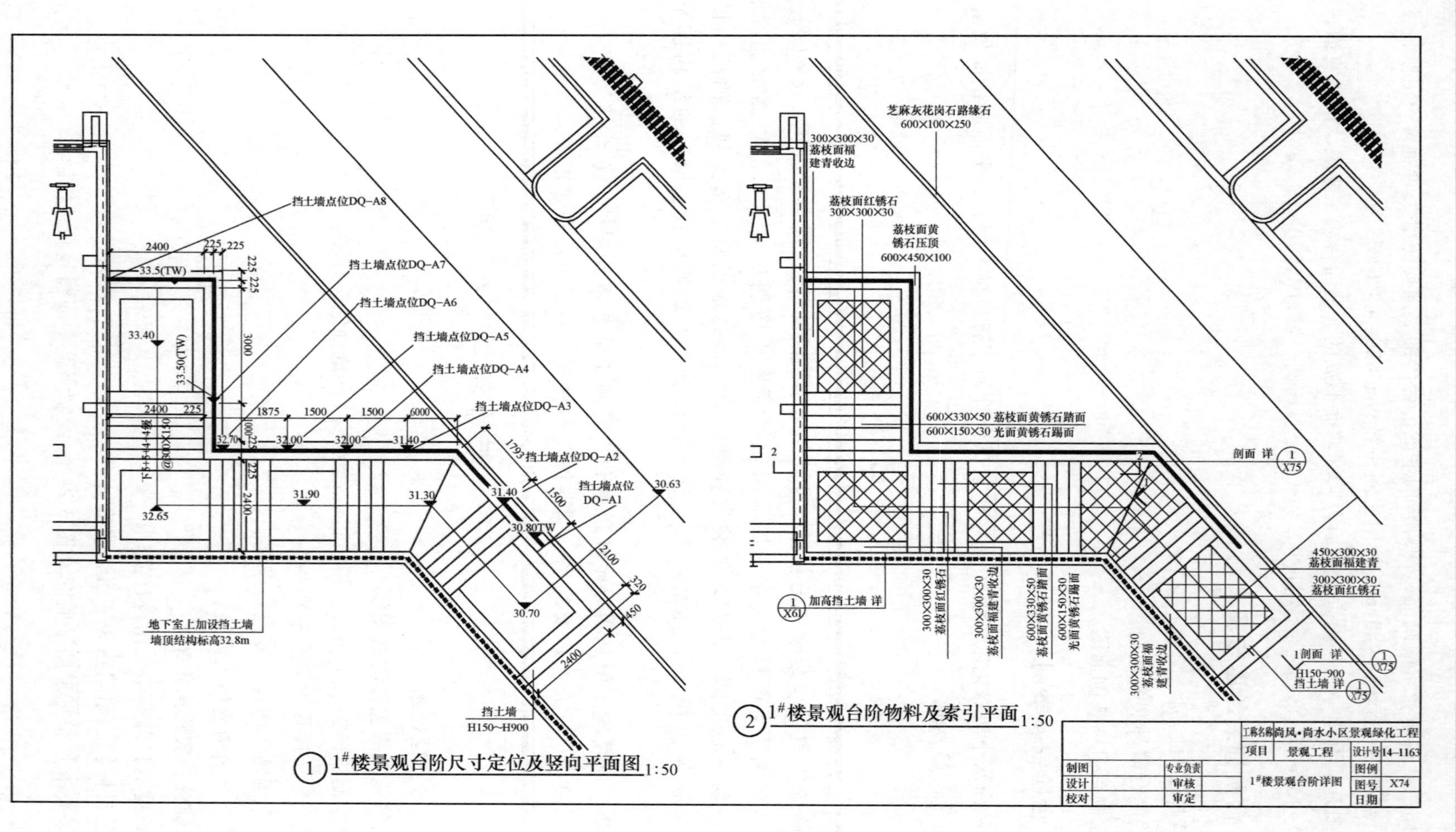

图 3-22 1#楼景观台阶和休憩广场的平面做法

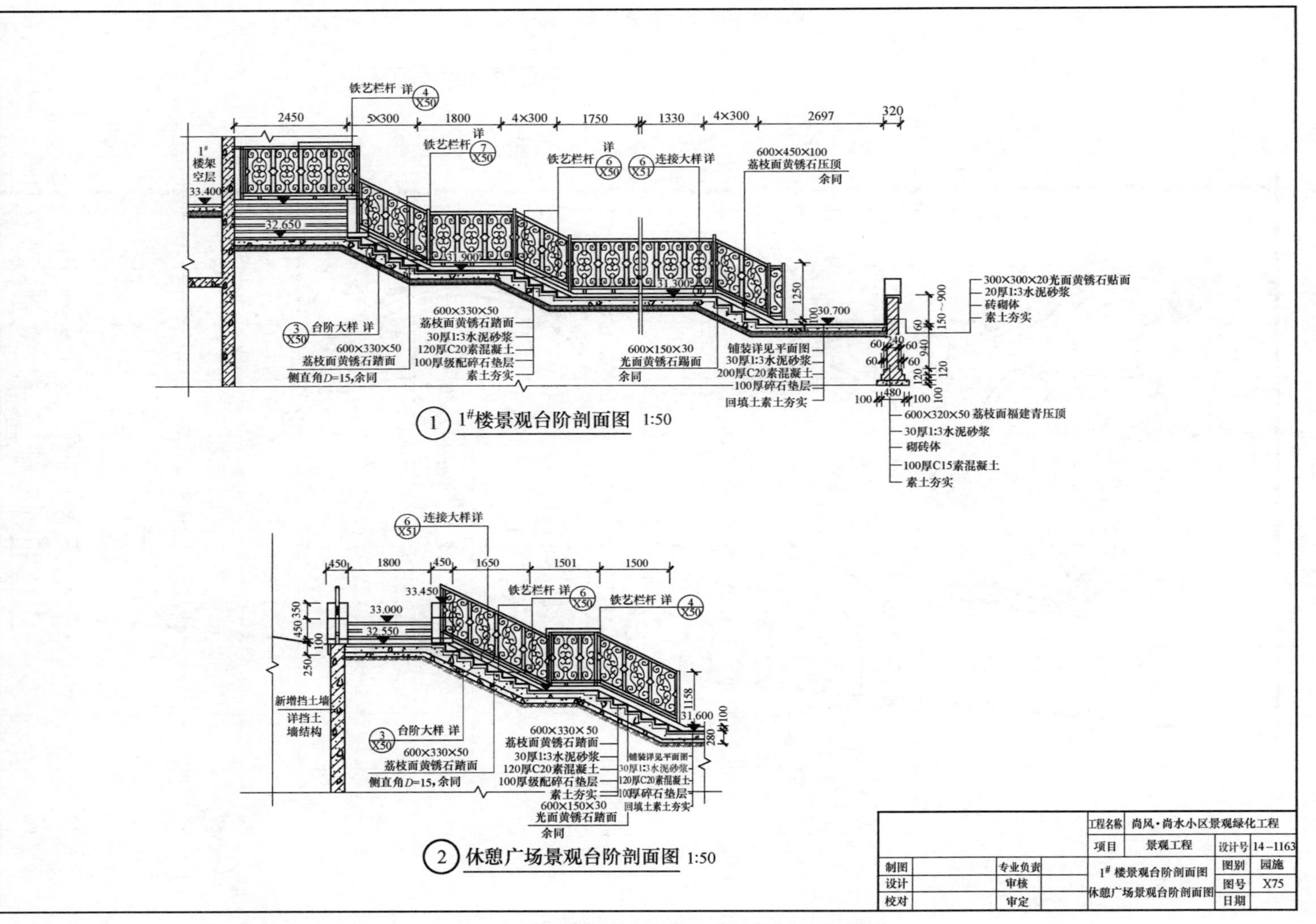

图 3-23　1#楼景观台阶和休憩广场的剖面做法

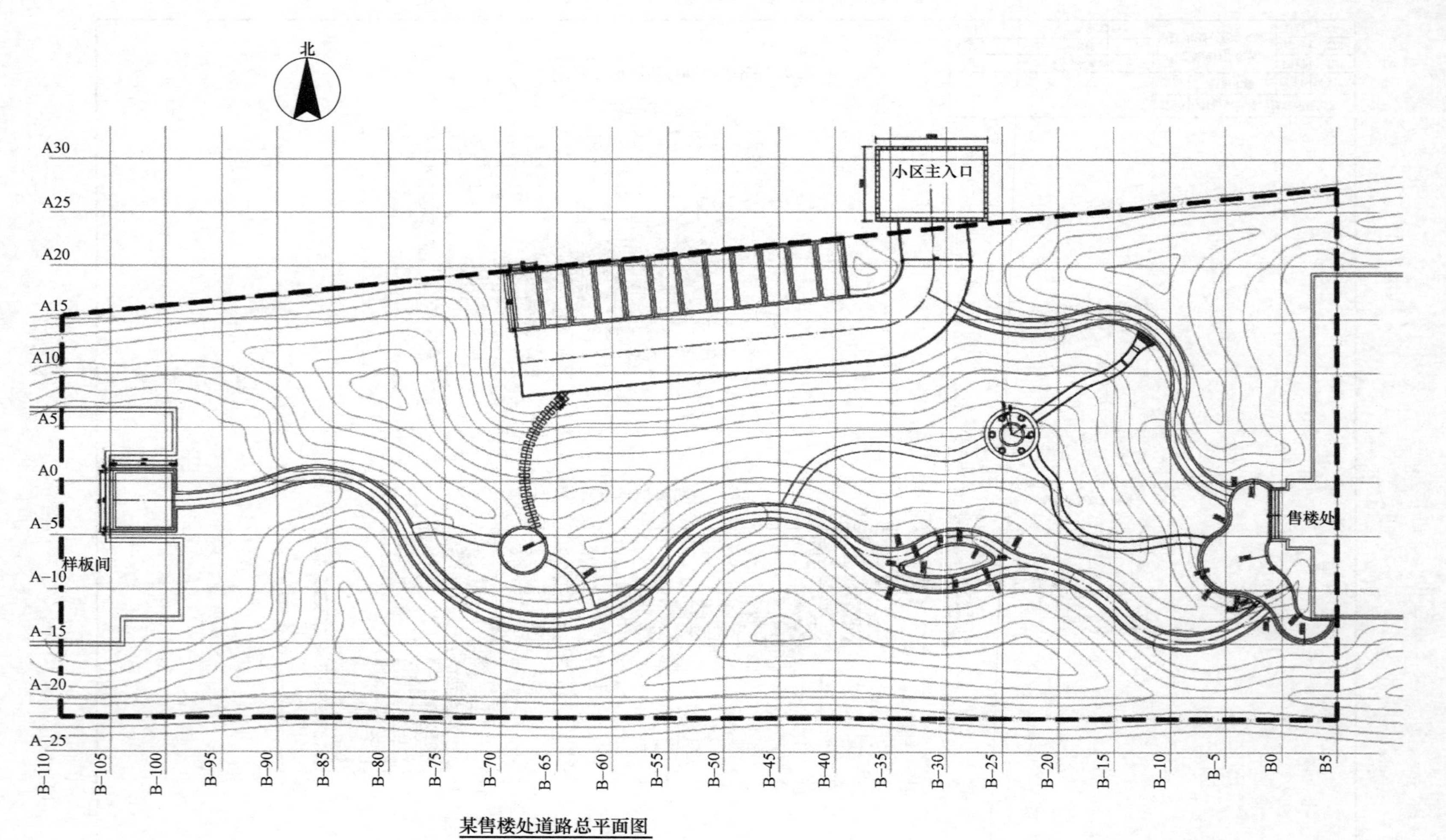

图 3-24　某售楼处道路总平面图

项目四 园林建筑施工图

教学目标

通过对园林建筑中景观亭、廊架、景观墙、牌坊和景观塔的施工图案例等内容的分析和学习，了解园林建筑施工图的要求、绘制步骤，以及施工总图的绘制方法。

教学要求

能力目标	知识要点	权重
掌握景观亭施工图的作用与绘图识图	景观亭施工图的作用与绘图识图	20%
掌握廊架施工图的作用与绘图识图	景观廊架施工图的作用与绘图识图	20%
掌握景观墙施工图的作用与绘图识图	景观墙施工图的作用与绘图识图	20%
掌握牌坊施工图的作用与绘图识图	景观牌坊施工图的作用与绘图识图	20%
掌握景观塔施工图的作用与绘图识图	景观塔施工图的作用与绘图识图	20%

章节导读

园林建筑是园林与建筑结合的有机产物，它既要满足建筑的使用功能也要满足园林景观的造景要求。园林建筑一般包括：房屋、厅堂、亭、廊、廊架以及景观牌坊、景墙等。

园林建筑工程施工图是表示园林建筑的总体布局、外部造型、内部布置、细部构造、内外装饰以及一些固定设备、施工要求等的图纸。一般包括：施工总说明、平面图、立面图、剖（断）面图和放大详图等内容。

任务一　景观亭施工图

一、景观亭类型与施工图识图

（一）亭的类型

亭的种类其实有几十种之多，较常见的主要有四角亭、六角亭、八角亭、圆亭子、扇面亭、长亭子、现代木亭子、欧式方亭、欧式圆亭等。这些亭各有特征，在各自的场合发挥着不同的景观作用和价值。在本任务中主要介绍最常见的六角景观亭的建筑施工图。

（二）亭的构造

亭是中式园林建筑中最常见的一种形式之一，它一般由屋顶、柱子、石鼓、挂落、座椅等部分组成，有的景观亭也要根据实际情况来定。

在景观亭中，常见细部构造的特点非常突出。例如，景观亭的石鼓就是柱子最下面和地面衔接的部位，它的作用主要是防水，防腐。景观亭的座椅，一般有两种表现形式，一种是直接的条形座凳、石头座凳；另一种就是美人靠。与条形座凳相比，美人靠就是在座凳上面加了一个可以让人倚靠的木质椅背，这样设计更加人性化，使游客休闲和休息得更舒适一些。另外，景观亭的栏杆可分为木质栏杆和石头栏杆，石头栏杆就是我们通常所说的石栏杆。

（三）景观亭施工图的内容

常见的景观亭施工图包括：基础平面图、底层平面图、顶层平面图、立面图、剖（断）面图、节点放大图等。

1）基础平面图用来表示基础的平面位置及形状，它通常与网格定位线结合在一起，表明景观亭基础的长、宽和平面基础轮廓，是定点放样和开挖地基的主要依据。此外，在设计说明中，要写明开挖地基的深度、宽度、方法以及使用的基础材料等。

2）景观亭平面图也与网格定位线结合在一起，主要表明建筑的轮廓、范围、位置、采用的材料等，是决定景观亭基本平面形状的依据。平面图还附带剖切符号，表明的竖向结构将由剖面图说明。

3）立面图表现立面造型及主要部位的高度和使用的建筑材料。

4）剖面图识读时要结合网格定位线，从基础、梁柱、顶部和挂落的各环节关系，看清亭的整体和各结构层的高度、采用的材料以及竖向基本轮廓等，掌握其轮廓变化的节点、尺寸，以便在施工指导中做到心中有数。

（四）景观亭施工图绘制步骤及要点

1）绘制定位轴线，明确纵向和横向的定位点。

2）绘制景观亭的墙（柱）厚度。

3）绘制景观亭门窗位置及宽度（当比例较大时，应绘出门、窗框示意图），加深墙的剖断线，按线条等级依次加深其他各线。

4）尺寸标注应该以毫米为单位。

5）结合剖面的视图方向，标注剖切符号及剖切编号。

6）根据景观亭的平面布置形式，标注建筑标高及详图索引符号。

7）根据出图需要，标注出图比例及图纸名称等。

二、景观亭平面图

（一）底层平面图

景观亭的底层平面图是水平全剖面图，它的剖切平面是位于基础上方的水平面。景观亭平面图主要表示景观亭的平面形状、水平方向各部分（如出入口、楼梯、座椅、扶手等）的布置和组合关系、楼梯位置、扶手和柱的布置以及其他建筑构配件的位置和大小等。六角景观亭底层平面图如图 4-1 所示。

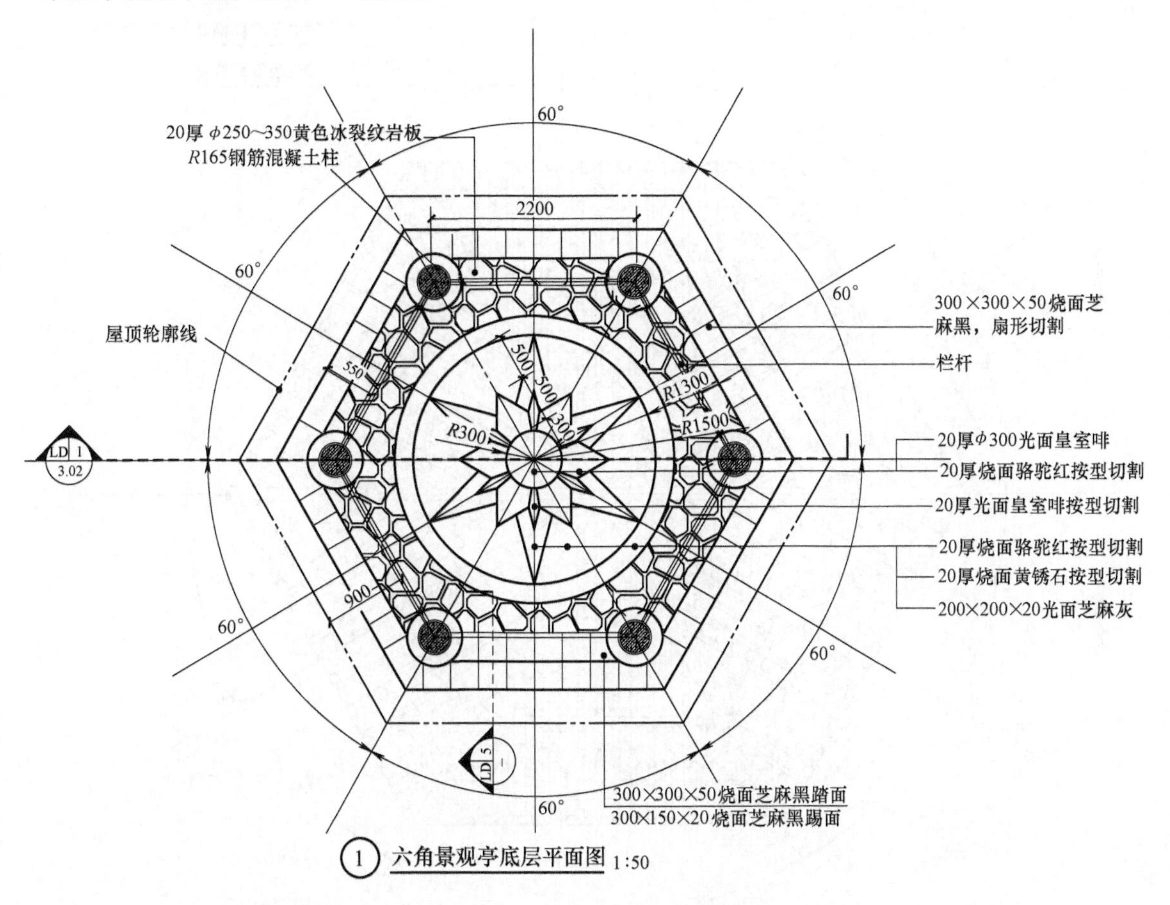

图 4-1　六角景观亭底层平面图

（二）景观亭平面图的图示要求

1）比例。景观亭平面图的比例通常选用 1∶50 或 1∶100。

2）线型要求。被剖切到的主要构造（如墙、柱等）断面轮廓线均用粗实线绘制；被剖切到的次要构造的轮廓线及未被剖切平面剖切的可见轮廓线用中实线绘制（如台阶、扶手等）；尺寸线、图例线等用细实线绘制。

3）尺寸标注。景观亭的尺寸标注一般分为细部尺寸标注和总尺寸标注。

4）标高。平面图应注明室内外地面、台阶顶面的标高。采用相对标高，一般底层室内地面为标高零点，标注为±0.000。

5）详图索引。在平面图上应标注出施工详图的节点索引符号。以索引符号为线索，在放大详图中找到对应的施工详图。

6）其他。平面图上根据绘图规范应绘制指北针、剖切符号，并注写图名、比例等。

（三）顶层平面图

景观亭的顶层平面图主要表现景观亭顶部构造、材质以及各檐口的尺寸。六角景观亭顶层平面图如图 4-2 所示。屋顶的瓦主要有大瓦和小瓦，大瓦一般用在不太重要场景的亭子当中。而小瓦因为形式比较美，一般用在大型园林、小园林、私家园林、私家庭院等地方，发挥其特色和作用，供游人参观欣赏。

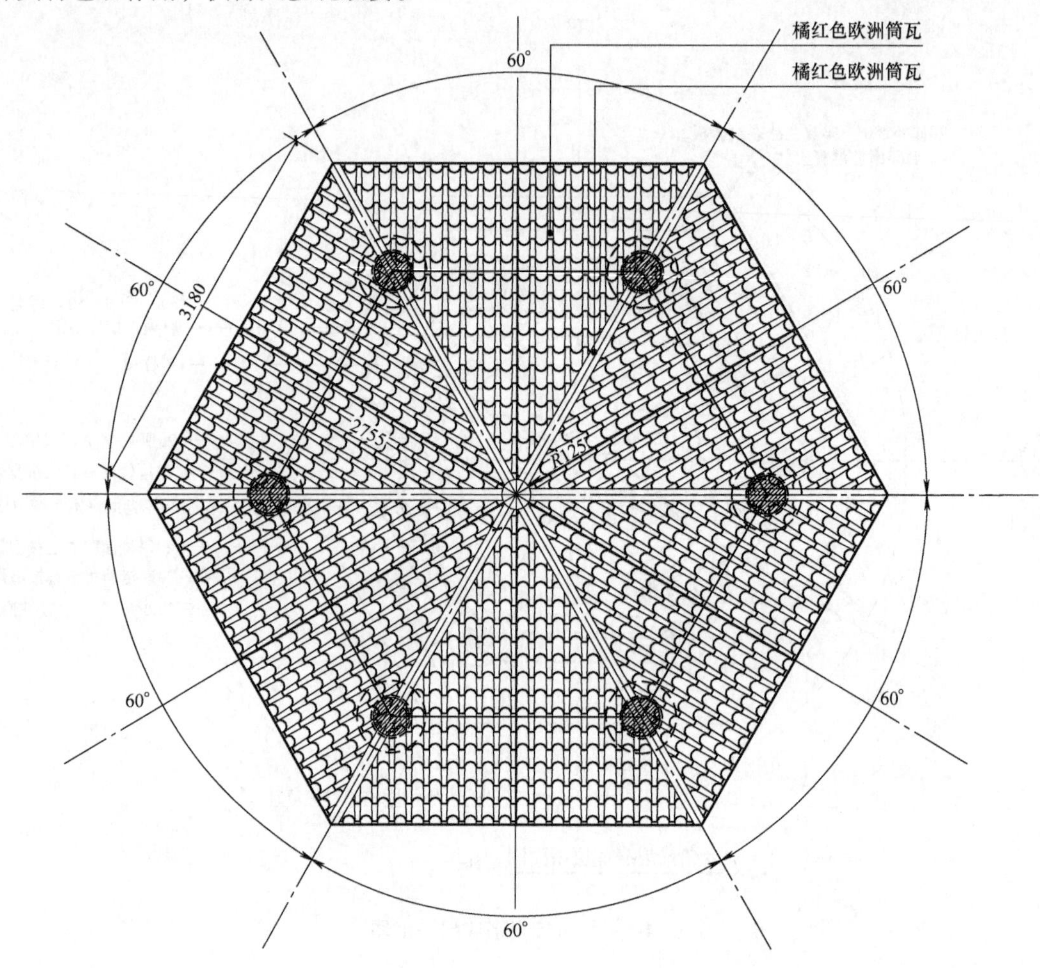

图 4-2 六角景观亭顶层平面图

三、景观亭立面图

（一）景观亭立面图作用

景观亭立面图是在与亭立面平行的投影面上所画的正投影图。其内容主要反映景观亭的外形和主要部位的标高及构造。外形复杂的景观亭应该由多个立面图来表现建筑物的外观造型效果，它们是设计和施工的重要依据。六角景观亭立面图如图 4-3 所示。

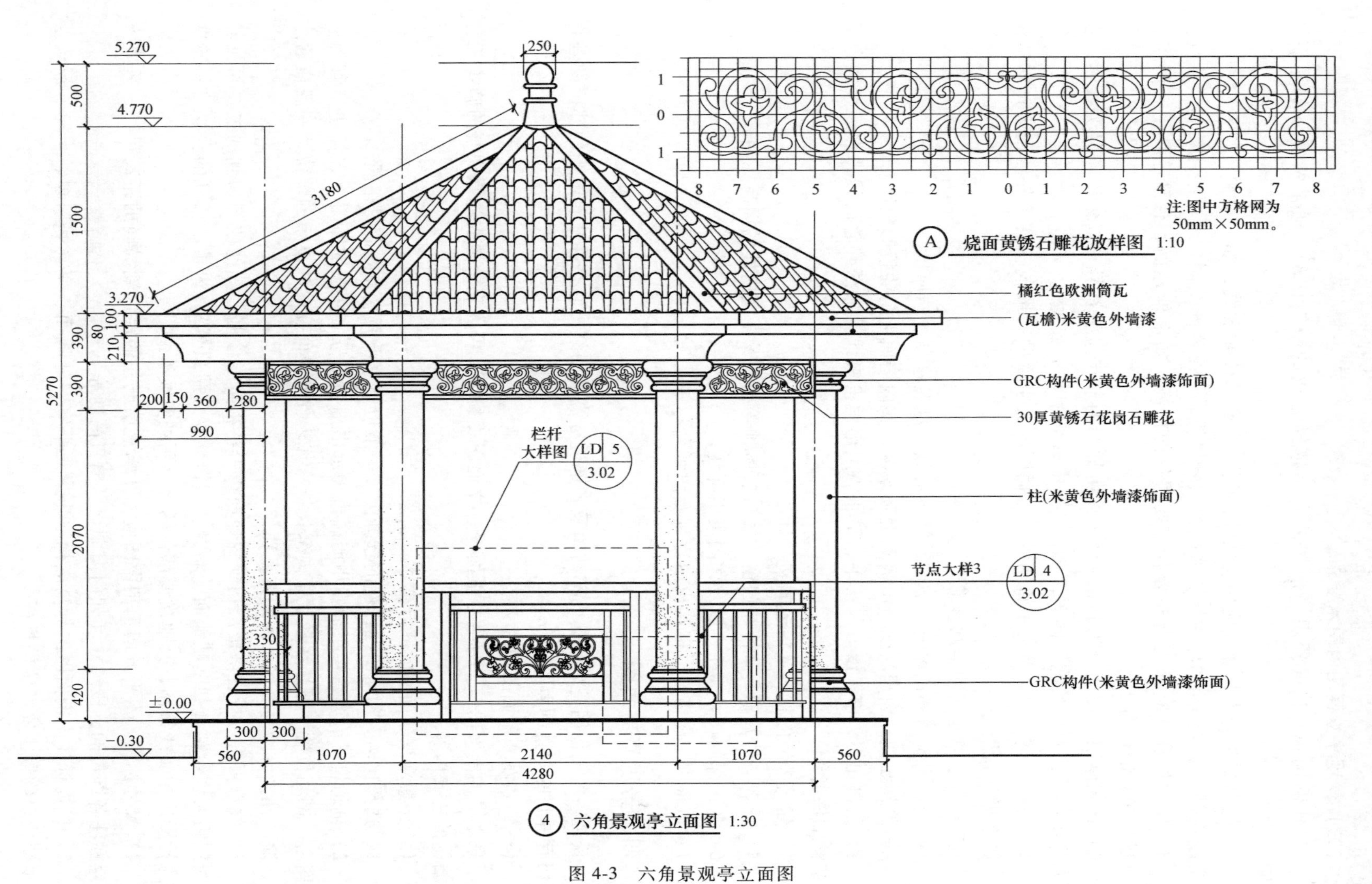

图 4-3　六角景观亭立面图

（二）景观亭立面图的图示要求

1）比例选择。根据景观亭形体的大小选择合适的绘制比例，通常情况下与平面图相同。

2）线型要求。外轮廓线应用粗实线绘制；主要部位轮廓线，如门窗洞口、台阶等，用中实线绘制；次要部位的轮廓线，如门窗的分格线，用细实线绘制；地坪线用特粗线绘制。

3）尺寸标注。应标注出外墙各主要部位的标高，如室外地面、台阶、扶手、门窗上口、檐口等处的标高。

4）详图索引。在立面图上应标注出施工详图的节点索引符号。以索引符号为线索，在放大详图中找到对应的施工详图（如图 4-3 中 A 索引局部放大）。

5）注写比例、图名及文字说明等。立面图的文字说明一般包括建筑外墙的装饰材料说明、构造做法说明等。

（三）景观亭立面图绘制步骤

1）绘制出室内外地坪线，柱的结构中心线，柱及亭顶构造厚度。

2）绘制出门、窗洞高度，出檐宽度及厚度，室内墙面上门的投影轮廓。

3）绘制出门、窗、墙面、扶手、踏步等细部的投影线。加深外轮廓线，然后按线条等级依次加深各线。

4）建筑外墙的材料及构造的文字标注。

5）景观亭的基础、座椅、门窗、檐口、屋顶等构件及亭室内外的标高标注。

6）各细部的尺寸标注，以及详图索引标注。

7）可根据出图需要，标注出图比例及图纸名称等。

四、景观亭剖面图

景观亭的剖面图是表示其内部结构及各部位标高的图纸，它是在建筑适当的部位做垂直剖切后得到的垂直剖面图。

（一）景观亭剖面图作用

景观亭的剖面图与景观亭总平面图、立面图相配合，可以完整地表达景观亭的施工工艺及结构的主要内容。

（二）景观亭剖面图的图示要求

1）选择比例。剖面图在比例的选择上，一般应与总平面图和立面图相同。

2）剖切符号。必须在平面图中明确地表示出剖切符号，并在剖面图下方标注与其相应的图名。剖切位置一般选在景观亭内部构造有代表性和空间变化较复杂的部位，一般应通过门、窗、柱、台阶等有代表性的典型部位。

3）线型要求。景观亭被剖切到的地面线用特粗实线绘制；其他被剖切到的主要可见轮廓线用粗实线绘制（如基础地面、墙身、座椅、梁、屋顶等）；未被剖切到的主要可见轮廓线的投影用中实线绘制；其他次要部位的投影用细实线绘制。

4）尺寸标注。水平方向上剖面图应标注承重墙或柱的定位轴线间的距离尺寸；垂直方向应标注各部位的分段尺寸（如门窗洞口、檐口高度等）。

5）标高标注。剖面图的标高应标注出景观亭室内外地面、座椅、门窗、台阶、屋顶及最顶端构筑物等主要部位的标高。

6）注写图名、比例及有关说明等。

（三）景观亭剖面图绘制步骤

景观亭剖面图的绘制，可参考立面图的绘制步骤。六角景观亭剖面图如图 4-4 所示。

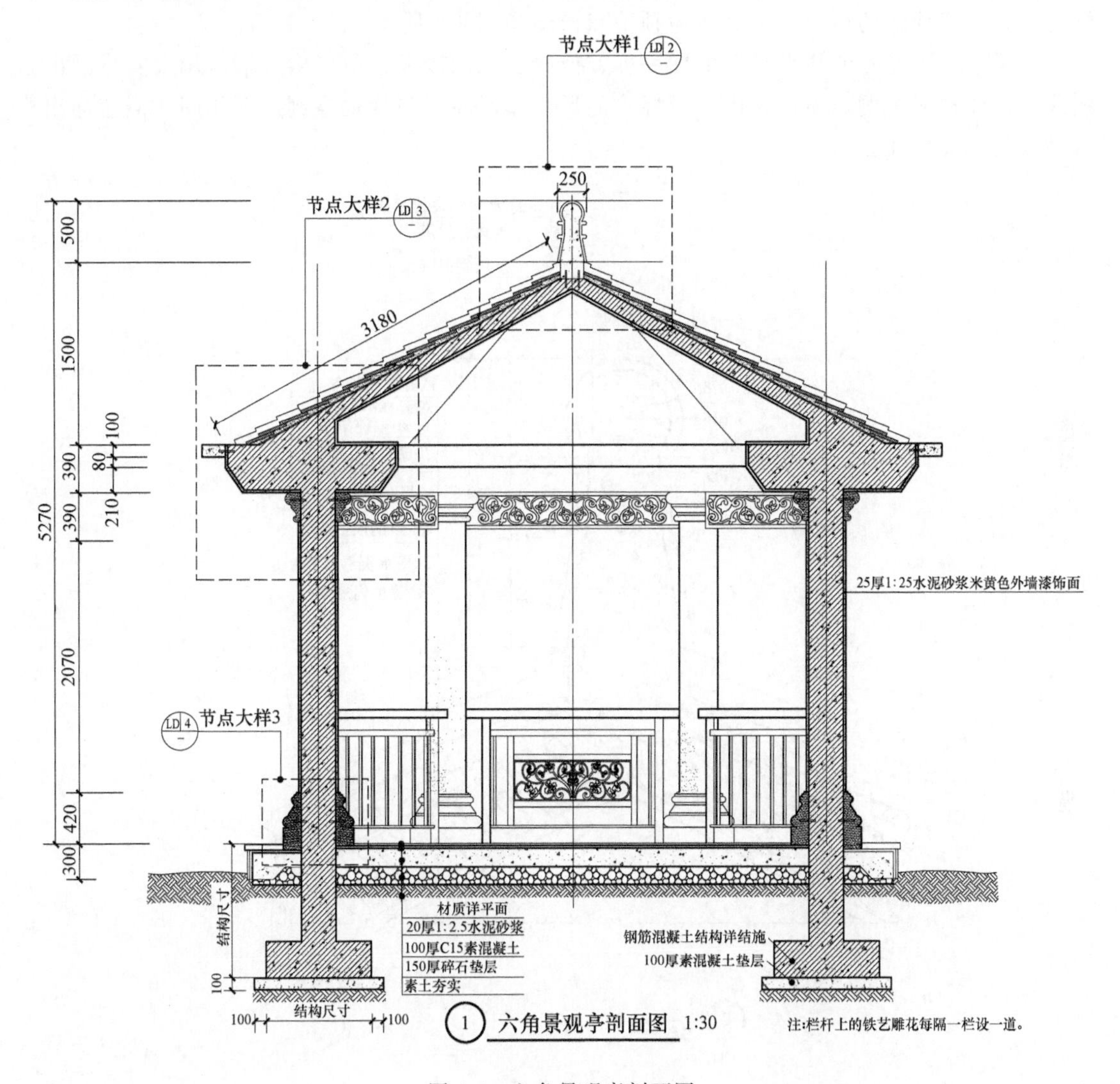

图 4-4　六角景观亭剖面图

五、景观亭局部放大详图

景观亭有许多细部构造，如门窗、柱、桌椅、楼梯、檐口、装饰等，它们需要在施工图上准确地反映出来，以更好地反映设计构思和施工工艺，但这些部位尺寸比较小，因此它们的图样需要用较大的比例来绘制，这些图样称为景观亭局部放大详图。

景观亭局部放大详图一般表达景观亭的节点或构配件的详细构造，如材料、规格、相互连接方法、相对位置、详细尺寸、标高、施工要求和做法说明等。

（一）景观亭屋顶详图

景观亭屋顶详图主要反映屋顶顶部的详细构造、材料、做法及详细尺寸，如屋顶厚度、

防潮层、屋顶材料等，同时标注各部位的标高和详图索引符号。详图与平面图配合，是施工放线、室内外装修、安装构件、编制施工预算以及材料估算的重要依据。

景观亭屋顶详图一般采用 1∶10 的比例绘制。为节省图幅，屋顶详图可从中间折断，分解为几个节点详图的组合。景观亭屋顶节点详图如图 4-5 所示。

景观亭屋顶详图的线型与剖面图一样，但由于比例较大，所以内外墙应用细实线画出粉刷线并标注材料图例。屋顶详图上所标注的尺寸和标高，与景观亭剖面图相同，但应标出构造做法的详细尺寸。

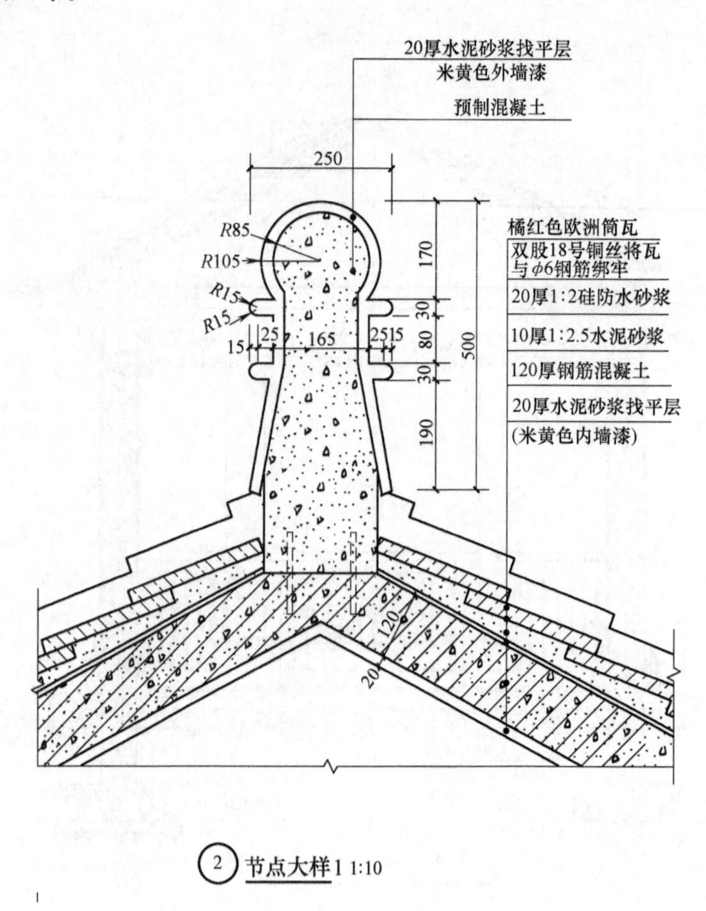

图 4-5　景观亭屋顶节点详图

（二）顶部及檐口详图

顶部及檐口详图主要反映景观亭的屋顶与构造柱之间各部位的详细构造、材料做法及详细尺寸，如檐口、圈梁、过梁、墙厚、构造柱、瓦、防潮层等。同时要注明各部位的细部尺寸和详图索引符号。顶部及檐口详图一般采用 1∶5 或 1∶10 的比例绘制。顶部及檐口详图的线型与剖面图一样。

景观亭顶部及檐口详图如图 4-6 所示。

（三）挂落详图

在园林设计中，景观亭的柱子靠上面的地方还有挂落，挂落的形式有很多种，可以根据

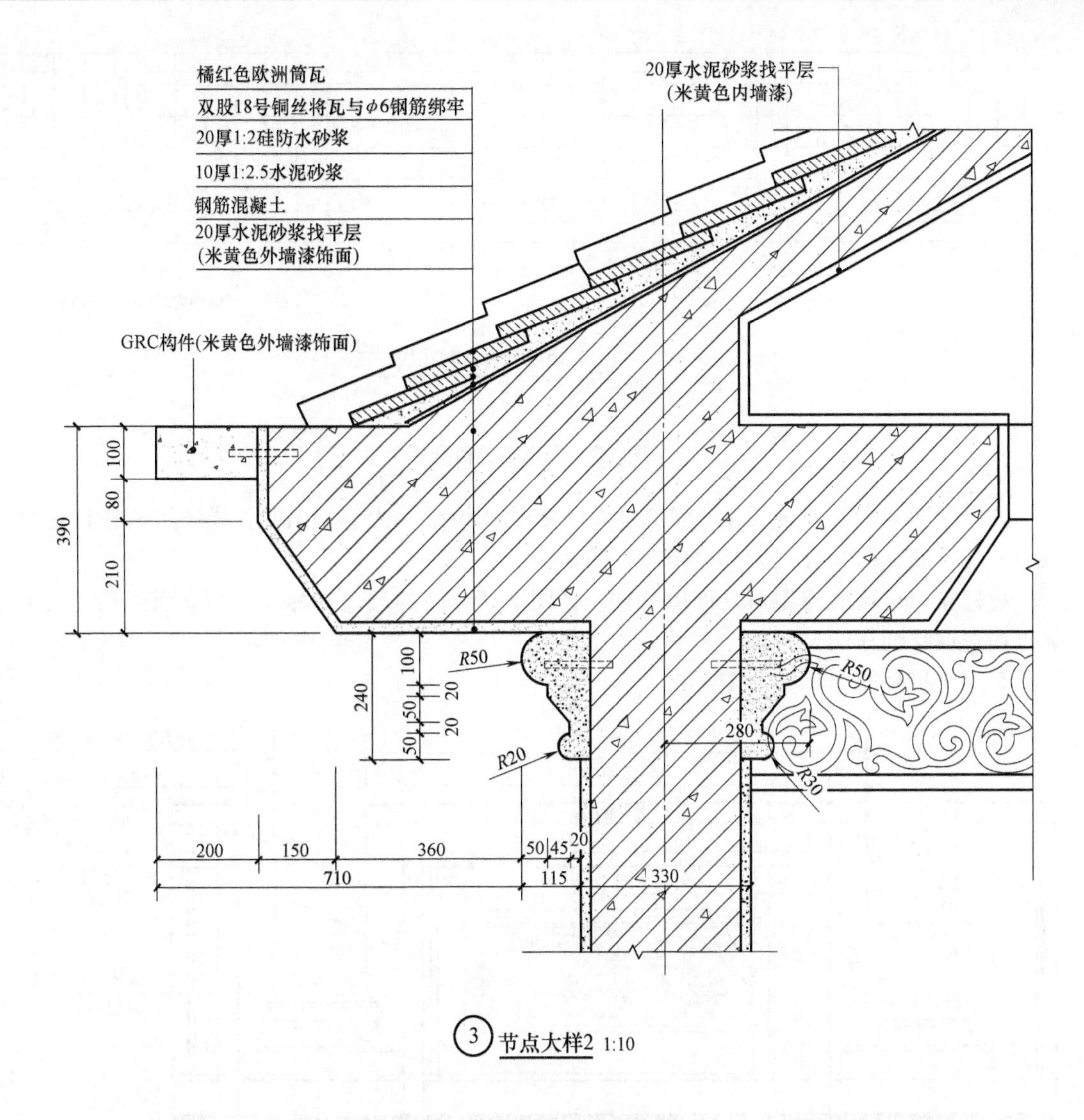

图 4-6　景观亭顶部及檐口详图

需求和场景需要来定。挂落的两侧分别有两组角牙；柱子的上部，角牙的旁边，还有撑牙。角牙只是用来装饰，而撑牙则起到支撑的作用。在撑牙的上部还有支撑结构横梁，它支撑屋顶并把上部重量全部分配到柱子上面。

挂落详图实质上是景观亭立面部分的局部放大图。它主要反映立面挂落处的详细构造、材料、做法及详细尺寸。挂落详图与立面图配合，是施工放线、室内外装修、构件安装、编制施工预算以及材料估算的重要依据。

景观亭挂落详图一般采用 1 : 10 的比例绘制。由于挂落构造较为复杂，一般结合网格图定位尺寸，方便施工。景观亭挂落详图如图 4-7 所示。

(四) 栏杆立面详图

栏杆立面详图主要反映景观亭的立面栏杆、扶手及座椅等部位的详细构造、材料、做法及详细尺寸等，同时注明各部位的细部尺寸和详图索引符号。

图 4-7　景观亭挂落详图

栏杆立面详图一般采用 1∶10 或 1∶15 的比例绘制。为节省图幅，详图可从栏杆连接处或与柱连接处折断，分解为几个节点详图的组合。

栏杆立面详图的线型与立面图一样。详图上所标注的尺寸和标高，与立面图相同，但要标出构造做法的详细尺寸。

景观亭栏杆立面详图如图 4-8 所示。

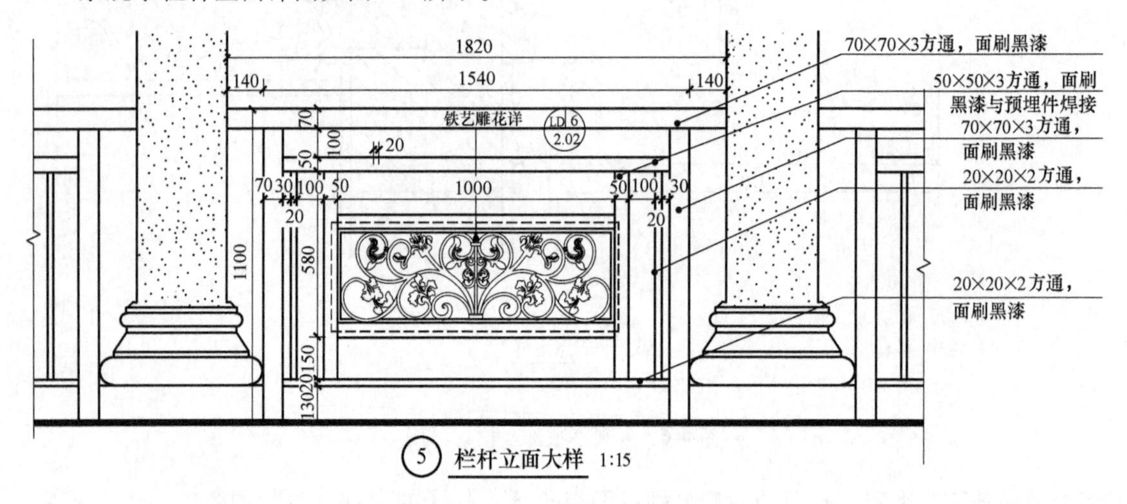

图 4-8　景观亭栏杆立面详图

（五）铺装放大详图

铺装放大图主要反映景观亭的地面铺装样式的详细构造、材料、做法及详细尺寸等，同时注明各部位的细部尺寸和详图索引符号。

铺装放大详图一般采用 1∶20 或 1∶30 的比例绘制。为节省图幅，详图一般选取有代表性的铺装进行放大。详图的线型与平面图一样。详图上所标注的尺寸，与平面图相同，但应标出构造做法的详细尺寸。

景观亭铺装放大详图如图 4-9 所示。

（六）台阶放大详图

台阶放大详图主要反映景观亭的室外地面、楼梯与室内地面之间各部位的详细构造、材

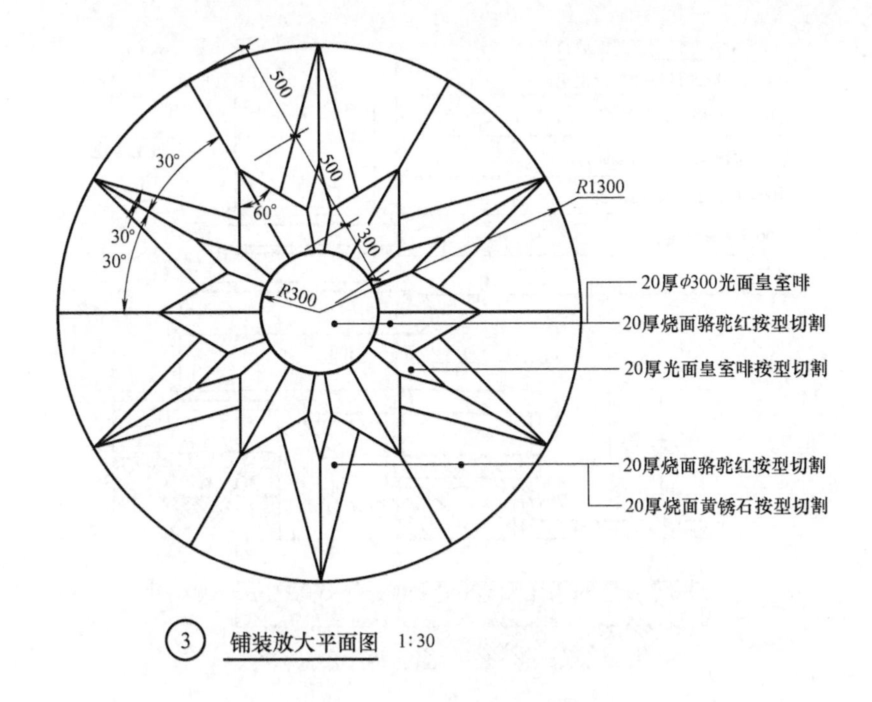

图 4-9　景观亭铺装放大详图

料做法及详细尺寸，如地基处理、台阶踏步高度与踏面宽度、台阶材质贴面等，同时注明各部位的细部尺寸和详图索引符号。台阶放大详图一般采用 1：10 或 1：20 的比例绘制。为节省图幅，详图可从室外地面及亭室内地面处折断，化为几个节点详图的组合。

台阶放大详图的线型与剖面图一样，但因为比例较大，所以用细实线画出贴面线并标注材料图例。详图上所标注的尺寸和标高，与剖面图相同，但应标出构造做法的详细尺寸。

景观亭台阶放大详图如图 4-10 所示。

（七）柱础放大详图

柱础放大详图主要反映景观亭的基础与构造柱之间各部位的详细构造、材料、做法及详细尺寸等，同时注明各部位的细部尺寸和详图索引符号。

柱础放大详图一般采用 1：10 的比例绘制。为节省图幅，详图可从构造柱中部处折断。

柱础放大详图的线型与剖面图一样，但因为比例较大，所以用细实线画出粉刷线并标注材料图例。详图上所标注的尺寸和标高，与剖面图相同，但应标出构造做法的详细尺寸。

景观亭柱础放大详图如图 4-11 所示。

（八）柱头网格定位详图

柱头网格定位详图实质上是景观亭立面部分的局部放大图。它主要反映立面柱头的详细构造、材料、做法及详细尺寸。详图与立面图配合，是施工放线、室内外装修、构件安装、编制施工预算以及材料估算的重要依据。

景观亭柱头网格定位放大详图一般采用 1：5 或 1：10 的比例绘制。由于柱头造型较为复杂，一般结合网格图定位尺寸，方便施工。景观亭柱头网格定位详图如图 4-12 所示。

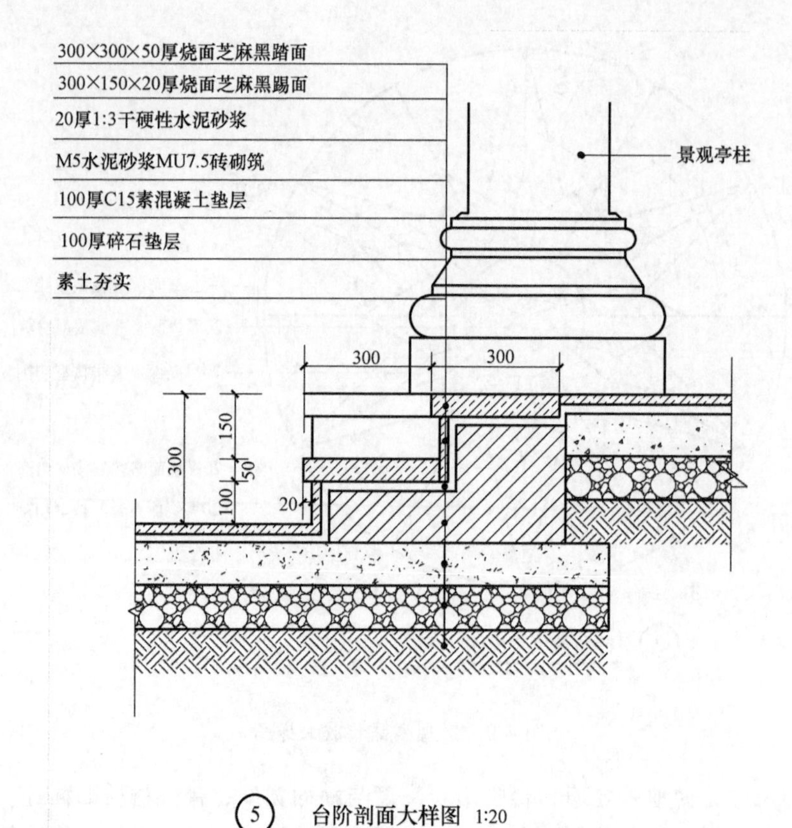

图 4-10 景观亭台阶放大详图

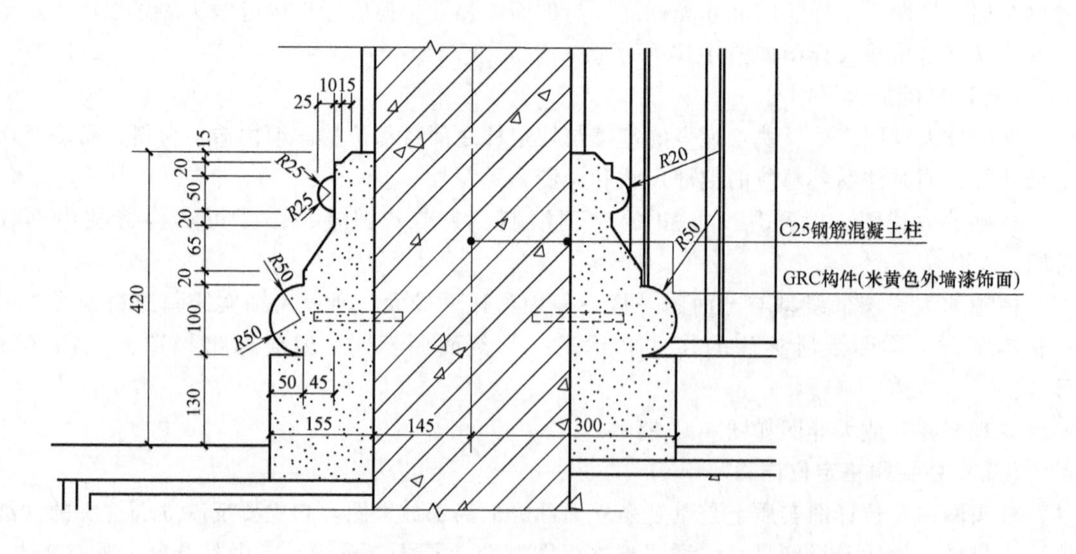

图 4-11 景观亭柱础放大详图

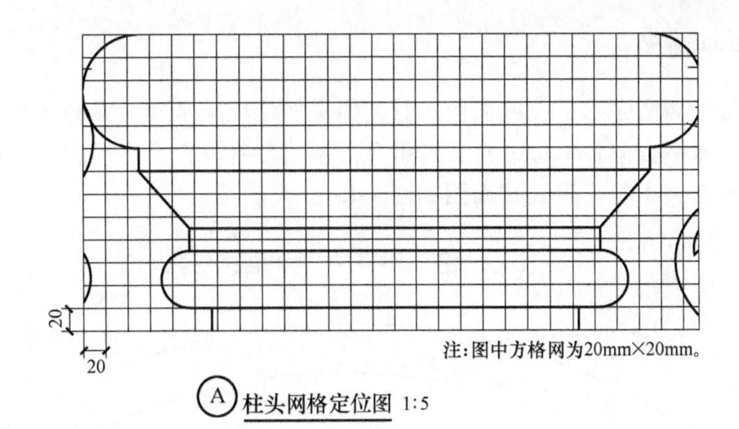

图 4-12　景观亭柱头网格定位详图

任务二　廊架施工图

一、廊架施工图作用与绘图识图

现代庭院设计中，常将廊架设置在风景优美的地方点景，同时也供游人休息。廊架适用于各种类型的园林绿地，因此在现代公园设计中应用相当广泛。

1. 廊架的作用

1）联系功能。廊架可将园林中各景区、景点联成有序的整体，使它们虽散置但不零乱。廊架还能将单体建筑联成有机的群体，使主次分明，错落有致，同时，廊架可配合园路，构成全园通行、游览及各种活动的通道网络，以线联系全园。

2）组廊成景。廊架的平面可自由组合，廊架的体态又通透开畅，廊架易与地形结合，与自然融成一体，在园林景色中体现出自然与人工结合之美。

3）分隔空间并围合空间。例如，在花墙的转角、尽端划分出小小的天井，以种植竹木、花草构成小景，可使空间相互渗透，隔而不断，层次丰富。廊架也可将空旷开敞的空间围成封闭的空间，在开朗中有封闭，热闹中有静谧，使空间变幻的情趣倍增。

4）实用功能。廊架具有系列长度的特点，最适于作展览用房。现代园林中有各种展览廊，将展出内容与廊架的形式结合得尽善尽美，如金鱼廊、花卉廊、书画廊等，极受群众欢迎。此外，廊架还有防雨淋、避日晒的作用，是休憩、赏景的绝佳去处。廊架还经常被运用到一些公共建筑（如旅馆、展览馆、学校、医院等）的庭园内，一方面作为交通联系的通道，另一方面又作为一种室内外的联系。

2. 廊架施工图的内容

廊架施工图一般包括：平面图、立面图（立面展开图）、剖（断）面图、节点放大图等。平面图，表示廊架的平面布置、各部分的平面形状。立面图，表现廊架的立面造型及主要部位高度。剖（断）面图，表示廊架某处内部构造及结构形式、断面形状、材料、做法和施工要求。

二、廊架平面图

廊架的底层平面图是水平全剖面图，其剖切平面是位于基础上方的水平面。平面图主要表示平面形状、水平方向各部分的布置和组合关系、台阶位置、座椅和柱的布置以及其他廊架构配件的位置和大小等。廊架平面图如图 4-13 所示。

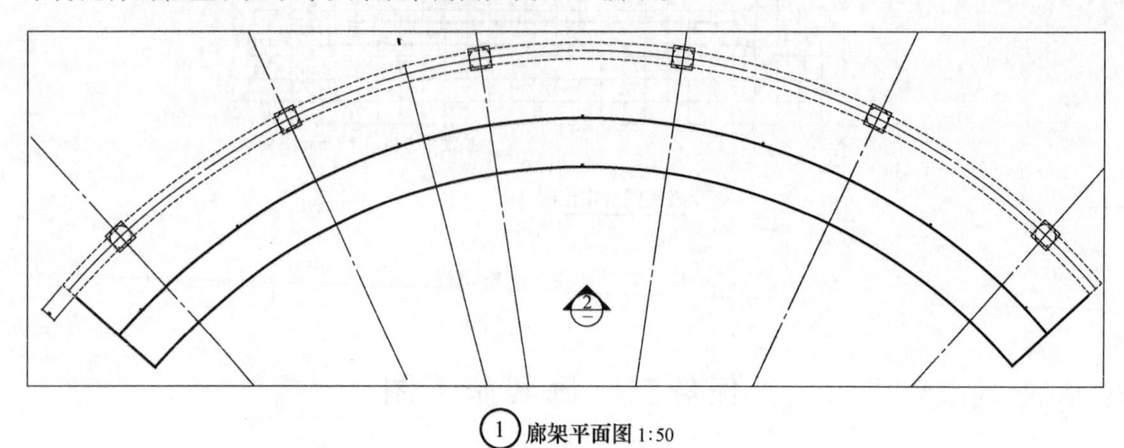

图 4-13　廊架平面图

三、廊架立面图

1. 廊架立面图的图示要求

廊架立面图是在与廊架立面平行投影面上所画的投影展开图。其内容主要反映廊架的外形和主要部位的标高及构造。外形复杂的廊架应该由多个立面图来表现建筑物的外观造型效果，它们是设计和施工的重要依据。

1）比例选择。根据廊架形体的大小选择合适的绘制比例，通常情况下与平面图相同。

2）线型要求。外轮廓线应用粗实线绘制；主要部位轮廓线，如洞口、台阶等，用中实线绘制；次要部位的轮廓线，如洞口的分格线，用细实线绘制；地坪线用粗线绘制。

3）尺寸标注。应标注出廊架各主要部位的标高，如室外地面、台阶、座椅、顶部等处的标高。

4）详图索引。在立面图上应标注出施工详图的节点索引符号。以索引符号为线索，在放大详图中找到对应的施工详图。

5）注写比例、图名及文字说明等。立面图的文字说明一般包括外墙的装饰材料说明、构造做法说明等。

2. 廊架立面图绘制步骤

1）绘制出室内外地坪线，柱的结构中心线，柱及廊架顶构造厚度。

2）绘制出门、窗洞高度，出檐宽度及厚度，室内墙面上门的投影轮廓。

3）绘制出构造柱、座椅、踏步等细部的投影线。加深外轮廓线，然后按线条等级依次加深各线。

4）外墙的材料及构造的文字标注。

5）廊架的基础、座椅、屋顶等构件及室内外的标高标注。

6）各细部的尺寸标注，以及详图索引标注。

7）可根据出图需要，标注出图比例及图纸名称等。

廊架立面图如图 4-14 所示。

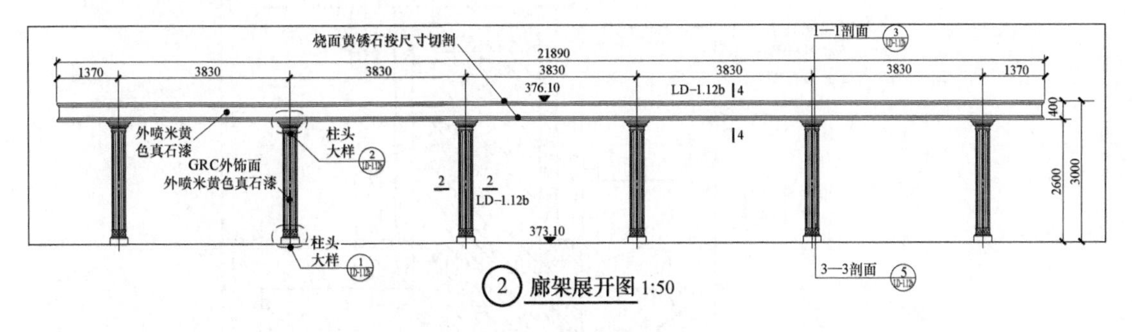

图 4-14　廊架立面图

四、廊架剖面图

廊架剖面图是表示廊架顶部横架结构与构造柱之间各部位标高的图纸，它是在构造柱与顶架之间的部位做垂直剖切后得到的垂直剖面图。

1. *廊架剖面图作用*

廊架剖面图与总平面图、立面图相配合，可以完整地表达廊架的施工工艺及结构的主要内容。

2. *廊架剖面图的图示要求*

由于廊架中部架空，廊架的剖面图可化为不同结构部件剖面图的组合。

3. *廊架剖面图的主要内容*

廊架剖面图与其他园林建筑剖面图不同，剖面图一般可分为顶部廊架剖面图、柱式剖面图、廊架基础剖面图等。

4. *廊架剖面图绘制步骤*

1）选择比例。剖面图在比例的选择上，可以与平立面图比例不同。一般选择 1∶5 或 1∶10

2）剖切符号。必须在平面图中明确地表示出剖切符号，并在剖面图下方标注与其相应的图名。剖切位置一般选在廊架内部构造有代表性和空间变化较复杂的部位，一般应通过台阶、座椅、梁柱交接处等反映不同材质、不同高度空间的典型部位。

3）线型要求。被剖切到的地面线用特粗实线绘制；其他被剖切到的主要可见轮廓线用粗实线绘制；未被剖切到的主要可见轮廓线的投影用中实线绘制；其他次要部位的投影用细实线绘制。

4）尺寸标注。水平方向上剖面图应标注廊架或柱的定位轴线间的距离尺寸；垂直方向应标注各部位的分段尺寸等。

5）标高标注。剖面图的标高应标注出廊架等各主要部位的标高。

6）注写图名、比例及有关说明等。

廊架各部位的剖面图如图 4-15~图 4-18 所示。

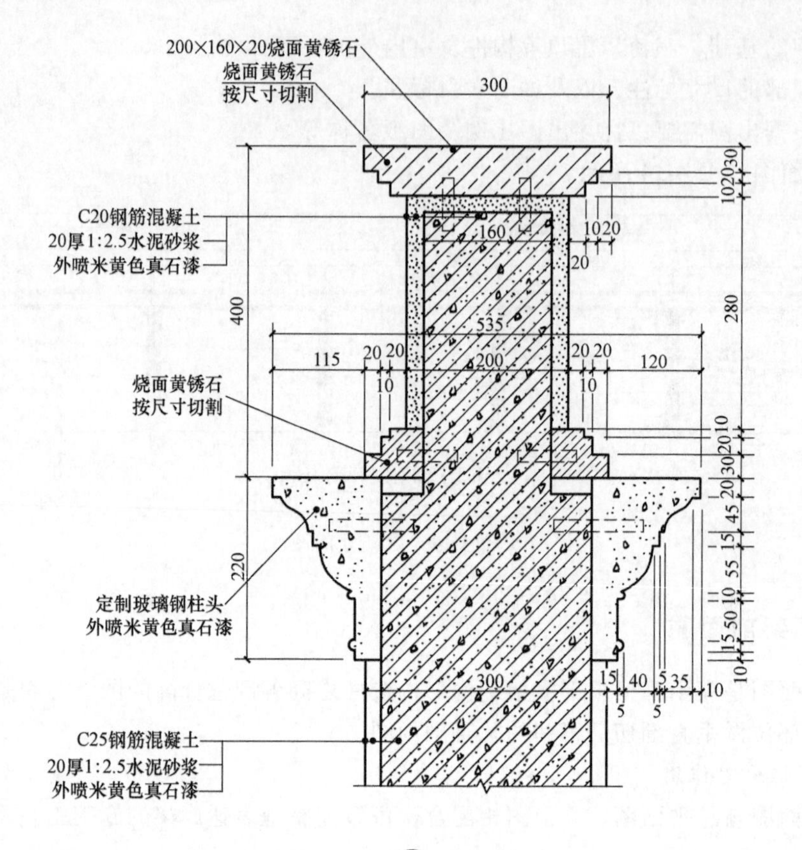

图 4-15　廊架剖面图

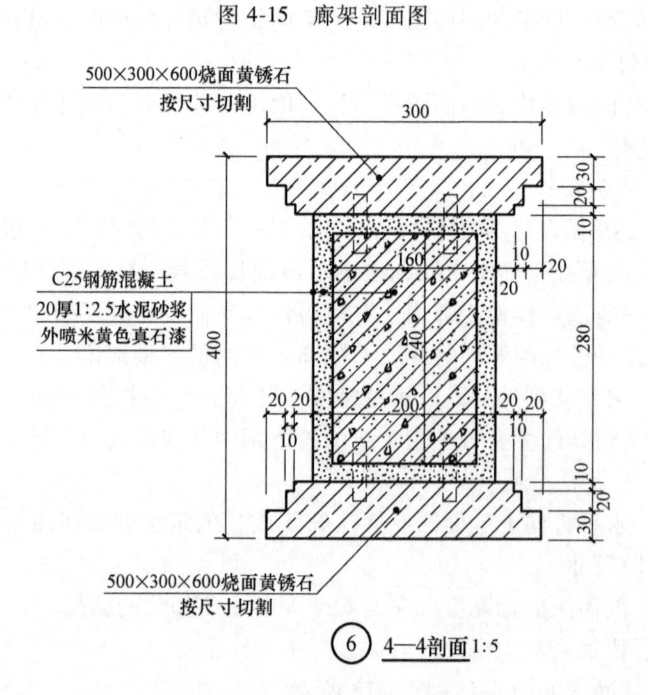

图 4-16　廊架（顶部）剖面图

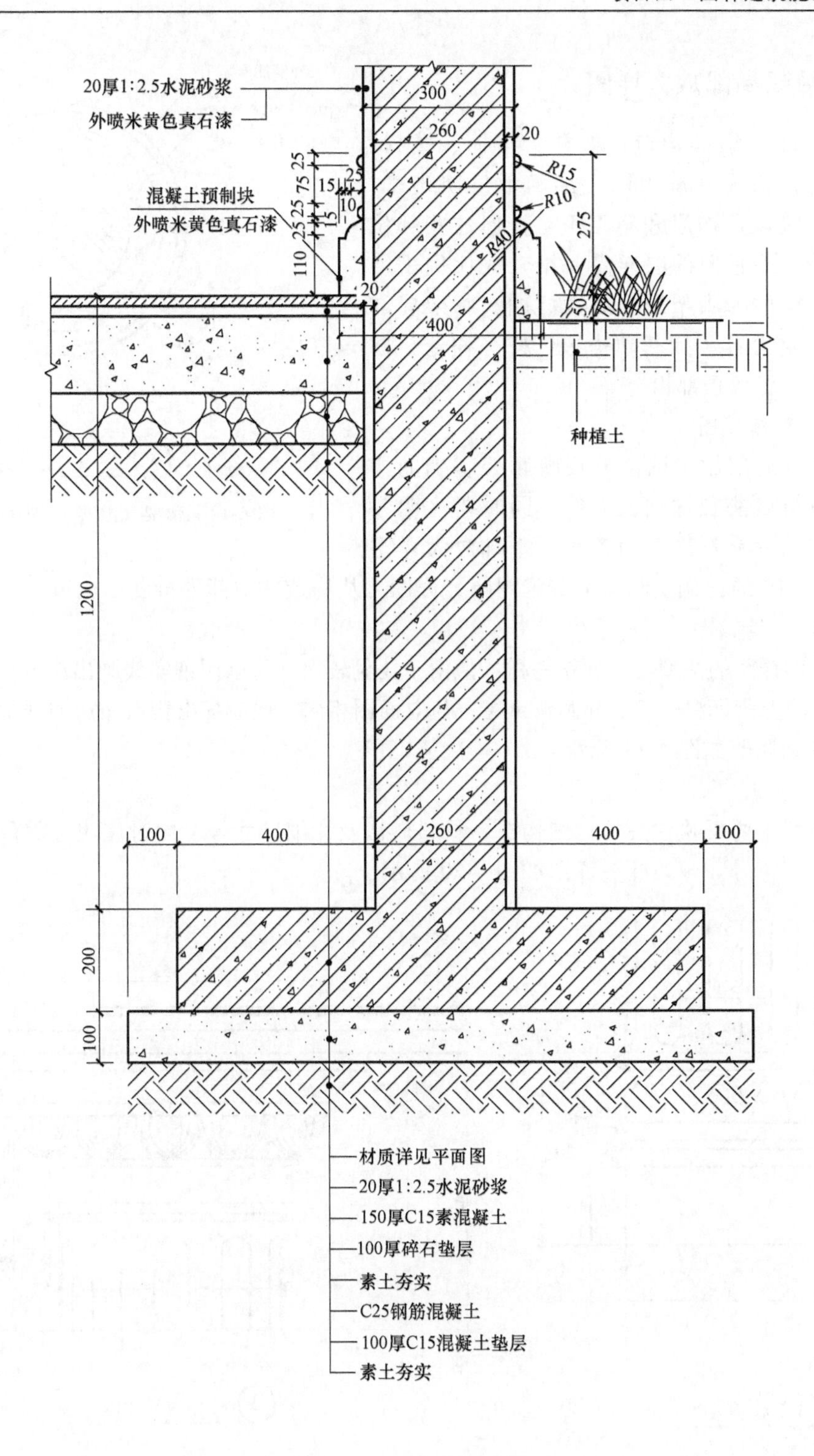

图 4-17　廊架（基础）剖面图

五、廊架局部放大详图

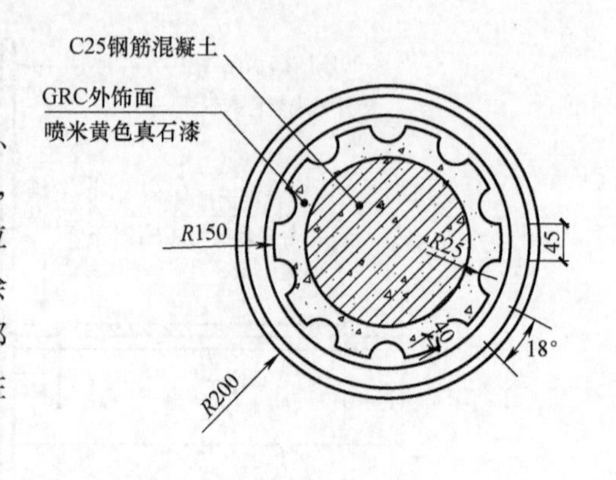

图 4-18　廊架（柱身）剖面图

廊架有许多细部构造，如柱、座椅、楼梯、装饰等，它们需要在施工图上准确地反映出来，以更好地反映设计构思和施工工艺，但这些部位尺寸较小，因此它们的图样需要用较大比例来绘制，这些图样称为廊架局部放大详图。廊架局部放大详图主要内容包括基础构造、柱头构造、柱身装饰构造、廊架顶部构造等。

1. 廊架基础详图

廊架基础局部放大图主要反映廊架基础的详细构造、材料做法及详细尺寸等。同时要注明各部位的细部尺寸和详图索引符号。基础放大详图一般采用 1∶10 的比例绘制。为节省图幅，详图可从构造柱中部处折断，分解为几个节点详图的组合。

廊架基础详图的线型与立面图一样，但由于比例较大，所以用细实线画出粉刷线并标注材料图例。详图上所标注的尺寸和圆弧半径，与立面图相同，但应标出构造做法的详细尺寸。

廊架基础详图如图 4-19 所示。

2. 柱头详图

柱头详图主要反映柱头的详细构造、材料做法及详细尺寸等，同时注明各部位的细部尺寸和详图索引符号。廊架柱头详图如图 4-20 所示。

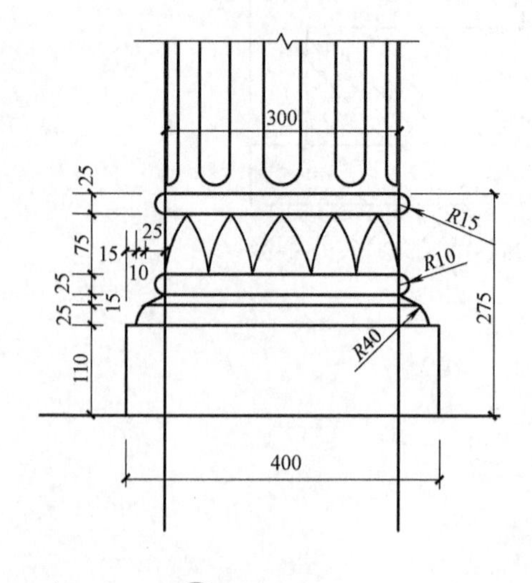

图 4-19　廊架基础大样

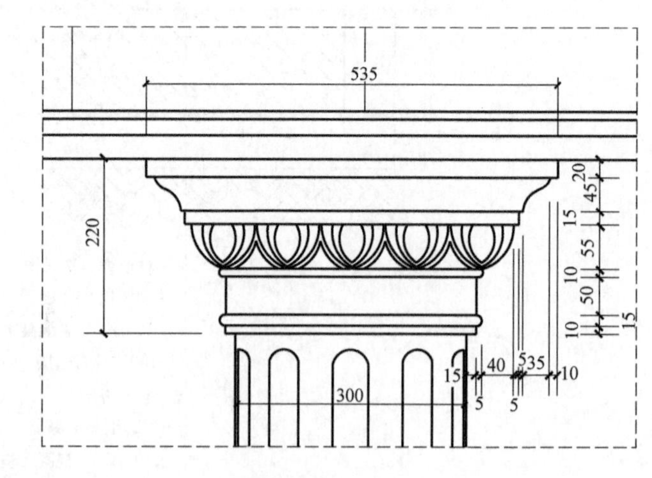

图 4-20　廊架柱头详图

3. 柱头网格放线详图

柱头网格放线详图利用网格线注明各部位的细部尺寸和符号，以便施工及核算面积。

廊架柱头网格放线详图如图 4-21 所示。

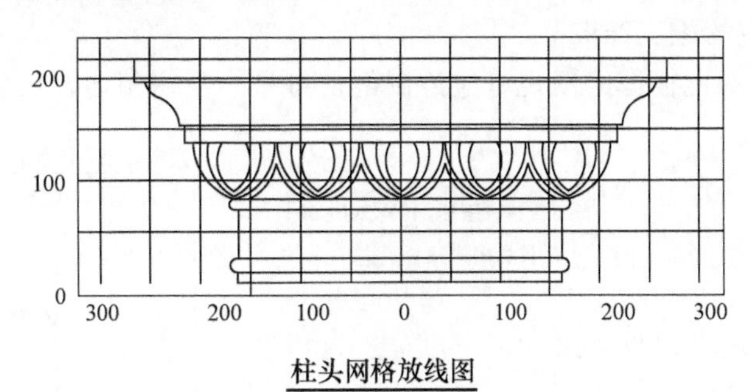

图 4-21　柱头网格放线详图

任务三　围墙施工图

一、围墙施工图作用与绘图内容

随着社会的进步，人民物质文化水平提高，“破墙透绿”的例子比比皆是，这说明大众对围墙的样式需求正在不断变化。在园林景观中，围墙不仅仅具有空间隔断的功能，还可根据空间过渡交替的位置具有文化展示、垂直绿化及休憩等多种功能。

1. 围墙的作用

园林围墙有两种类型，一种是作为园林周边、生活区的分隔围墙；另一种是园内划分空间、组织景色、安排导游而布置的围墙，也被称为景墙。本任务介绍在中国传统园林中经常见到的景墙的施工图。

2. 围墙施工图的内容

围墙施工图包括：平面图、立面图、剖（断）面图、节点放大图等。

二、欧式景墙平面图

景墙的平面图用来表示平面布置、各部位的平面形状，它是决定景墙基本平面形状的依据。平面图还附带剖切符号，表明竖向结构将由剖面图说明。

1. 景墙平面图

景墙平面图是水平投影平面图，投影体现顶部各个部位的水平面。平面图主要表示景墙平面形状、水平方向各部分（如柱、栏杆、喷泉、花坛等）的布置和平面组合关系以及其他建筑构配件的位置和大小等。欧式景墙平面图如图 4-22 所示。

2. 景墙平面图的图示要求

1）比例。景墙平面图的比例通常选用 1∶50 或 1∶100。

2）线型要求。凡是被看到的主要构造（如墙、柱等）轮廓线均用实线绘制；未被看到的主要构造的轮廓线及轴线用虚线绘制（如柱子的柱头装饰等）；尺寸线、图例线等用细实线绘制。

3）尺寸标注。景墙的尺寸标注一般分为细部尺寸标注和总尺寸标注。

4）详图索引。在平面图上应标注出施工详图的节点索引符号。以索引符号为线索，在放大详图中找到对应的施工详图。

5）其他。平面图上根据绘图规范应绘制剖切符号、注写图名、比例、贴材尺寸等。

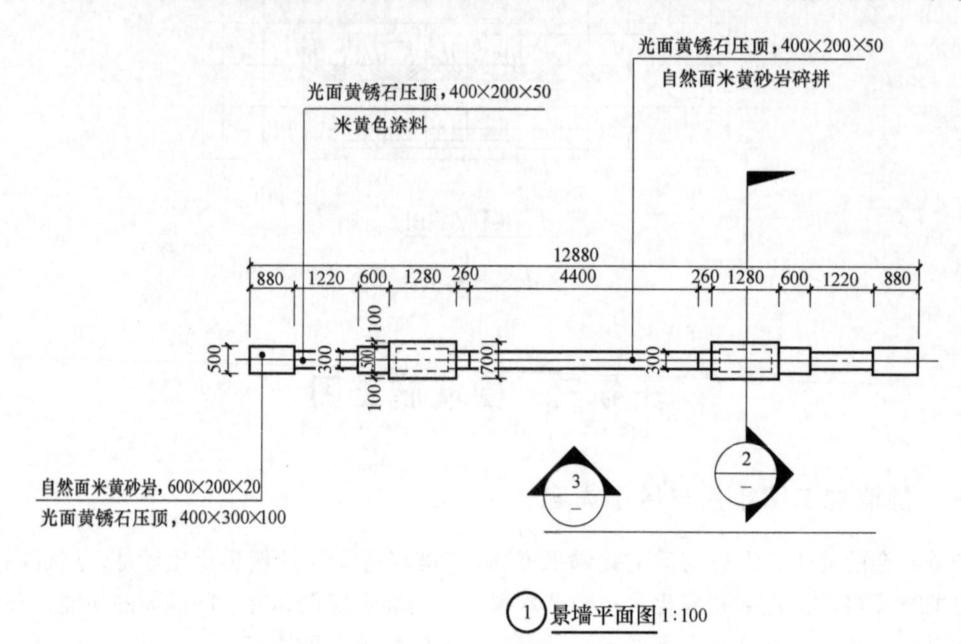

图 4-22　欧式景墙平面图

三、欧式景墙立面图

景墙立面图是在与景墙平行的投影面上所画的正投影图。其内容主要反映景墙外形和主要部位的标高。

1. 景墙立面图作用

景墙立面图能够充分表现出景墙的外观造型效果，是施工的重要依据。

2. 景墙立面图的图示要求

1）比例选择。根据景墙形体的大小选择合适的绘制比例，通常情况下与平面图相同。

2）线型要求。外轮廓线应用粗实线绘制；主要部位轮廓线用中实线绘制；次要部位的轮廓线，如分格线，用细实线绘制；地坪线用特粗线绘制。

3）尺寸标注。应标注出景墙各主要部位的标高，如地面、墙顶、柱顶、檐口等处的标高。

4）详图索引。在立面图上应标注出施工详图的节点索引符号。以索引符号为线索，在放大详图中找到对应的施工详图。

5）注写比例、图名及文字说明等。立面图的文字说明一般包括景墙的装饰材料说明、构造做法说明等。

3. 景墙立面图绘制步骤

1）绘制出景墙地坪线，圆弧半径中心线，景墙及墙面构造厚度。

2）绘制地面、柱子、墙顶的高度，出檐宽度及厚度。

3）绘制出分隔线、装饰拼花、景墙题字等细部的投影线。加深外轮廓线，然后按线条等级依次加深各线。

4）景墙的材料及构造的文字标注。

5）景墙柱子、墙体、檐口等构件及室外地坪的标高标注。

6）各细部的尺寸标注，以及详图索引标注。

7）可根据出图需要，标注出图比例及图纸名称等。

欧式景墙立面图如图 4-23 所示。

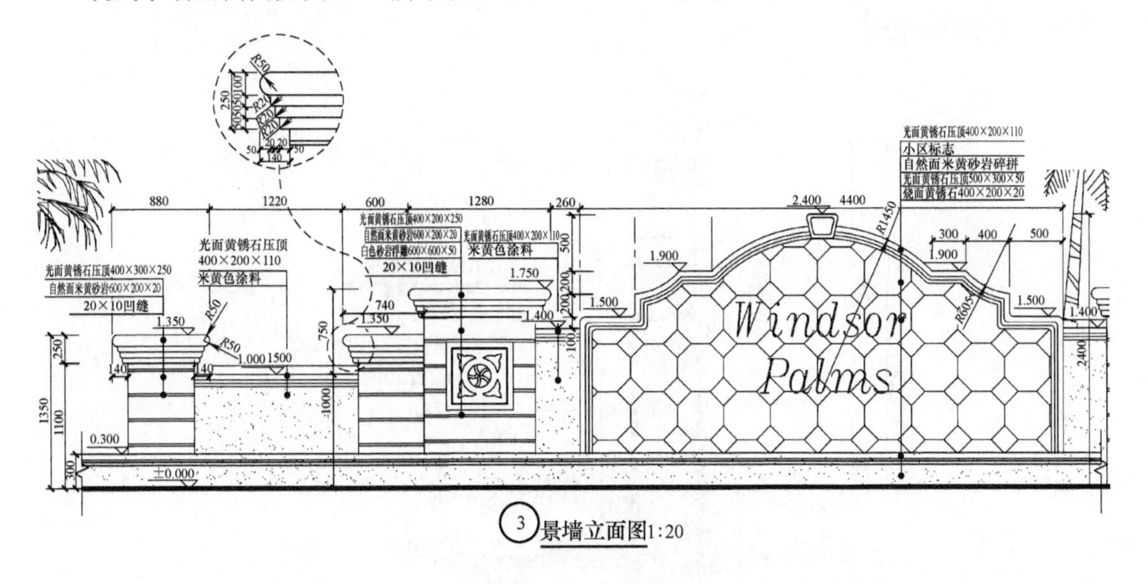

图 4-23　欧式景墙立面图

四、欧式景墙剖面图

景墙的剖面图是表示景墙内部结构及各部位标高的图纸，它是在景墙适当的部位作垂直剖切后得到的垂直剖面图。

1. 景墙剖面图作用

景墙的剖面图与总平面图、立面图相配合，可以完整地表达景墙的施工工艺及结构的主要内容。

2. 景墙剖面图的图示要求

1）选择比例。剖面图在比例的选择上，一般应与总平面图和立面图相同。

2）定位轴线。在剖面图中凡是被剖切到的墙、柱等都要画出定位轴线，并注写与平面图相同的编号。

3）剖切符号。必须在平面图中明确地表示出剖切符号，并在剖面图下方标注与其相应的图名。剖切位置一般选在建筑内部构造有代表性和空间变化较复杂的部位，一般应通过墙、柱、栏杆等有代表性的典型部位。

4）线型要求。被剖切到的地面线用特粗实线绘制；其他被剖切到的主要可见轮廓线用粗实线绘制（如基础地面、墙身、柱子、栏杆等）；未被剖切到的主要可见轮廓线的投影用中实线绘制；其他次要部位的投影用细实线绘制。

5）尺寸标注。水平方向上剖面图应标注墙或柱的定位轴线间的距离尺寸；垂直方向应标注外墙身各部位的分段尺寸。

6）标高标注。剖面图的标高应标注出景墙周边地面、墙体、柱头及最顶端构筑物等主要部位的标高。

7）注写图名、比例及有关说明等。

3. 景墙剖面图绘制步骤

景墙的剖面图的绘制，可参考立面图的绘制步骤完成。

欧式景墙剖面图如图 4-24 所示。

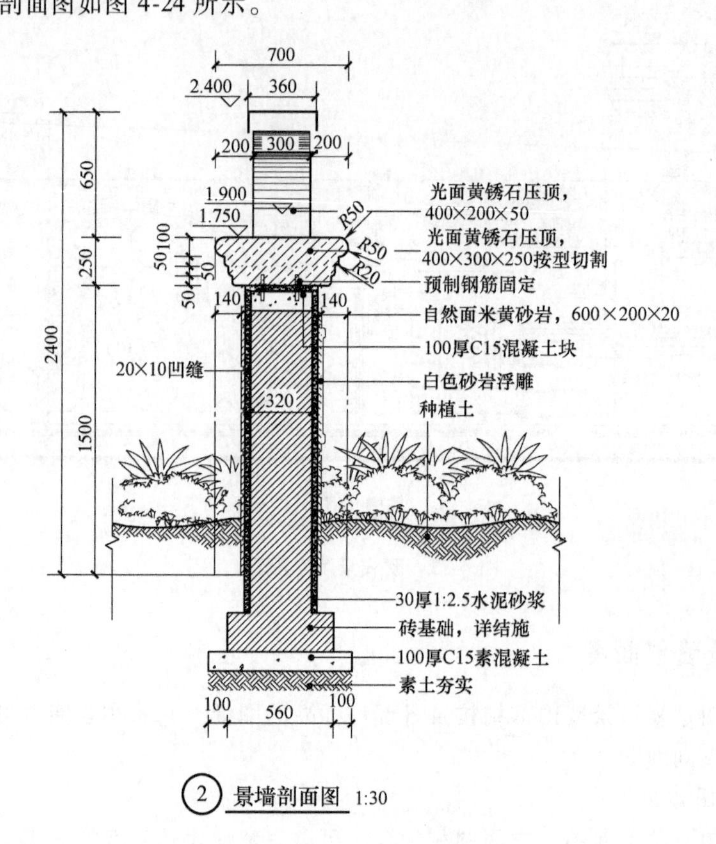

图 4-24 欧式景墙剖面图

任务四　景观牌坊施工图

一、景观牌坊施工图作用与绘图内容

牌坊是一种纪念碑式的建筑，被广泛地用于表功德、标榜荣耀，它不仅用于祭坛、孔庙，还用于宫殿、庙宇、陵墓、祠堂、衙署和园林前及主要街道的起点、交叉口、桥梁等处。

1. 景观牌坊的作用

在园林景观设计中，景观牌坊具有较强的标志性作用，可以起到点题、框景、借景等效果。

2. 景观牌坊施工图的内容

景观牌坊施工图有：平面图、立面图、剖（断）面图、节点放大图等。

二、景观牌坊平面图

1. 牌坊屋顶平面图

牌坊的顶层平面图主要表现牌坊顶部构造及材质以及各檐口的尺寸。

2. 牌坊平面图的图示要求

1）比例。牌坊的平面比例通常选用 1∶50 或 1∶100。

2）线型要求。主要构造轮廓线均用粗实线绘制；次要构造的轮廓线的可见轮廓线用中实线绘制。尺寸线、图例线等用细实线绘制。

3）尺寸标注。牌坊的尺寸标注一般分细部尺寸标注和总尺寸标注。

4）详图索引。在平面图上应标注出施工详图的节点索引符号。以索引符号为线索，在放大详图中找到对应的施工详图。

5）其他。平面图上根据绘图规范应绘制剖切符号，并注写图名、比例等。

景观牌坊平面图如图 4-25 所示。

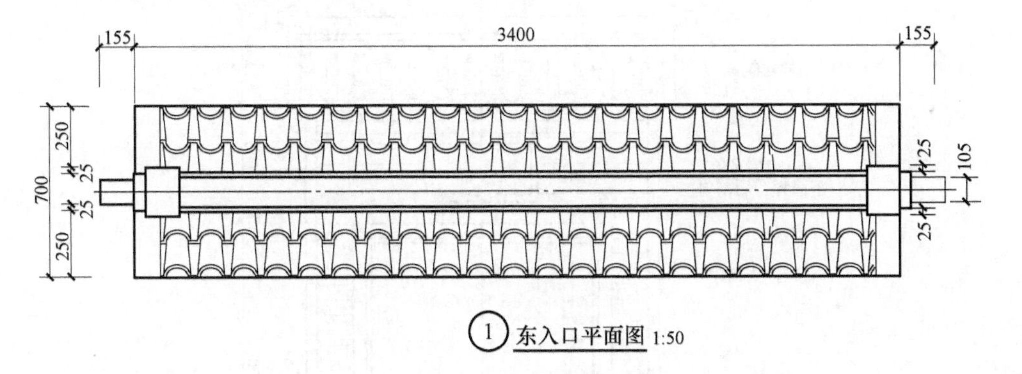

图 4-25　景观牌坊平面图

三、景观牌坊立面图

牌坊立面图是在与牌坊平行的投影面上所画的正投影图。其内容主要反映牌坊外形和主要部位的标高。

1. 牌坊立面图作用

牌坊立面图能够充分表现出建筑物的外观造型效果，可以作为施工的重要依据。

2. 牌坊立面图的图示要求

1）比例选择。根据牌坊形体的大小选择合适的绘制比例，通常情况下与平面图相同。

2）线型要求。外轮廓线应用粗实线绘制；主要部位轮廓线用中实线绘制；次要部位的轮廓线，如分格线，用细实线绘制；地坪线用特粗线绘制。

3）尺寸标注。应标注出牌坊各主要部位的标高，如地面、墙顶、柱顶、檐口等处的标高。

4）详图索引。在立面图上应标注出施工详图的节点索引符号。以索引符号为线索，在放大详图中找到对应的施工详图。

5）注写比例、图名及文字说明等。立面图的文字说明一般包括牌坊的装饰材料说明、构造做法说明等。

3. 牌坊立面图绘制步骤

1）绘制出牌坊地坪线，构造中心线及墙面构造、屋顶正投影的构造细节。

2）绘制地面、柱子、墙顶的高度，出檐宽度及厚度。

3）绘制出分隔线、墙体装饰拼花、门楼题字等细部的投影线。加深外轮廓线，然后按线条等级依次加深各线。

4）牌坊的材料及构造的文字标注。

5）牌坊柱子、墙体、檐口等构件及室外地坪的标高标注。

6）各细部的尺寸标注，以及详图索引标注。

7）可根据出图需要，标注出图比例及图纸名称等。

景观牌坊立面图如图 4-26 所示。

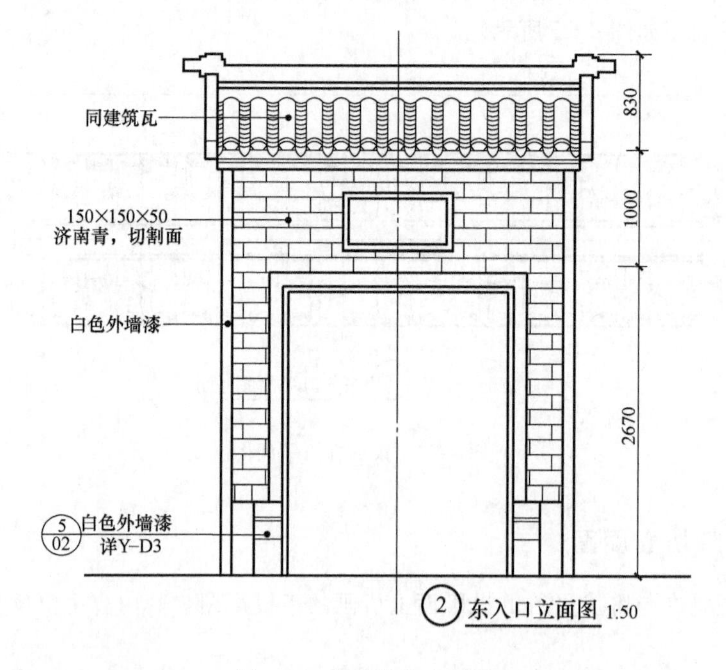

图 4-26　景观牌坊立面图

四、景观牌坊剖面图

牌坊的剖面图是表示牌坊内部结构及各部位标高的图纸，它是在牌坊适当的部位做垂直剖切后得到的垂直剖面图。

1. 牌坊剖面图作用

牌坊的剖面图与总平面图、立面图相配合，可以完整地表达牌坊的施工工艺及结构的主要内容。

2. 牌坊剖面图的图示要求

1）选择比例。剖面图在比例的选择上，一般应与总平面图和立面图相同。

2）剖切符号。必须在平面图中明确地表示出剖切符号，并在剖面图下方标注与其相应的图名。剖切位置一般选在建筑内部构造有代表性和空间变化较复杂的部位，一般应通过门、窗、柱、台阶等有代表性的典型部位。

3）线型要求。牌坊被剖切到的地面线用特粗实线绘制；其他被剖切到的主要可见轮廓线用粗实线绘制（如基础地面、墙身、梁、顶部等）；未被剖切到的主要可见轮廓线的投影用中实线绘制；其他次要部位的投影用细实线绘制。

4）尺寸标注。水平方向上剖面图应标注承重墙或柱的定位轴线间的距离尺寸；垂直方向应标注各部位的分段尺寸（如门窗洞口、檐口高度等）。

5）标高标注。剖面图的标高应标注出牌坊周边地面、座椅、门窗、台阶屋顶及最顶端构筑物等主要部位的标高。

6）注写图名、比例及有关说明等。

3. 牌坊剖面图绘制步骤

牌坊剖面图的绘制，可参考立面图的绘制步骤完成。

景观牌坊剖面图如图 4-27 所示。

五、景观牌坊节点放大图

1. 抱鼓石详图

抱鼓石是最能标志屋主等级差别和身份地位的装饰艺术小品，是民居宅门构件的功能产物，它是依托功能施以装饰的石制构件，起着围护大门壮主人威势以撑门面的作用。抱鼓石等级是由门的等级决定的。抱鼓石是中国宅门“非贵即富”的门第符号。在景观建筑牌坊中经常出现。

抱鼓石详图实质上是牌坊立面部

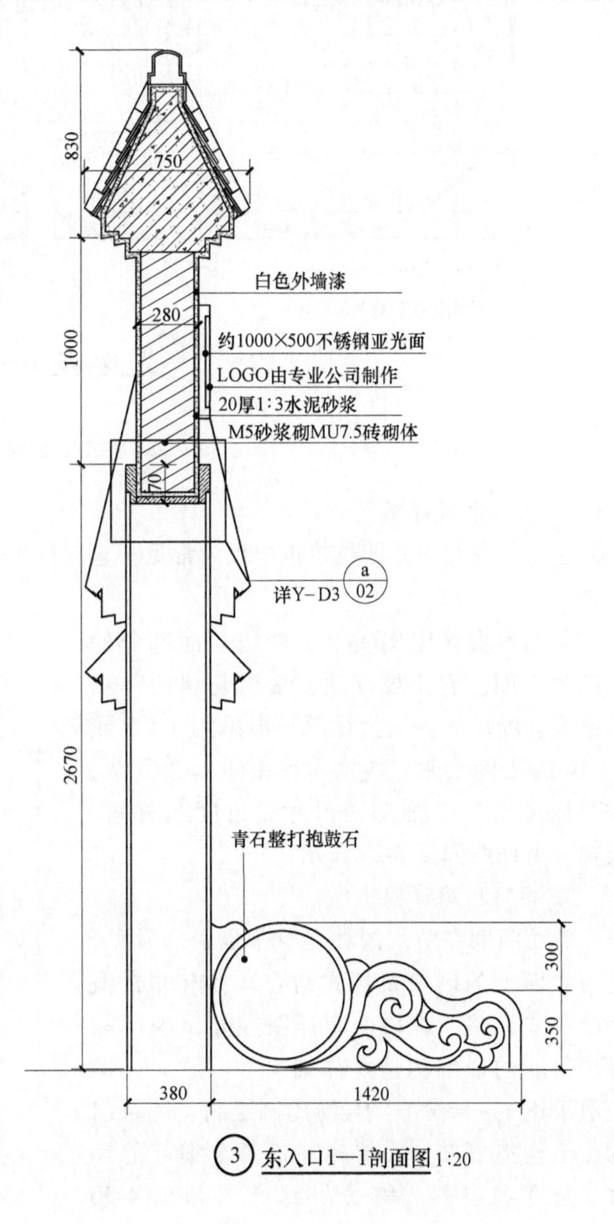

图 4-27 景观牌坊剖面图

分的局部放大图。它主要反映立面柱式旁装饰构件的详细构造及详细尺寸。放大详图一般采用 1∶5 或 1∶10 的比例绘制。由于抱鼓石线型较为复杂多变，一般结合网格图定位尺寸绘制，方便施工。抱鼓石放线详图如图 4-28 所示。

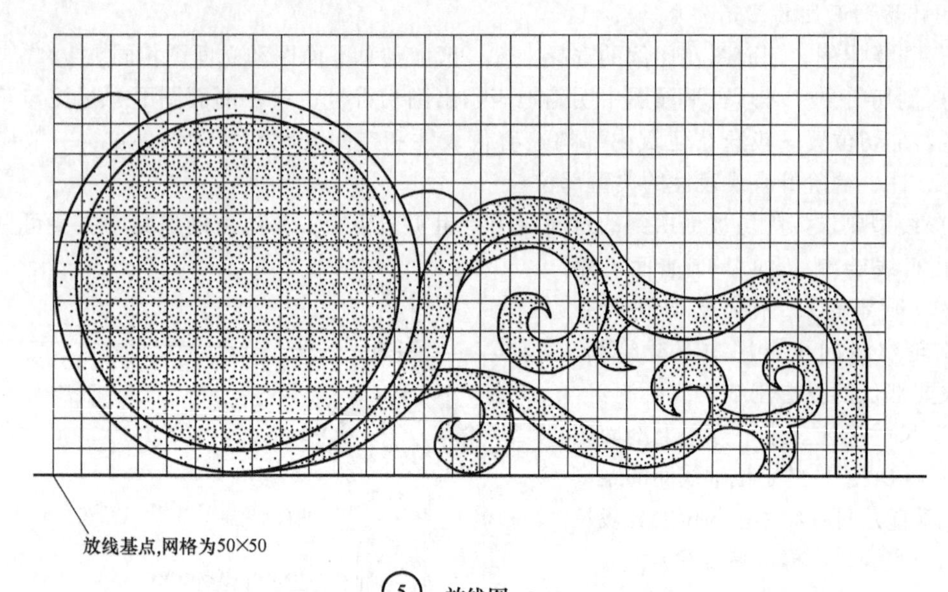

图 4-28　抱鼓石放线详图

2. 装饰木窗详图

装饰木窗在中式园林建筑中最为常见，它有框景、透景的效果，且具有非常强烈的中式风格。

装饰木窗详图实质上是牌坊立面部分的局部放大图。它主要反映立面窗与墙的详细构造及详细尺寸。放大详图一般采用 1∶5 或 1∶10 的比例绘制。装饰木窗由于构造复杂，需要标注出每个细部的尺寸、角度和材料。装饰木窗详图如图 4-29 所示。

3. 牌坊门廊详图

牌坊门廊在中式园林建筑中也最为常见，它与立面上的门窗及柱式结合，具有非常强烈的中式风格。牌坊门廊详图主要反映门廊屋顶与墙的详细构造及详细尺寸。放大详图一般采用 1∶5 或 1∶10 的比例绘制。牌坊门廊由于构造复杂，需要标注出每个细部的尺寸、角度和材料。牌坊门廊详图如图 4-30 所示。

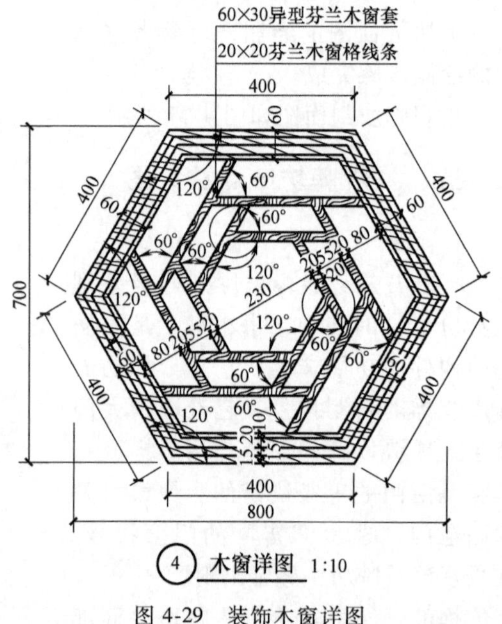

图 4-29　装饰木窗详图

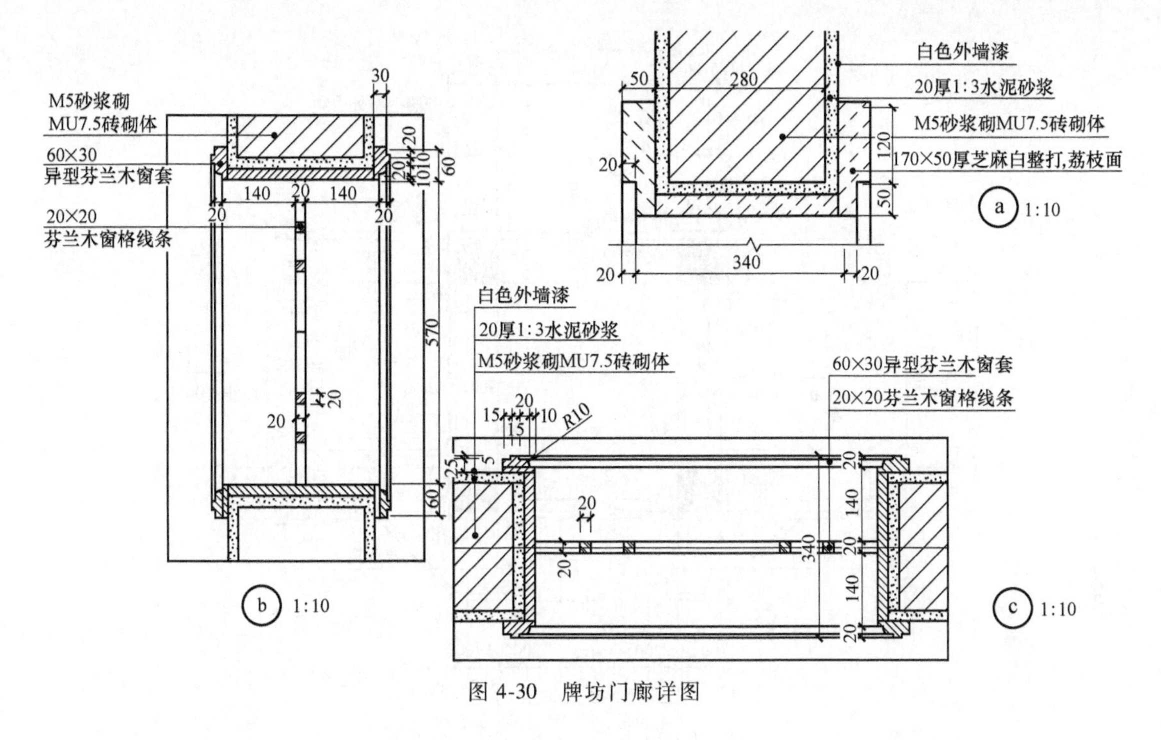

图 4-30　牌坊门廊详图

任务五　景观塔施工图

景观塔是选择人们观察景物活动的场所。它既可以是未经任何人工雕琢的纯自然的驻足之处，也可以是在某一地点主要为观察而设置的纯粹的人工建筑物、构筑物。在现代景观设计中，景观塔既是景观的中心也是地标性建筑物，在景观中起到统领全局的作用。

一、景观塔平面图

1. 景观塔平面图

景观塔平面图是水平全剖面图，它的剖切平面是位于基础上方的水平面。平面图主要表示景观塔的平面形状、水平方向各部分（如出入口、楼梯、门洞、窗等）的布置和组合关系、楼梯位置、扶手和柱的布置以及其他建筑构配件的位置和大小等。景观塔具有登高望远的效果，一般建筑成多层，内部由垂直交通连接。平面图由多个楼层组成，如图 4-31 ~ 图 4-34所示。

2. 景观塔平面图的图示要求

1）比例。景观塔平面图的比例通常选用 1 : 50 或 1 : 100。

2）线型要求。凡是被剖切到的主要构造（如墙、柱等）断面轮廓线均用粗实线；被剖切到的次要构造的轮廓线及未被剖切平面剖切的可见轮廓线用中实线绘制（如台阶、扶手等）；尺寸线、图例线等用细实线绘制。

3）尺寸标注。景观塔的尺寸标注一般分为细部尺寸标注和总尺寸标注。

4）标高。平面图还应注明室内外地面、楼台阶顶面的标高，采用相对标高，一般底层室内地面为标高零点，标注为±0.000。

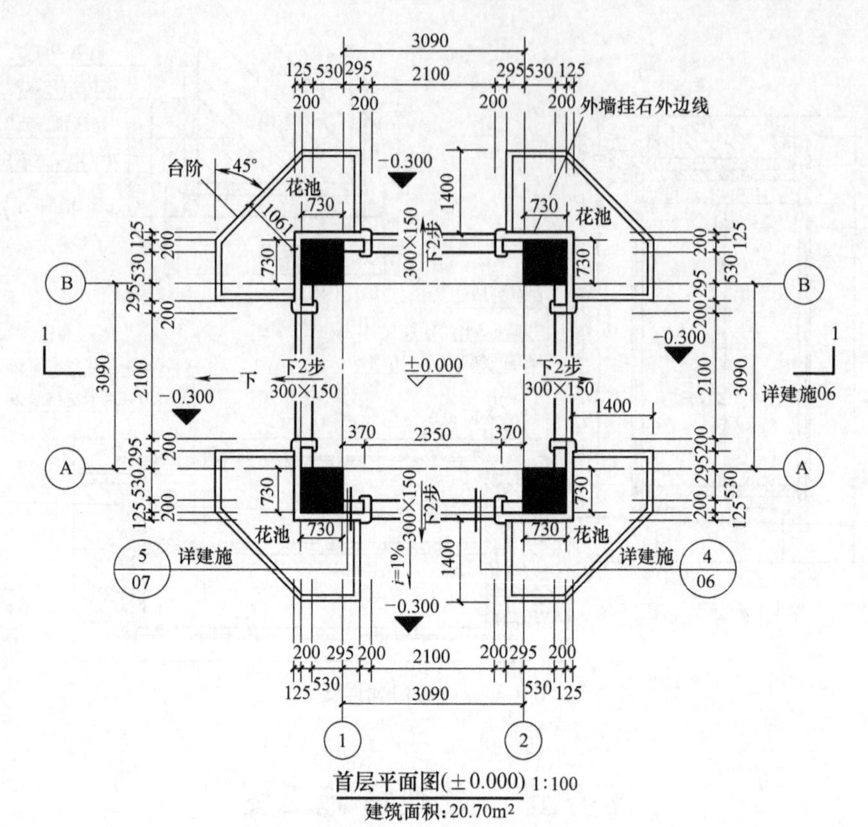

图 4-31 景观塔一层平面图

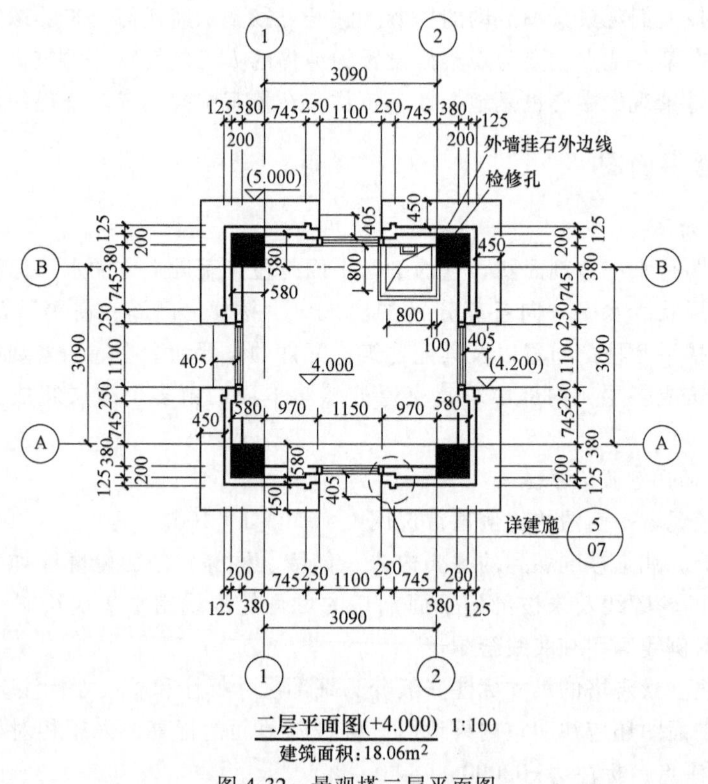

图 4-32 景观塔二层平面图

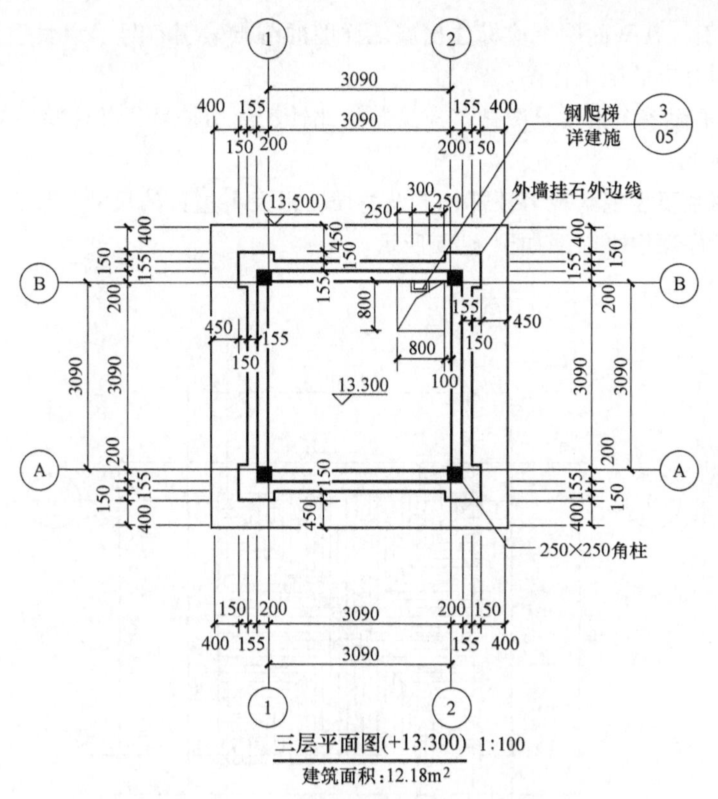

图 4-33　景观塔三层平面图

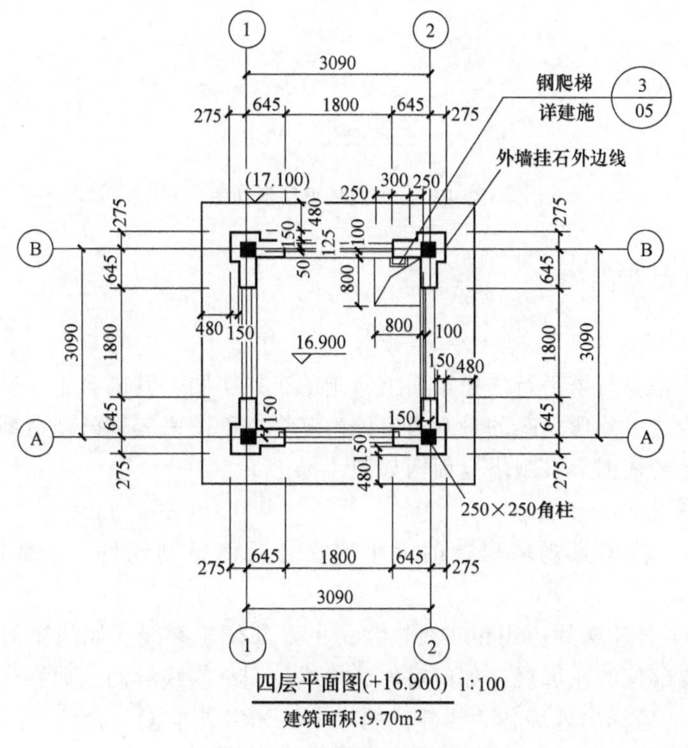

图 4-34　景观塔四层平面图

5）详图索引。在平面图上应标注出施工详图的节点索引符号。以索引符号为线索，在放大详图中找到对应的施工详图。

6）其他。平面图上根据绘图规范应绘制指北针、剖切符号，并注写图名、比例等。

3. 顶层平面图

顶层平面图主要表现景观塔顶部构造及材质，以及各檐口的尺寸、屋顶的排水坡度、坡向及标高。景观塔顶层平面图如图 4-35 所示。

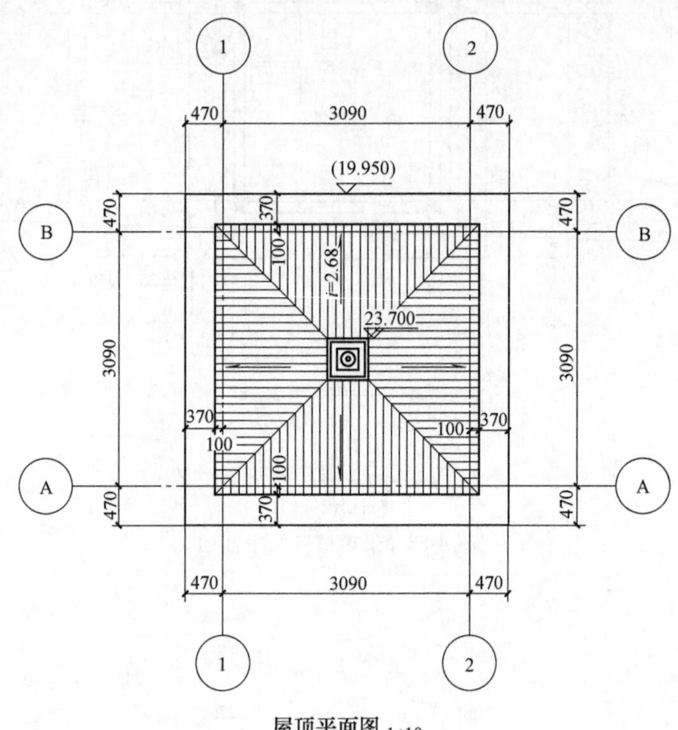

图 4-35　景观塔顶层平面图

二、景观塔立面图

1. 景观塔立面图作用

景观塔立面图是在与塔平行的投影面上所画的正投影图。其内容主要反映塔的外形和主要部位的标高及构造。外形复杂的景观塔应该由多个立面图来表现外观造型效果，它们是方案设计和施工的重要依据。景观塔立面图如图 4-36 所示。

2. 景观塔立面图的图示要求

1）比例选择。根据景观塔形体的大小选择合适的绘制比例，通常情况下与平面图相同。

2）线型要求。外轮廓线应用粗实线绘制；主要部位轮廓线，如门窗洞口、台阶等，用中实线绘制；次要部位的轮廓线，如门窗的分格线，用细实线绘制；地坪线用特粗线绘制。

3）尺寸标注。应标出外墙各主要部位的标高，如室外地面、台阶、门窗、檐口、塔顶细部构造等处的标高。

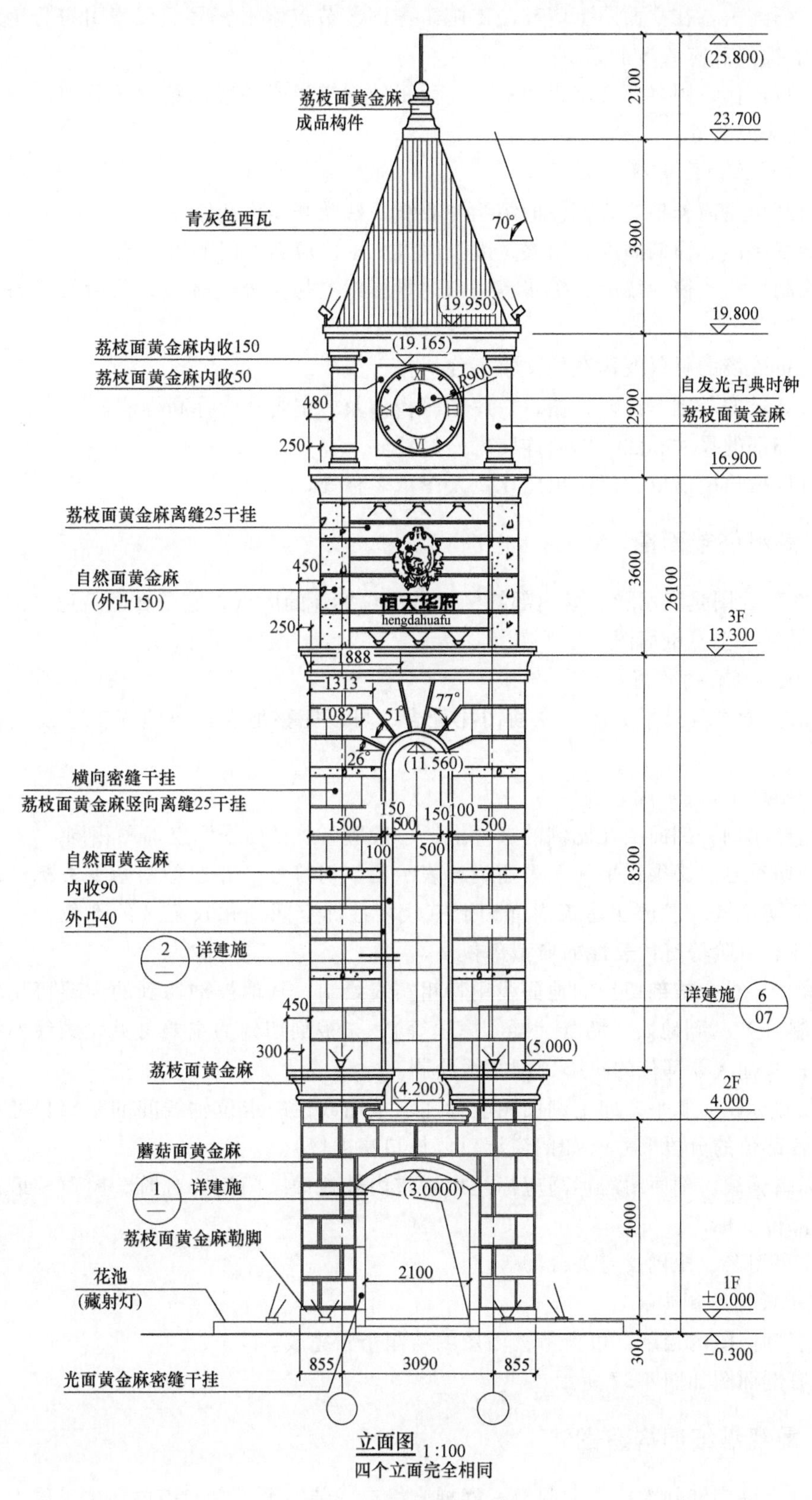

(25.800)
2100
荔枝面黄金麻
成品构件
23.700
青灰色西瓦
70°
3900
(19.950)
19.800
荔枝面黄金麻内收150
(19.165)
荔枝面黄金麻内收50
R900
自发光古典时钟
480
2900
荔枝面黄金麻
250
16.900
荔枝面黄金麻离缝25干挂
450
自然面黄金麻
(外凸150)
3600
26100
恒大华府
hengdahuafu
250
3F
13.300
1888
1313
77°
1082
51°
26°
(11.560)
横向密缝干挂
荔枝面黄金麻竖向离缝25干挂
150
150
100
1500
500
1500
100
500
自然面黄金麻
8300
内收90
外凸40
2
详建施
450
详建施
6
07
300
(5.000)
荔枝面黄金麻
(4.200)
2F
4.000
蘑菇面黄金麻
1
详建施
(3.0000)
4000
荔枝面黄金麻勒脚
2100
花池
(藏射灯)
1F
±0.000
300
-0.300
855
3090
855
光面黄金麻密缝干挂
立面图 1:100
四个立面完全相同

图 4-36　景观塔立面图

4）详图索引。在立面图上应标注出施工详图的节点索引符号。以索引符号为线索，在放大详图中找到对应的施工详图。

5）注写比例、图名及文字说明等。立面图的文字说明一般包括建筑外墙的装饰材料说明、构造做法说明等。

3. 景观塔立面图绘制步骤

1）绘制出室内外地坪线，柱的结构中心线，柱及塔顶构造厚度。

2）绘制出门、窗洞高度，出檐宽度及厚度，室内墙面上门的投影轮廓。

3）绘制出门、窗、墙面、踏步等细部的投影线。加深外轮廓线，然后按线条等级依次加深各线。

4）建筑外墙的材料及构造的文字标注。

5）景观塔的基础、门窗、檐口、屋顶等构件及塔室内外的标高标注。

6）各细部的尺寸标注，以及详图索引标注。

7）可根据出图需要，标注出图比例及图纸名称等。

三、景观塔剖面图

景观塔剖面图是表示景观塔内部结构及各部位标高的图纸，它是在建筑适当的部位做垂直剖切后得到的垂直剖面图。

1. 景观塔剖面图作用

景观塔剖面图与总平面图、立面图相配合，可以完整地表达出施工工艺及结构的主要内容。

2. 景观塔剖面图的图示要求

1）选择比例。剖面图在比例的选择上，一般应与总平面图和立面图相同。

2）剖切符号。必须在平面图中明确地表示出剖切符号，并在剖面图下方标注与其相应的图名。剖切位置一般选在建筑内部构造有代表性和空间变化较复杂的部位，一般应通过门、窗、柱、台阶等有代表性的典型部位。

3）线型要求。被剖切到的地面线用特粗实线绘制；其他被剖切到的主要可见轮廓线用粗实线绘制（如基础地面、墙身、梁、屋顶等）；未被剖切到的主要可见轮廓线的投影用中实线绘制；其他次要部位的投影用细实线绘制。

4）尺寸标注。水平方向上剖面图应标注承重墙或柱的定位轴线间的距离尺寸；垂直方向应标注各部位的分段尺寸（如门窗洞口、檐口高度等）。

5）标高标注。剖面图的标高应标注出塔室内外地面、门窗、台阶、屋顶及最顶端构筑物等主要部位的标高。

6）注写图名、比例及有关说明等。

3. 塔剖面图绘制步骤

景观塔剖面图的绘制，可参考立面图的绘制步骤完成。

景观塔剖面图如图 4-37 所示。

四、景观塔细部构造图

景观塔有许多细部构造，如门窗、楼梯、檐口、装饰等，它们需要在施工图上准备地反

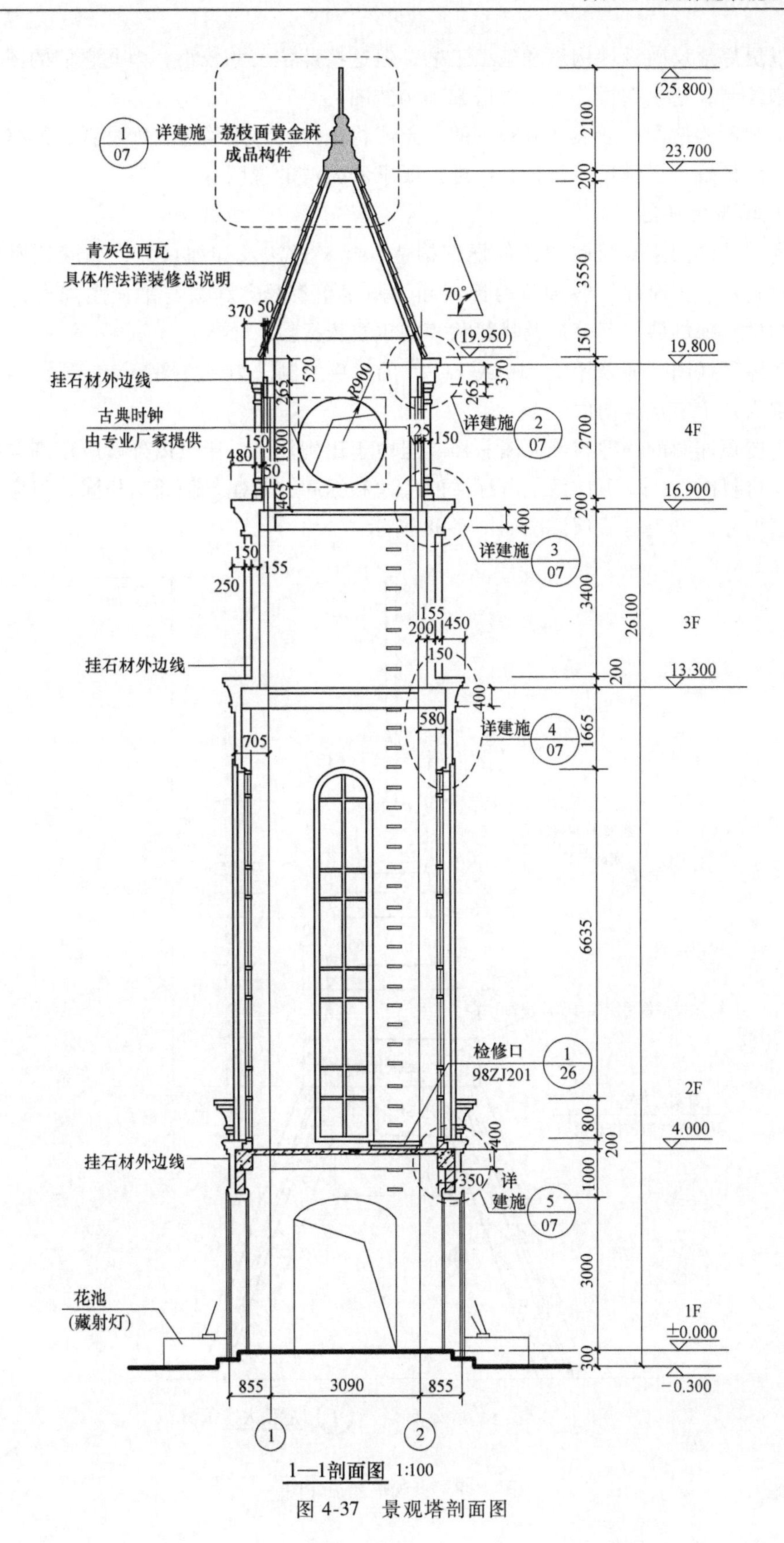

1/07 详建施
荔枝面黄金麻
成品构件
青灰色西瓦
具体作法详装修总说明
挂石材外边线
古典时钟
由专业厂家提供
2/07 详建施
3/07 详建施
挂石材外边线
4/07 详建施
检修口
98ZJ201
1/26
挂石材外边线
5/07 详建施
花池
(藏射灯)
(25.800)
23.700
(19.950)
19.800
4F
16.900
3F
13.300
2F
4.000
1F
±0.000
−0.300
2100
200
3550
150
2700
200
3400
26100
200
1665
6635
800
200
1000
3000
300
855
3090
855
1
2
70°
R900
1—1剖面图 1:100

图 4-37　景观塔剖面图

映出来，以更好地反映设计构思和施工工艺，但这些部位尺寸较小，因此它们的图样需要用较大比例来绘制，这些图样称为景观塔细部构造图。

景观塔细部构造图一般表达景观塔的节点或构配件的详细构造，如材料、规格、相互连接方法、相对位置、详细尺寸、标高、施工要求和做法的说明等。

1. 景观塔屋顶详图

景观塔屋顶详图主要反映屋顶的详细构造、材料做法及详细尺寸，如屋顶厚度、防潮层、屋顶材料等，同时注明各部位的标高和详图索引符号。详图与平面图配合，是施工放线、安装构件、编制施工预算以及材料估算的重要依据。

景观塔屋顶详图一般采用 1∶10 或 1∶20 的比例绘制。为节省图幅，屋顶详图可从中间折断，分解为几个节点详图的组合。

景观塔屋顶详图的线型与剖面图一样，但由于比例较大，所以内外墙应用细实线画出粉刷线并标注材料图例。屋顶详图上所标注的尺寸和标高，与建筑剖面图相同，但应标出构造做法的详细尺寸。景观塔屋顶详图如图 4-38 所示。

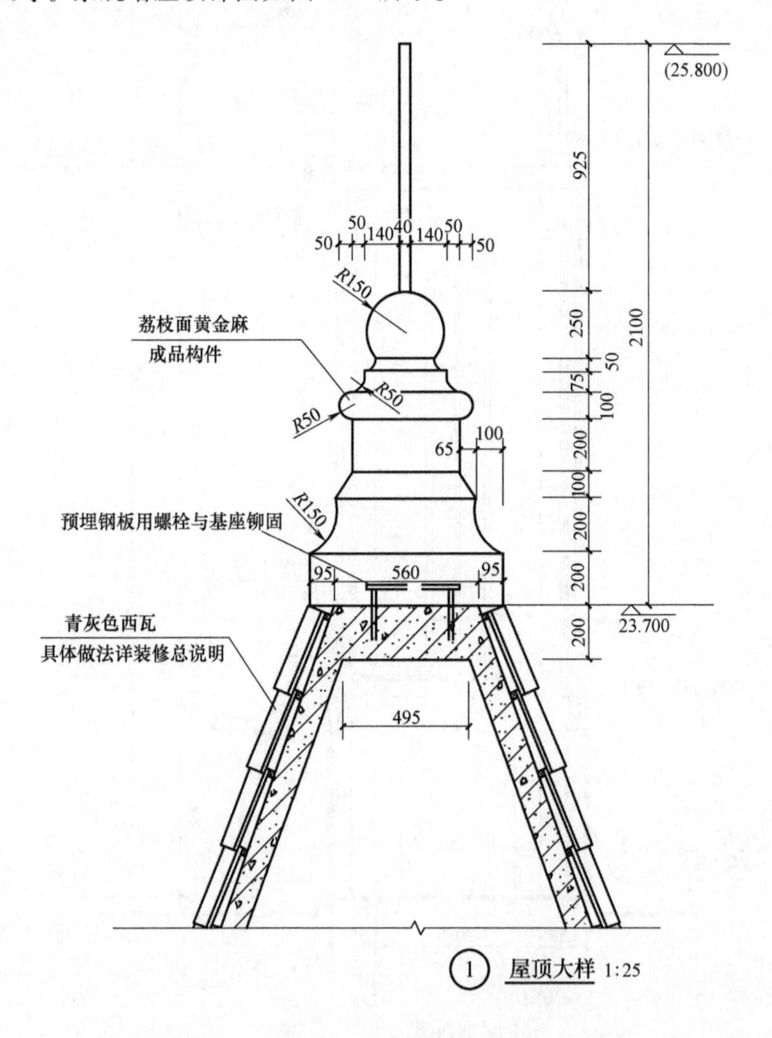

图 4-38　景观塔屋顶详图

2. 景观塔檐口详图

景观塔檐口详图主要反映塔顶顶部与檐口的详细构造、材料做法及详细尺寸，同时要注明各部位的标高和详图索引符号。详图与平面图配合，是施工放线、安装构件、编制施工预算以及材料估算的重要依据。

景观塔顶部檐口详图的线型与剖面图一样，但由于比例较大，所以内外墙应用细实线画出粉刷线并标注材料图例。详图上所标注的尺寸和标高，与建筑剖面图相同，但应标注出构造做法的详细尺寸。景观塔局部檐口放大详图如图 4-39 ~ 图 4-42 所示。

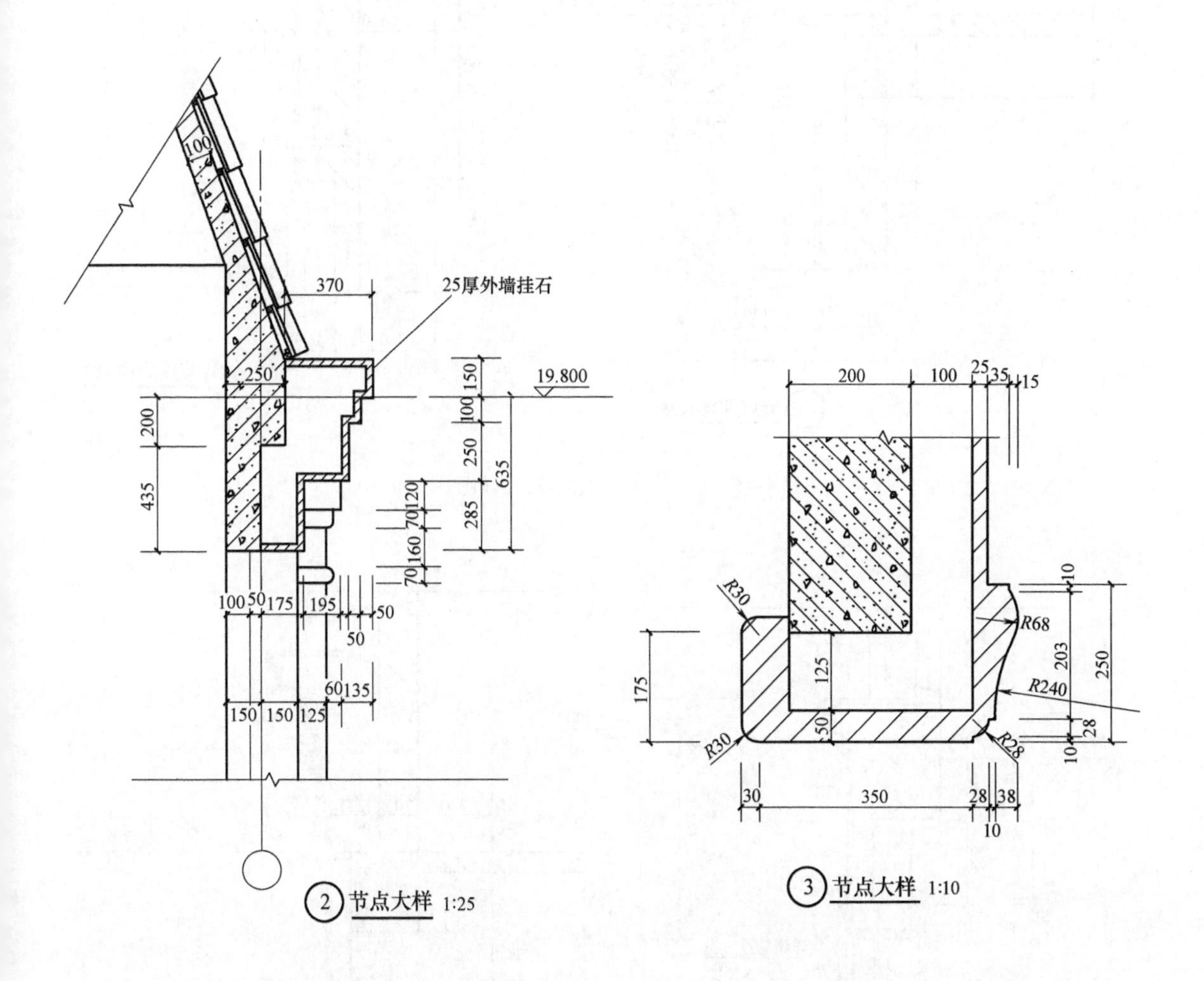

图 4-39　景观塔局部檐口放大详图（一）　　图 4-40　景观塔局部檐口放大详图（二）

3. 景观塔装饰窗详图

景观塔装饰窗详图主要反映窗户的详细构造、材料做法及详细尺寸，同时注明各部位的标高，如图 4-43 所示。景观塔装饰窗详图一般采用 1∶10 至 1∶50 的比例绘制。

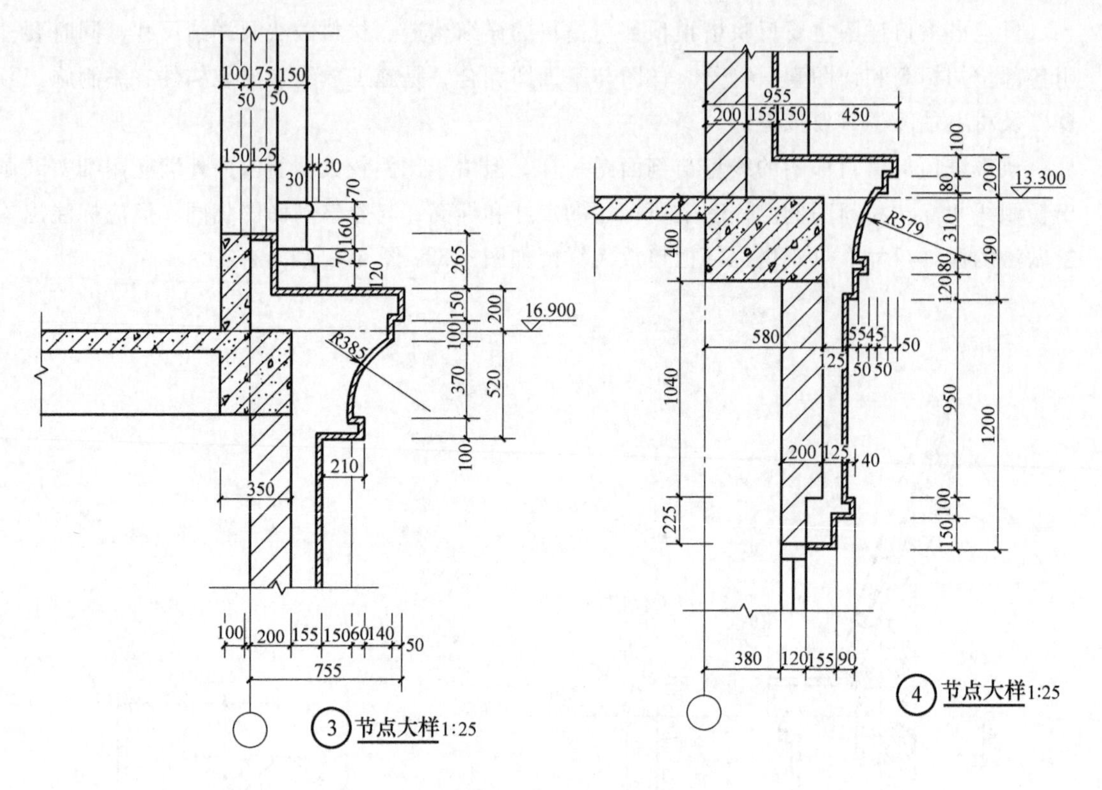

图 4-41　景观塔局部檐口放大详图（三）

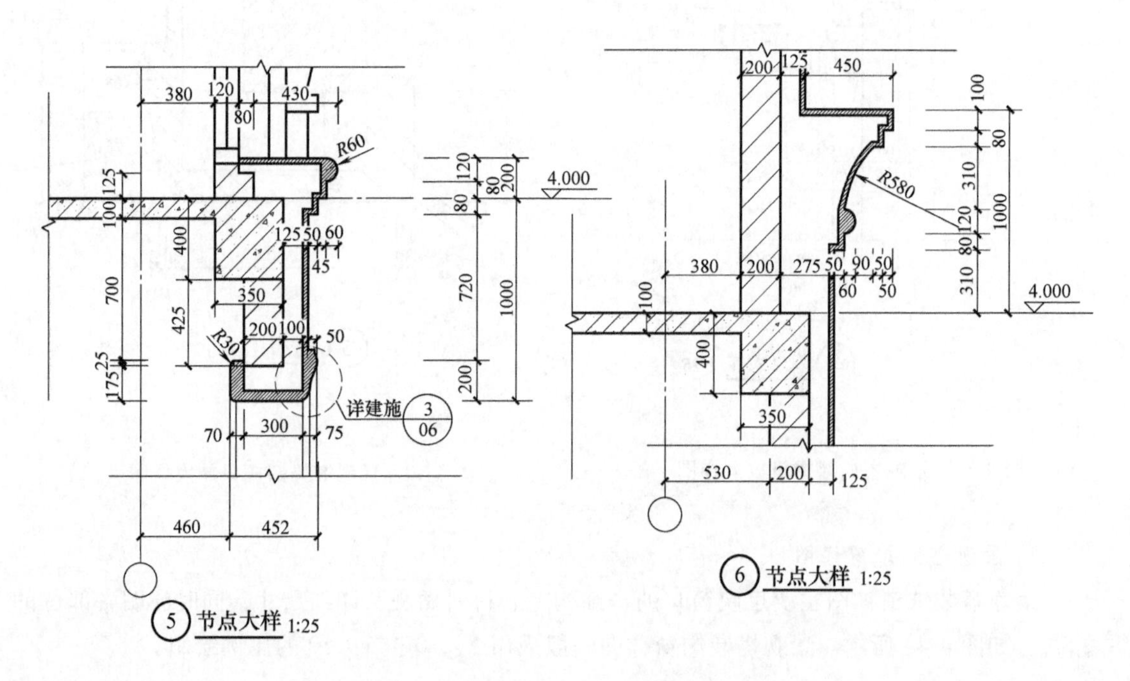

图 4-42　景观塔局部檐口放大详图（四）

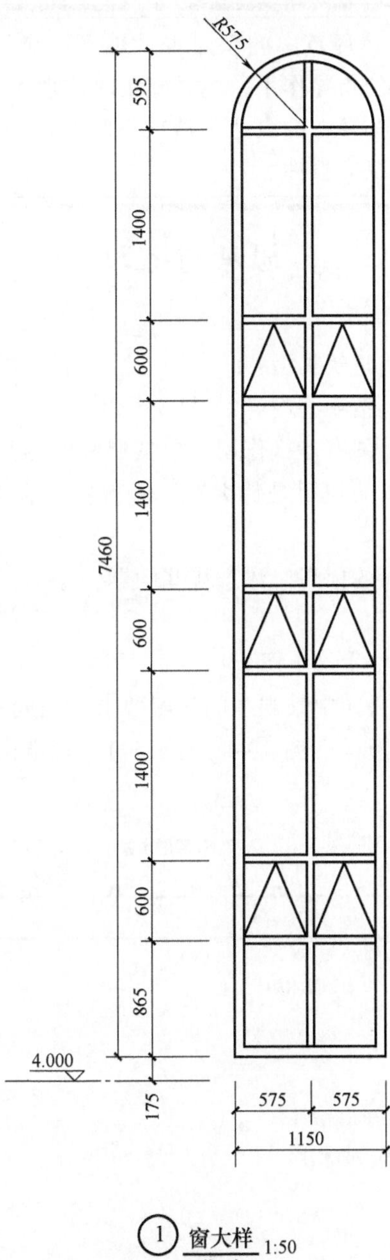

图 4-43　景观塔装饰窗详图

项 目 小 结

通过对园林建筑施工图的学习，应掌握园林建筑施工图的制图要求、绘制步骤，及节点详图的绘制方法。建筑施工图中应明确表示出建筑的平面、立面及剖面详尽的尺寸、局部放大详图中的材料及尺寸等。

园林建筑施工图既是设计环节中的重点也是难点，施工图所起到的作用非常重要，对于后期建筑施工起到直接的指导作用，同时施工时监理人员更是通过施工图协调现场、操控工程。对于建筑施工图中存在的表达不清或不完整的地方，设计人员随时应该加以修正，以确保图纸的准确性及完整性。

思考与练习

第一部分：理论题

1. 园林建筑一般包括哪些建筑类型？

2. 景观亭的施工图一般包括哪些内容？

3. 园林建筑施工图的剖面图有什么作用？包括哪些内容？

4. 园林施工图节点放大图的作用是什么？一般哪些位置需要节点放大图？常用的比例是哪些，请举例说明。

5. 园林施工图中建筑立面的标高应注意哪些问题？

第二部分：实践操作题

【任务提出】抄绘平顶栅格亭施工图。

【任务目标】根据学习项目四中景观亭的学习要求，完成平顶栅格亭施工图的抄绘。

【任务要求】根据给定的图样（图 4-44~图 4-50），自定比例进行抄绘。

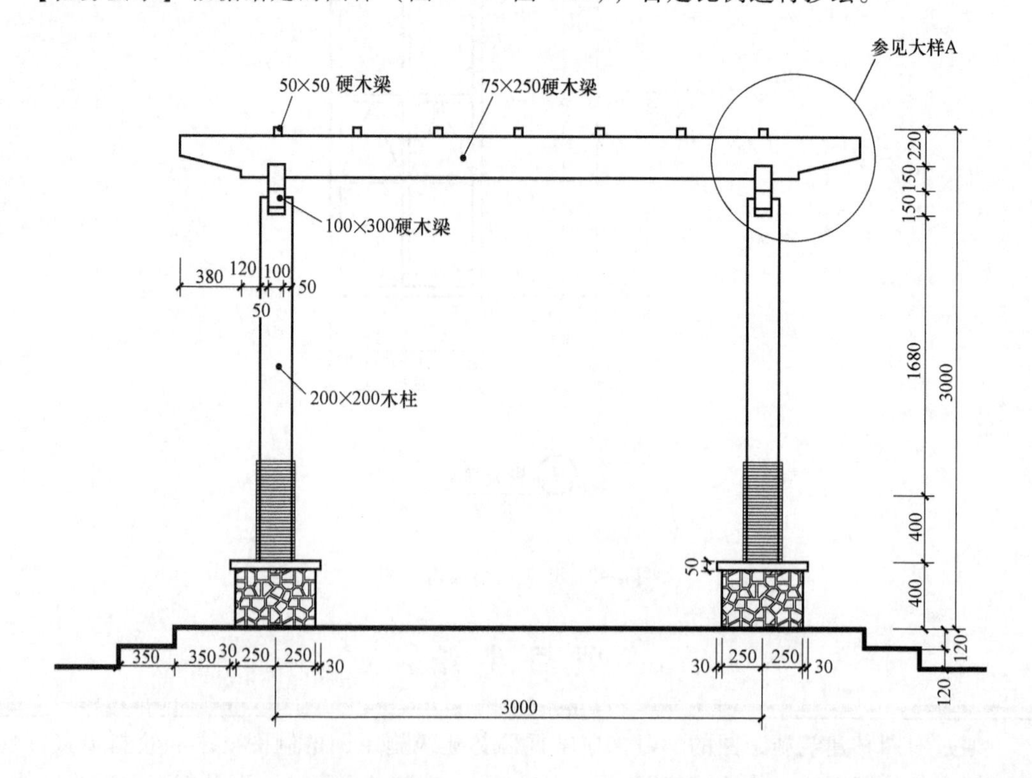

图 4-44　平顶栅格亭正立面图

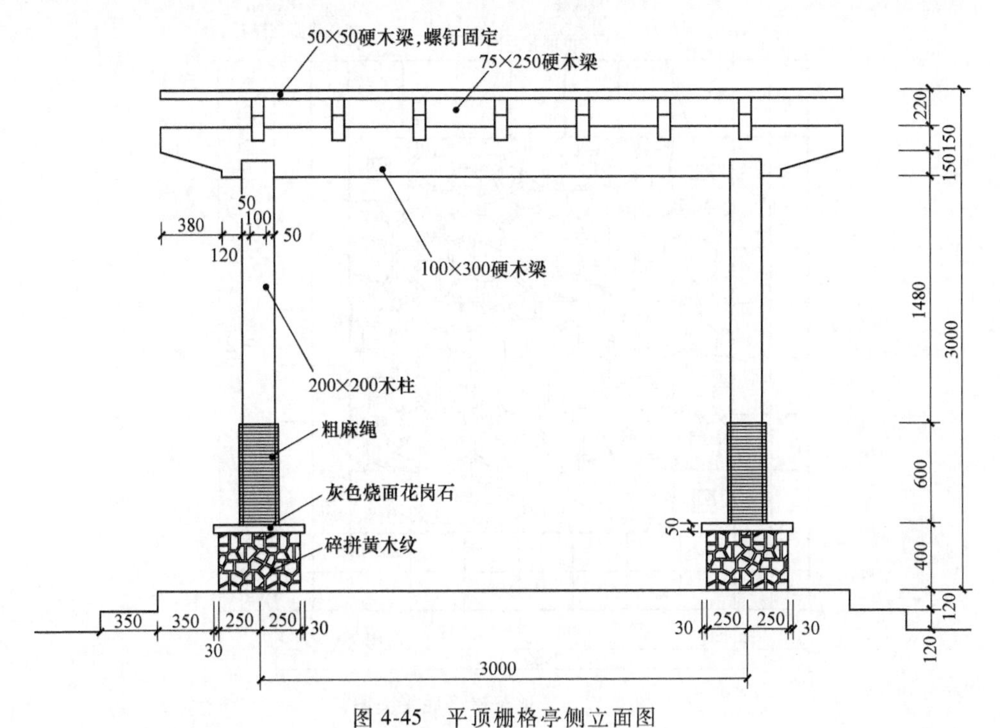

图 4-45　平顶栅格亭侧立面图

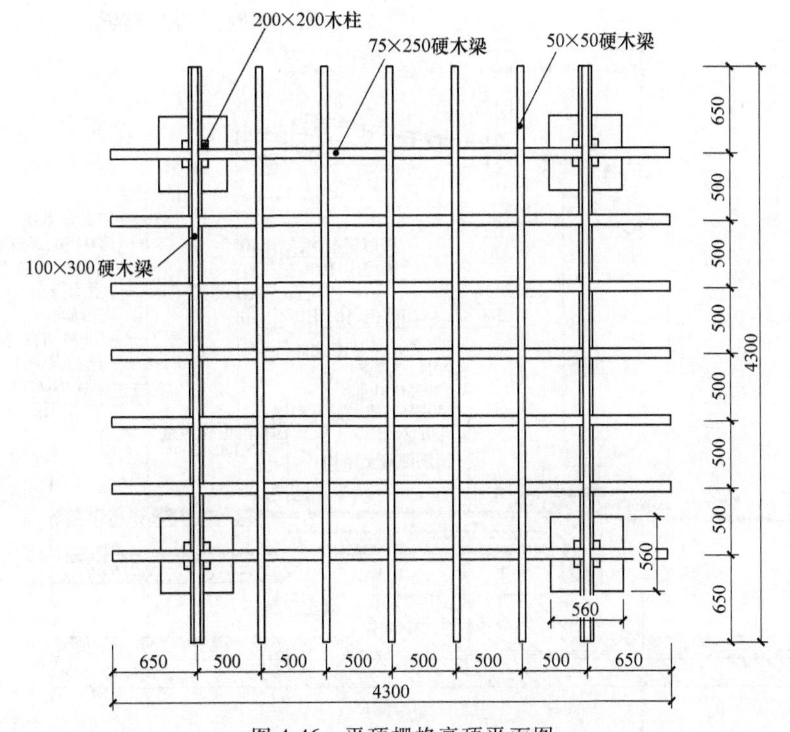

图 4-46　平顶栅格亭顶平面图

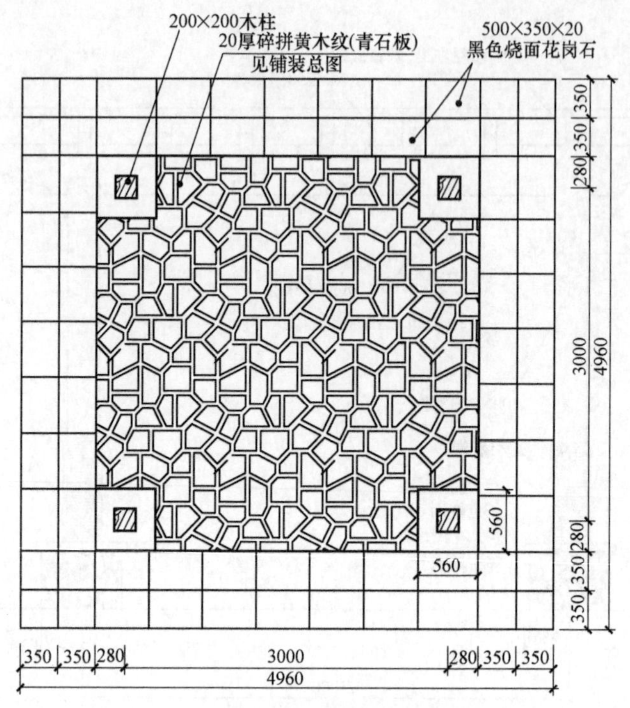

图 4-47　平顶栅格亭底平面图

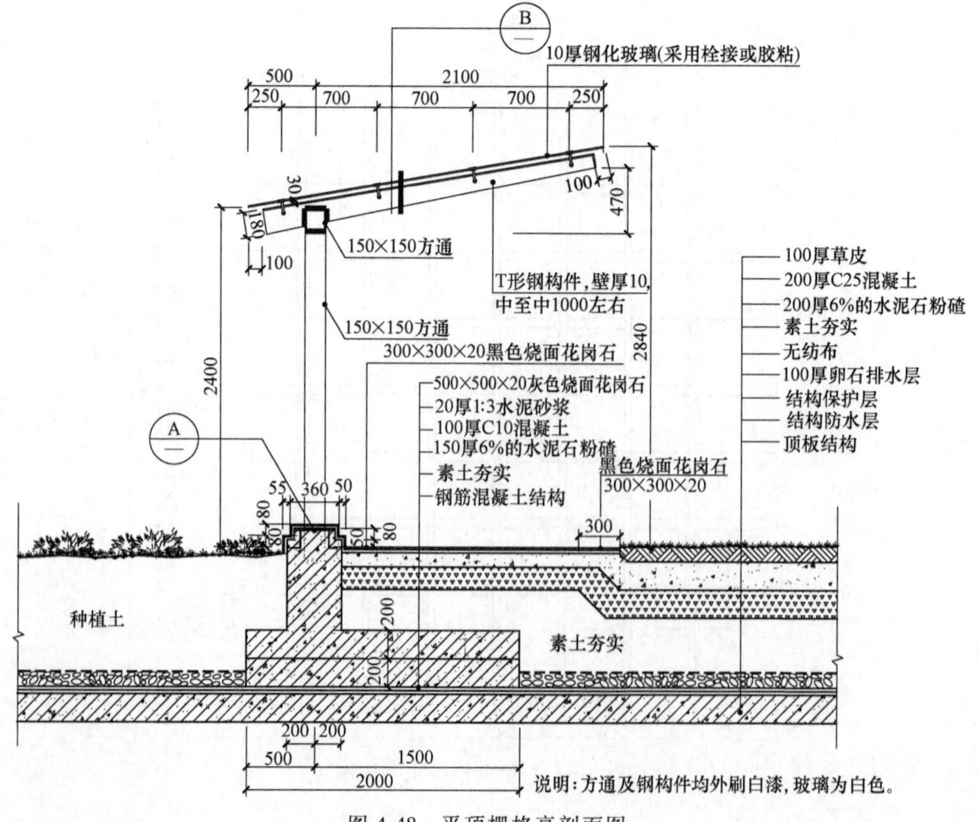

图 4-48　平顶栅格亭剖面图

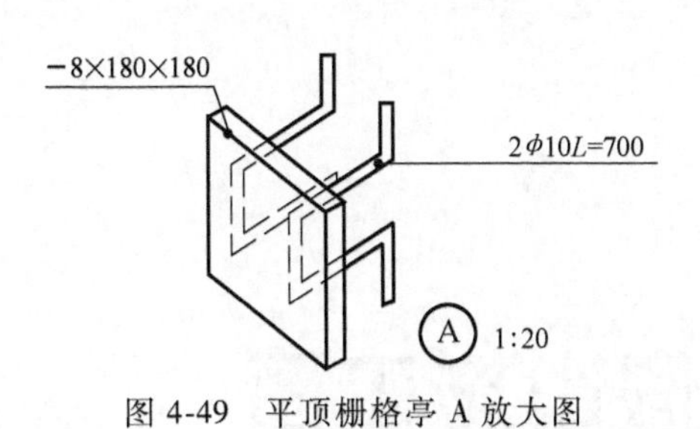

图 4-49　平顶栅格亭 A 放大图

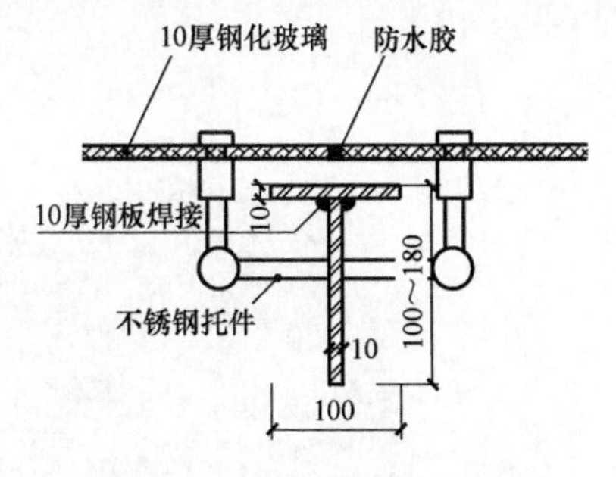

图 4-50　平顶栅格亭 B 放大图

项目五 假山施工图

教学目标

通过对假山设计、假山施工图的作用、假山施工图的绘图内容、假山施工图绘制步骤等内容的学习，了解假山施工图的要求、绘制步骤，掌握假山施工图的绘制方法。

教学要求

能力目标	知识要点	权重
了解假山施工图的作用与绘图内容	假山施工图的作用，石山施工图的内容	10%
了解假山施工图的阅读	假山施工图的阅读	10%
掌握假山施工平面图的绘制	假山施工平面图绘图要点	25%
掌握假山施工立面图的绘制	假石山施工立面图绘图要点	20%
掌握假山施工剖(断)面图的绘制	假山施工剖(断)面图绘图要点	25%
掌握假山施工基础平面图的绘制	假山施工基础平面图绘图要点	10%

章节导读

假山是古典园林中的五大要素之一，在古典造园中掇石叠山被列为造园的第一要素。随着园林工程中假山的广泛应用，假山已成为园林工程中非常重要的组成部分。

园林景观中的假山是以土、石为料的人工山水景物，包括石山和塑山。石山一般称为“假山”或者“假山石”，是以真石（如太湖石等）堆砌而成的景观体，可以上人活动。而塑山或者塑石，也是假山或者假山石，为人造山石，是以钢构件作为支撑体，外包钢丝网、喷抹纤维砂浆等塑造而成的景观山体、景观石，不可上人和另加活荷载。

假山置石体量或大或小。体量小者为置石，一般由2~3块组合而成，如图5-1所示。体

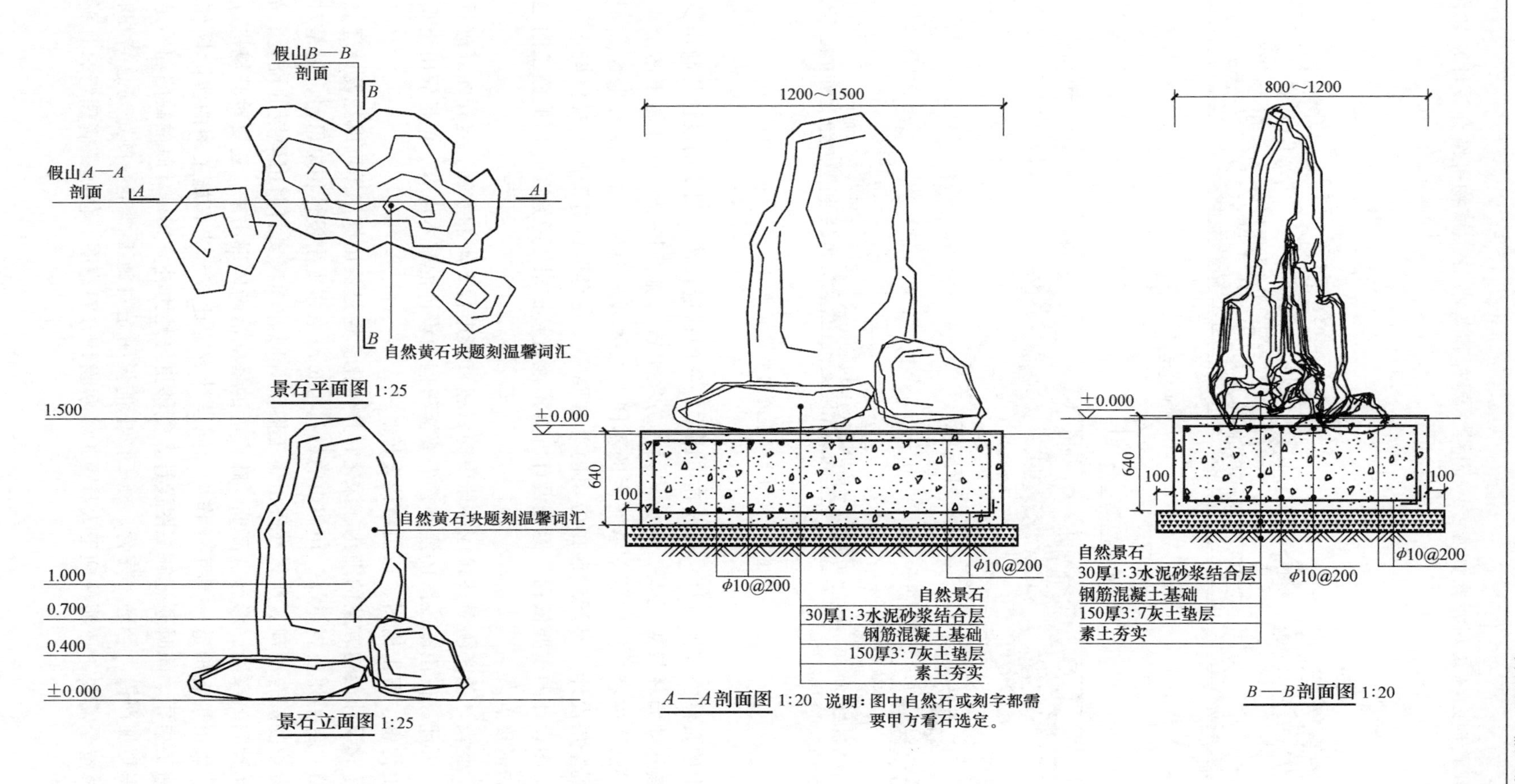

图 5-1　假山置石平立剖面图

量大者往往和其他园林景观元素如水景、园路、园林建筑小品、植物等结合设计，如图 5-2 所示。

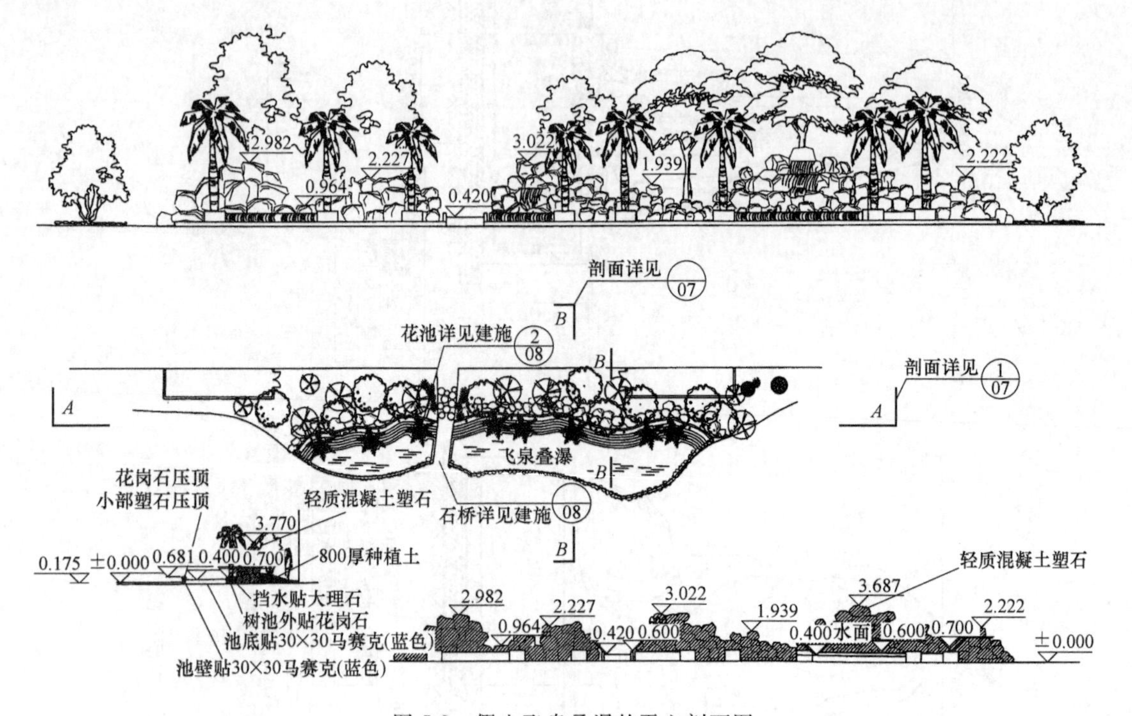

图 5-2　假山飞泉叠瀑的平立剖面图

由于假山的自然性和独特性，以及在造园中特殊的营造技艺，假山的设计与制作及绘图表达有别于其他的园林景观元素。假山的设计方案形成与施工图设计，分属于两个不同时期，它们的目的、内容、深度等都有很大的不同。方案形成时期，重点关注假山类型、体量、假山景观全局设计，属于对假山方案的总体要求。方案形成对于施工有框架指导性作用，也是施工图设计的重要依据。但是设计方案不能直接面对工程施工，因此施工图是方案与施工之间的衔接点。

假山施工图设计前必须对传统园林假山的营造方法进行了解和掌握，这样才好进行设计和绘制表达。因此，假山施工图的绘制首先要懂得假山设计的基本内容，包括假山类型、假山材料、假山构思、假山构图、假山结构设计。

施工图是对设计最初方案的细化、深化、具体化。通过假山施工图可以把设计理论贯穿到每一个细节、每一块石料单体。用假山的材料与布局来体现出设计构思思路，更是对设计风格与设计意境的综合展现。所以在假山施工图设计时，不仅要将假山固定的位置、品种，同其他景观元素间的色彩、形态、高低、疏密等的搭配清晰体现出来，还要对其规格进行准确限定，以使假山景观构造更具可操作性。同设计方案比较起来，施工图的实际操作性更强，更利于施工指导。同时通过施工图设计，能够更好地弥补方案设计时的缺陷和不足，让整体设计显得更加严谨、合理、完善。施工图中的说明是对施工图本身的重要总结和补充，用以满足园林造景需要，还能使施工人员更加了解设计方案意图，使施工管理组织有更准确的科学依据。

任务一　石山施工图

一、石山施工图作用与绘图内容及识图

1. *石山施工图的作用*

假山在园林中具有重要作用，是构成园林的要素之一。假山施工图是园林施工图中不可缺少的内容，也是组织假山施工和管理、工程预结算、工程施工监理和验收的重要依据。

2. *石山施工图的内容*

石山施工图有：基础平面图、平面图、立面图、剖（断）面图。

基础平面图，用来表示基础的平面位置及形状。平面图，表示假山的平面布置、各部的平面形状。立面图，表示山体的立面造型及主要部位高度。剖（断）面图，表示假山某处内部构造及结构形式、断面形状、材料、做法和施工要求。

假山平面图、立面图、剖面图如图 5-3 所示。

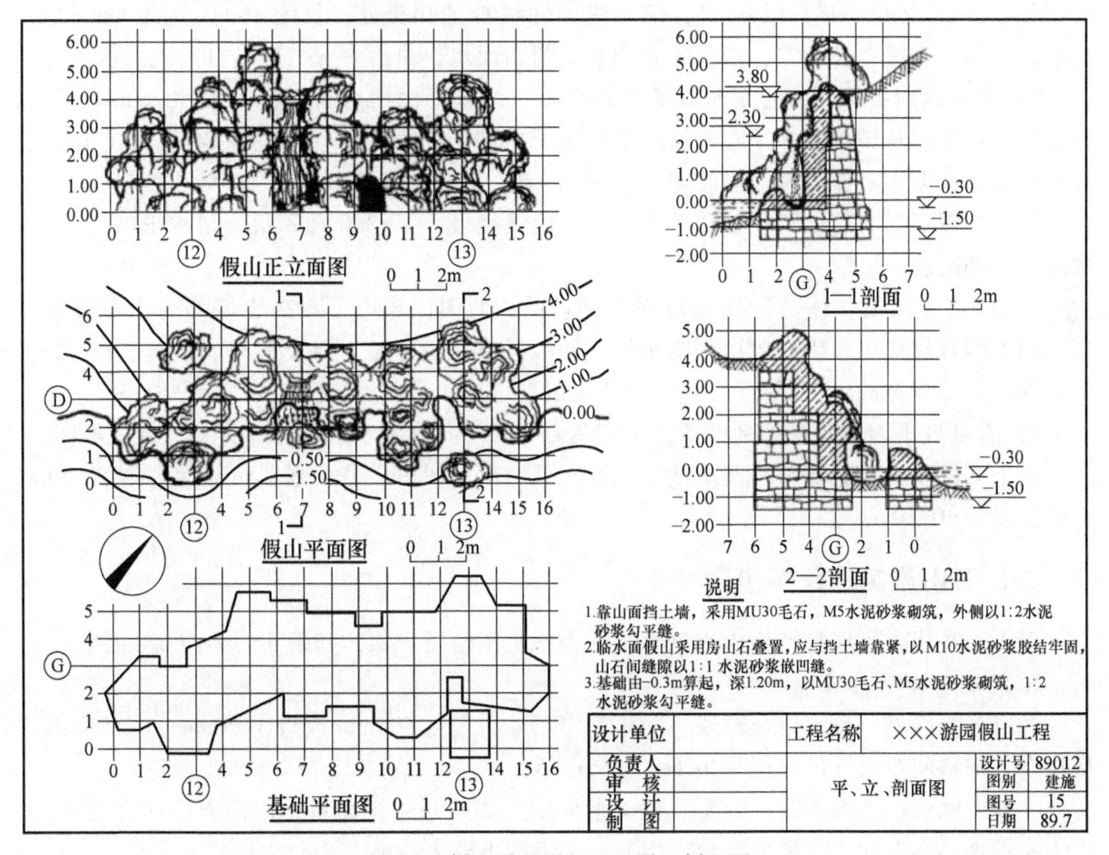

图 5-3　假山平面图、立面图、剖面图

其中，基础平面图通常与网格定位线结合在一起，表明假山基础的长、宽尺寸和假山平面的基础轮廓，是定点放样和开挖地基的主要依据。在设计说明中要写明开挖地基的深度、宽度、方法以及使用的基础材料等。

假山平面图也与网格定位线结合在一起，主要表明假山拉底、做脚的轮廓、范围、位置、运用的材料等，是决定假山基本平面形状的依据。假山平面图还附带剖切符号，表明假山的竖向结构将由剖面图说明。

为了完整地表现山体各面形态，便于施工，一般应绘出前、后、左、右四个方向立面图。

假山竖向剖面图表明假山工程从基础、中层、结顶到做脚的各环节关系，识读时要结合网格定位线，看清假山的整体和各结构层的高度尺寸、运用材料以及竖向基本轮廓等，掌握其轮廓变化的节点、尺寸，以便在施工指导中做到心中有数。

3. 细部形状控制

假山施工图中，由于山石素材形态奇特，因此，不可能也没有必要将各部分尺寸一一标注，一般采用坐标方格网法控制。

4. 石山施工图的识图

1）看标题栏及说明，如图 5-3 所示。

2）看平面图方位、轴线编号，明确假山位置、平面形状和大小及其周围地形等。如图 5-3 所示，该山体位于横向轴线 12、13 与纵向轴线 G 的相交处，长约 16m，宽约 6m，呈狭长形，中部设有瀑布和洞穴，前后散置山石，倚山面水，曲折多变，形成自然式山水景观。

3）看立面图山体各部的立面形状及其高度，结合平面图辨析其前后层次及布局特点、领会造型特征。从图 5-3 中可见，假山主峰位于中部，高为 6m，位于主峰右侧 4 m 高处设有两迭瀑布，瀑布右侧有洞穴及谷壑，形成动、奇、幽的景观效果。

4）看剖面图。对照平面图的剖切位置、轴线编号，了解断面形状、结构形式、材料、做法及各部高度。

从图 5-3 中可见，1—1 剖面是过瀑布剖切的，假山山体由毛石挡土墙和房山石叠置而成，挡土墙背靠土山，山石假山面临水体，两级瀑布跌水标高分别为 3. 80m 和 2. 30m。2—2 剖面取自山体较宽的 13 轴附近，谷壑前散置山石，增加了前后层次，使其更加幽深。

5）看基础平面图和基础剖面图，了解基础平面形状、大小、结构、材料、做法等。

由于本例基础结构简单，基础剖面图绘在假山剖面图中，毛石基础底部标高为-1. 50m，顶部标高为-0. 30m。

二、石山施工图绘图步骤

下面以某居住小区自然假山为例解析石山施工图绘图步骤，其平面图如图 5-4 所示。

1. 绘制石山平面图

画出坐标网格，确定定位轴线。网格间距尺寸一般为 500mm 或者 1000mm。有的假山体量较大，网格间距尺寸的可能采用 1m、2. 5m 等。

一般绘制假山平面图时，会参考假山意向图。如果从主视面看，假山石峰应有最高点，连绵的石峰要高低起伏，错落有致。因此，平面图上要表达出主峰和次峰的不同高度，绘图时通过标高标注出来，如图 5-4 所示。

以每个石峰为核心，周围布置 3~5 个石块，形成一个单元。这些石块要明显小于主峰石，以突出其主体地位。而且这些石块的布置在平面视图上来看，也要错落有致，且将每 3 块石中心点连接起来，要形成三角形构图关系。

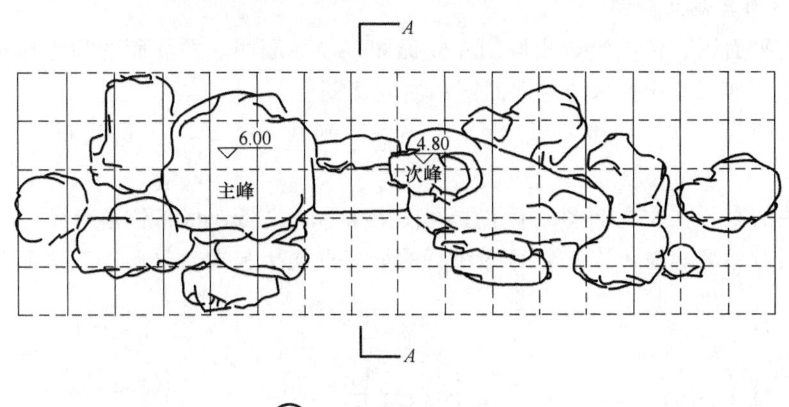

图 5-4 某居住小区自然假山平面图

为了表现两石峰之间瀑布口的断面构造，要绘制此处的剖面图，因此在平面图上相应位置要标示出剖断线符号 *A*—*A*。

2. 绘制石山正立面图

根据石山平面图，绘制正立面图。依次将假山石的主峰、次峰绘制出来，并标注上标高，如图 5-5 所示。有时立面图也会画出坐标网格，以对假山山体的形状进行总体控制。

以每个石峰为主体，周围布置 3~5 个石块，形成一个单元。这些石块要明显小于主峰石。而且这些石块的布置在正立面视图上来看，也要高低起伏，错落有致。所以，每块石峰高度不同，这要通过标高标注出来。将每 3 块石的最高点连接起来，要形成三角形关系。

瀑布口的高度也需要通过标高标注。两石峰与瀑布口的关系是：石峰点和瀑布口中心点，形成三角形构图关系。

标注出整个假山的立面宽度尺寸，单位为毫米。

依次标注出主要石块的立面宽度尺寸，单位为毫米。

如果假山有洞口的，将洞口的位置及标高标注出。

标注出瀑布落水池的水面标高。

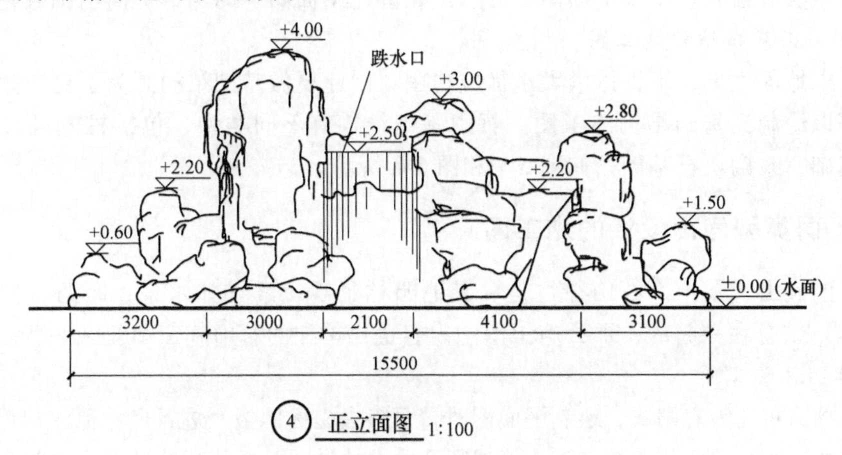

图 5-5 某居住小区自然假山正立面图

3. 绘制石山其他立面图

根据石山平面图，依次绘制出假山左立面图、右立面图。左立面图为主峰视图，右立面图为次峰视图，如图 5-6 所示的左立面图和右立面图。

以每个石峰为主体，周围布置 3~5 个石块，形成一个单元。这些石块要明显小于主峰石。

这些石块的布置在左立面图或者右立面图上来看，高低起伏，错落有致。每块石峰高度不同，这要通过标高标注出来。将每 3 块石的最高点连接起来，要形成三角形关系。

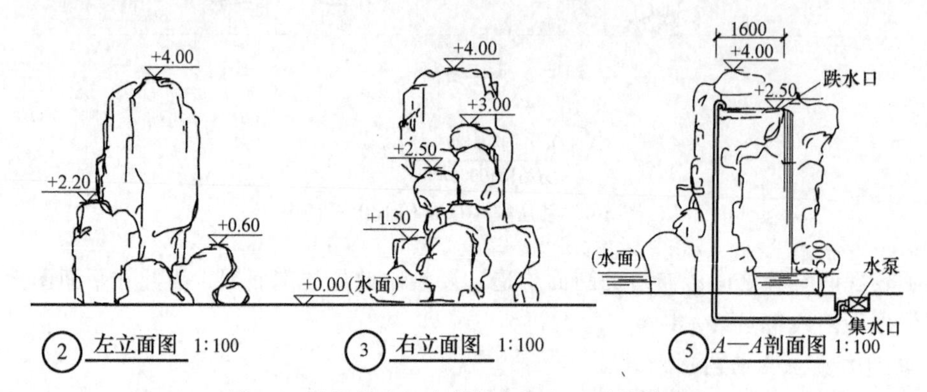

图 5-6　某居住小区自然假山各立面图及剖面图

4. 绘制石山剖面图

剖面图应该反映出材料、尺寸、甚至结构和配筋等。

根据石山平面图和正立面图，绘制瀑布口处的剖面图。剖面图中要画出瀑布跌水口和瀑布水面，并标注出跌水口标高。标注出瀑布口的断面宽度，单位为毫米，如图 5-6 中 *A—A* 剖面图所示。

人工瀑布和水池的水，要安装水泵进行水循环，施工图中要绘制出来。水泵安装要隐蔽，低于水平面，故应设置在水泵坑中。与水泵相接的水泵管线连通至假山背立面瀑布口处。

5. 绘制石山基础平面图

根据石山平面图绘制基础平面图，不用表现每个石峰和石块，只需表现整个假山的平面外轮廓，用粗实线强化。基础平面图中的石山轮廓比平面图中的轮廓更简洁抽象化。

6. 绘制石山基础结构施工图

假山立于地面之上，不管体量大小都应稳固，因此要做基础结构。为了更清楚地表现石山基础，可以绘制其基础结构施工图。石山基础结构有不同类型，包括桩基础、混凝土基础、灰土基础、浆砌块石基础，如图 5-7 和图 5-8 所示。

三、不同类型假山设计的施工图

在实际的假山造景中，石山往往是和其他园林景观元素（如水景、园路、植物、园林建筑小品等）结合在一起的，那么施工图的内容也比单纯的石山施工图复杂一些。

1. 石阵丛林施工图

石阵丛林的布局为规则式，绘制平面图时，可略去坐标网格，进行尺寸标注即可，但仍然要标注出标高，并对设计及材料、工艺等进行简要设计说明。石阵丛林平面图如图 5-9 所示。

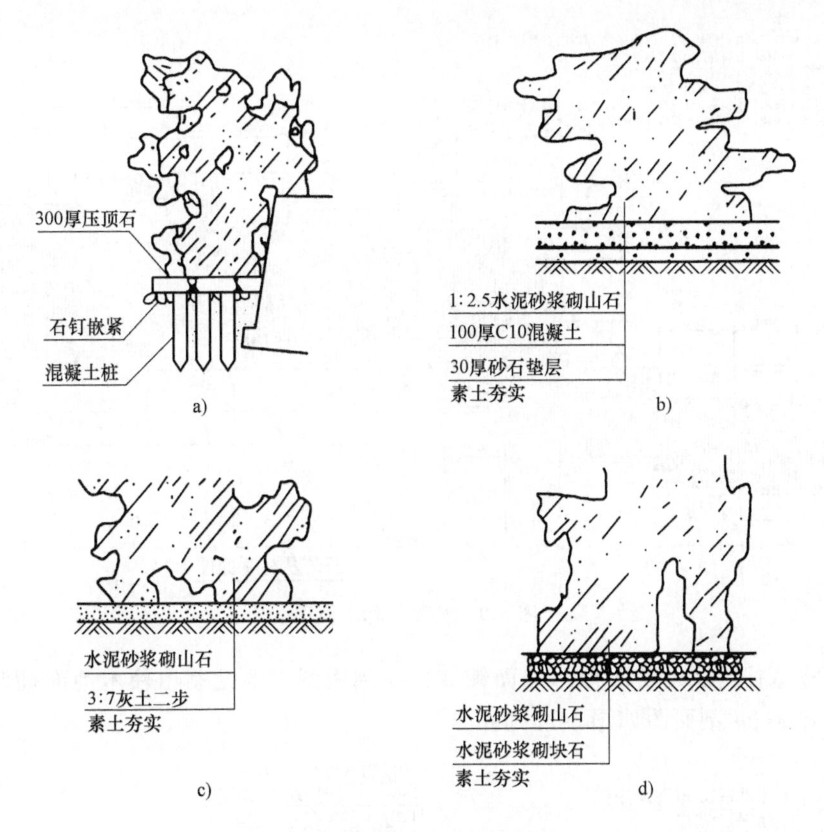

图 5-7 假山基础结构类型

a）桩基础 b）混凝土基础 c）灰土基础 d）浆砌块石基础

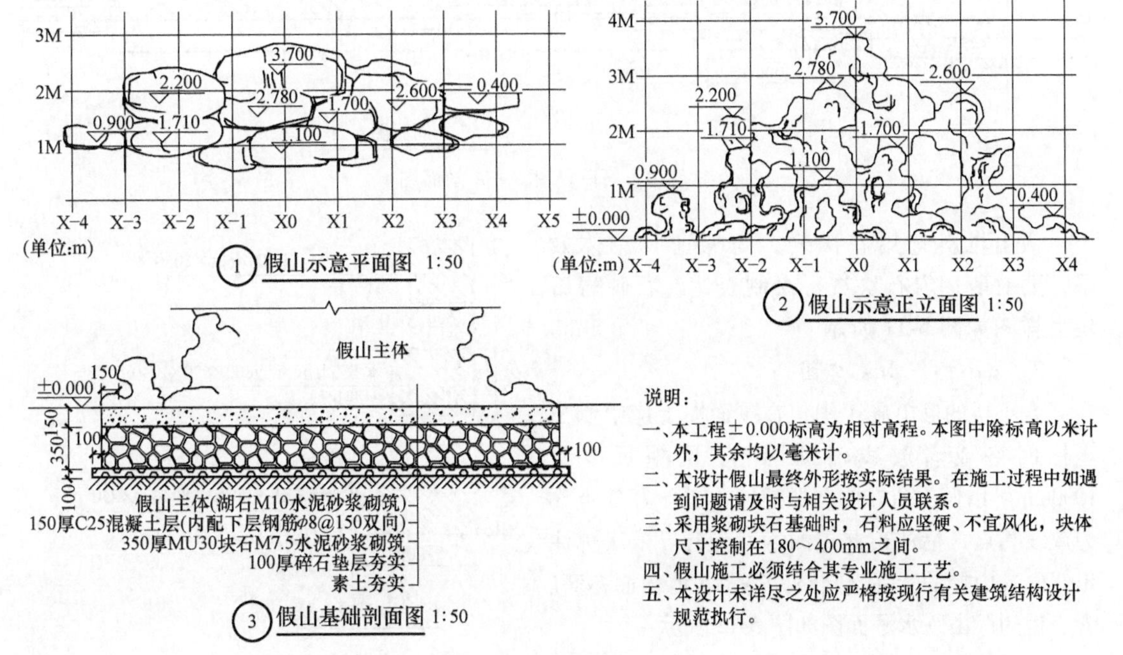

说明：

一、本工程±0.000标高为相对高程。本图中除标高以米计外，其余均以毫米计。

二、本设计假山最终外形按实际结果。在施工过程中如遇到问题请及时与相关设计人员联系。

三、采用浆砌块石基础时，石料应坚硬、不宜风化，块体尺寸控制在180～400mm之间。

四、假山施工必须结合其专业施工工艺。

五、本设计未详尽之处应严格按现行有关建筑结构设计规范执行。

图 5-8 假山基础剖面图

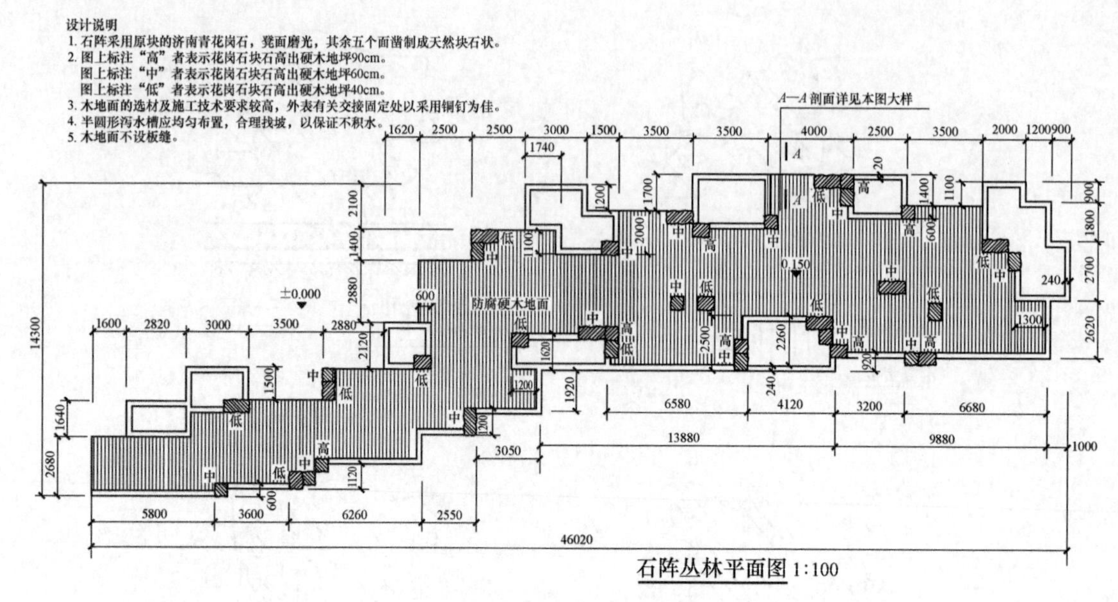

图 5-9　石阵丛林平面图

由于石阵丛林周围是防腐硬木地面铺装，在剖面图上要绘制出硬木地面铺装的结构详图。石阵丛林 *A*—*A* 剖面图如图 5-10 所示。

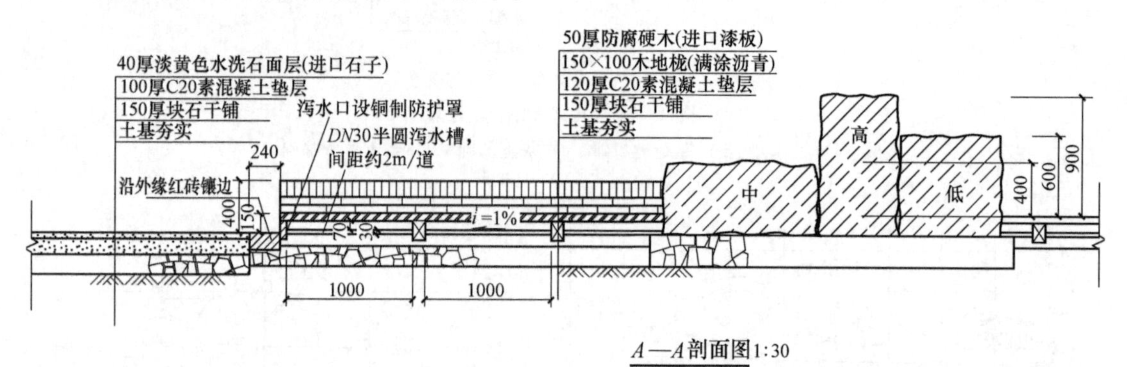

图 5-10　石阵丛林 *A*—*A* 剖面图

假山材料选用花岗岩，为保证其总体效果，要对所用岩石块进行绘制表达。石阵岩石块大样图如图 5-11 所示。

2. 含小桥假山施工图

含小桥的假山施工图，在平面图上应绘制出坐标网格或者放线辅助网格，网格尺寸为1000mm。以假山所在的圆形铺地的圆心为 O 点作为放线基点，标注出此点的绝对坐标。依次标注出假山各山峰的标高、园路标高及水池水面标高。含小桥的假山跌水平面图如图 5-12 所示。

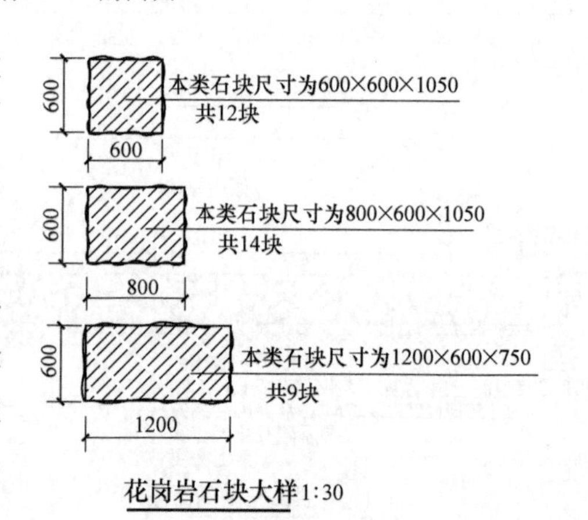

图 5-11　石阵丛林花岗岩石块大样

剖立面图上绘制出假山山体的横向长度、

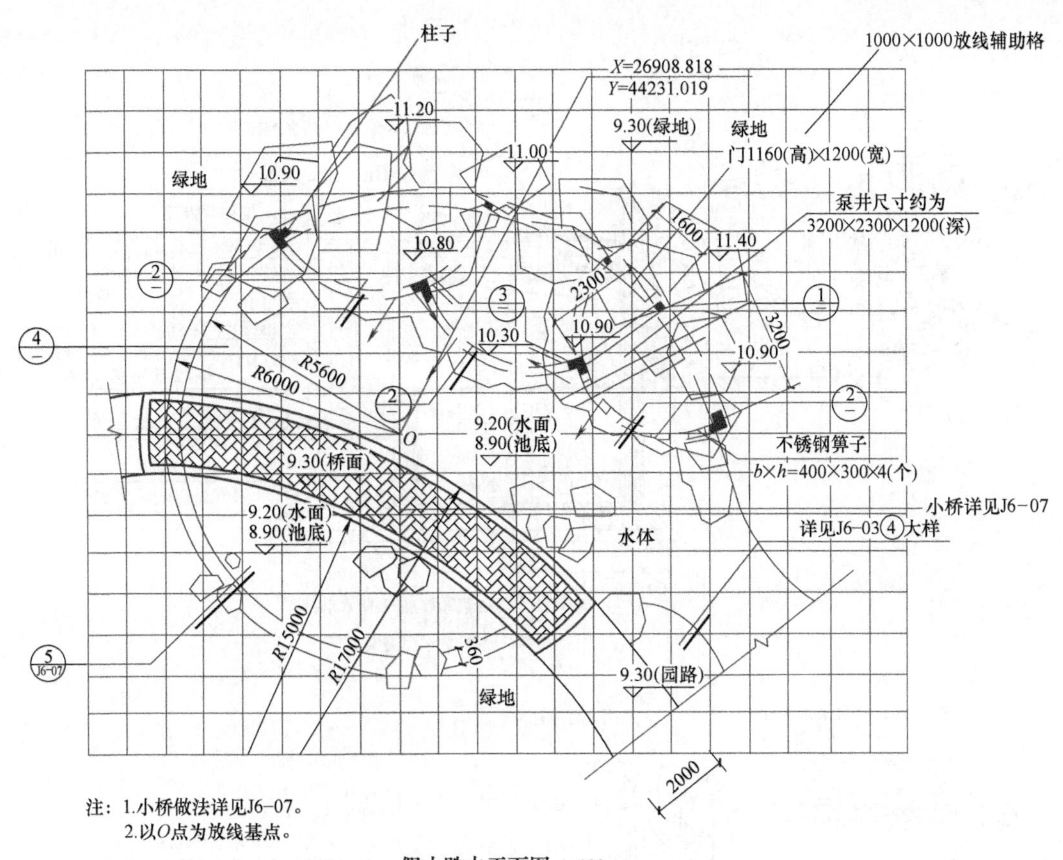

图 5-12　含小桥的假山跌水平面图

高度及跌水宽度，并绘制出小桥的剖立面图，如图 5-13 所示。

图 5-13　含小桥的假山跌水剖立面图

依次绘制出各节点详图，如图 5-14 所示。

3. 跌水假山施工图

立面图上绘制网格，尺寸为 1000mm。绘制出假山山体的横向长度、高度及跌水宽度。用标高标注出假山各山峰高度、跌水口高度，并绘制出配景亭子模型和植物配置。假山跌水正立面图如图 5-15 所示。

剖立面图上，绘制出跌水水池及跌水水体循环所用的水泵坑、水泵管线、假山山体的剖面宽度、高度、跌水口及其溢水口。依次标注出水池底部、水面、园路路面、各跌水口及各峰石高度。假山跌水 *A*—*A* 剖面图如图 5-16 所示。

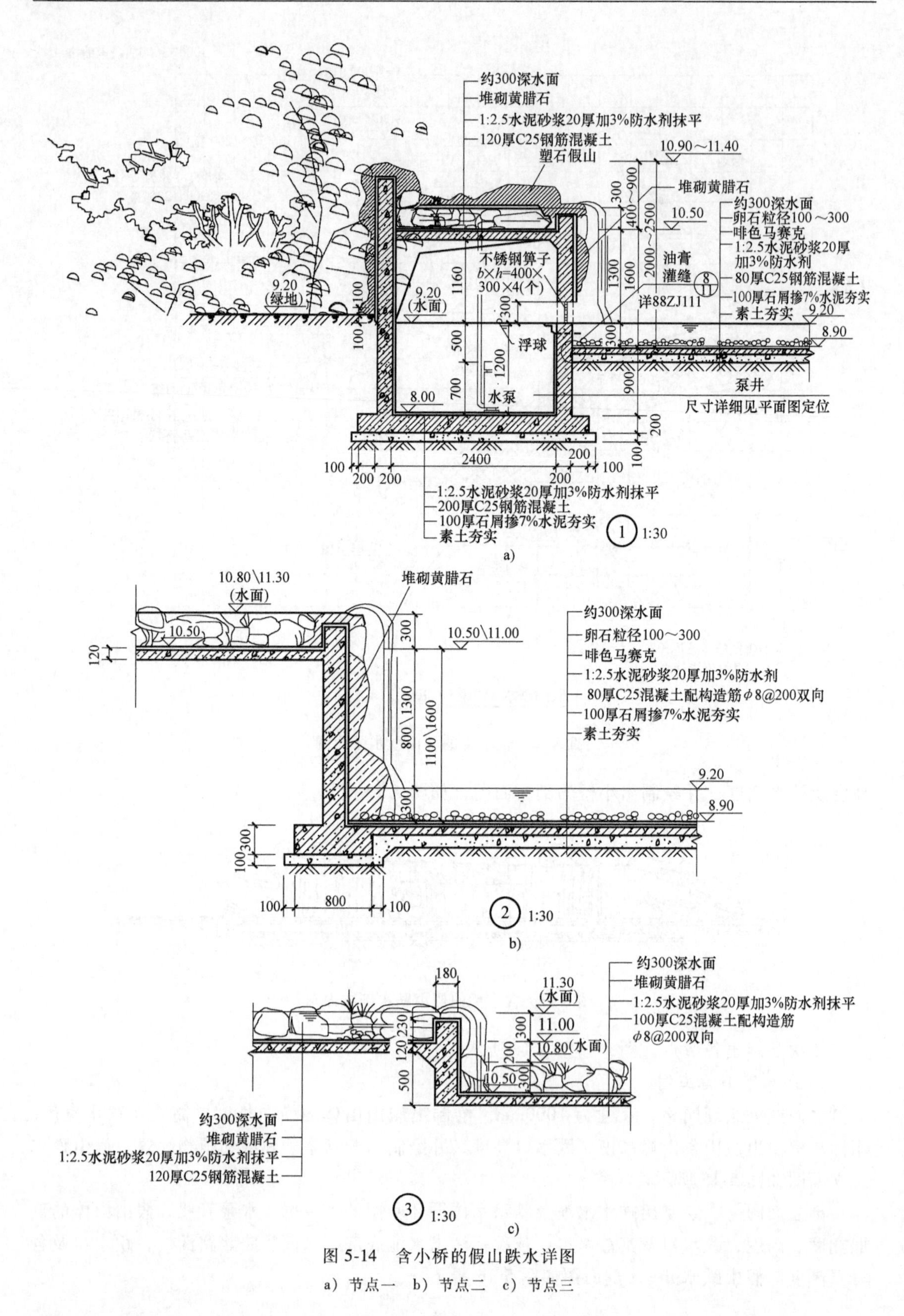

图 5-14 含小桥的假山跌水详图

a）节点一 b）节点二 c）节点三

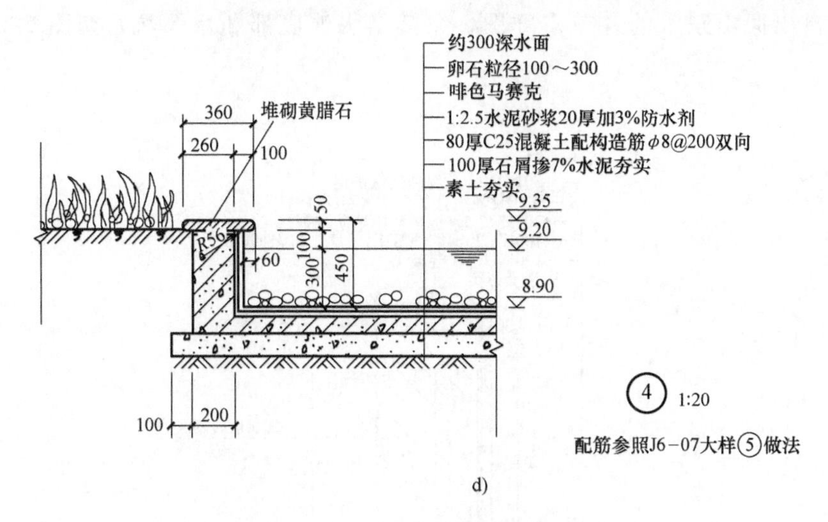

图 5-14　含小桥的假山跌水详图（续）

d）节点四

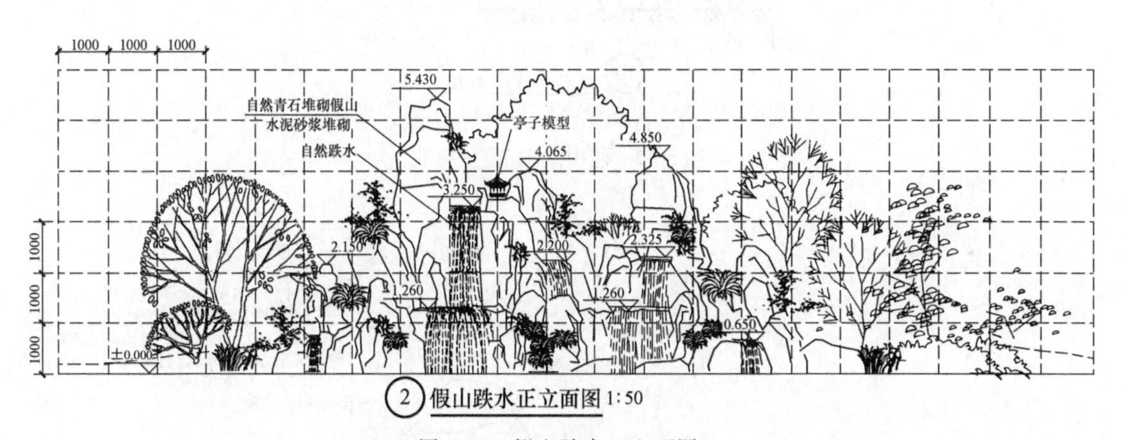

图 5-15　假山跌水正立面图

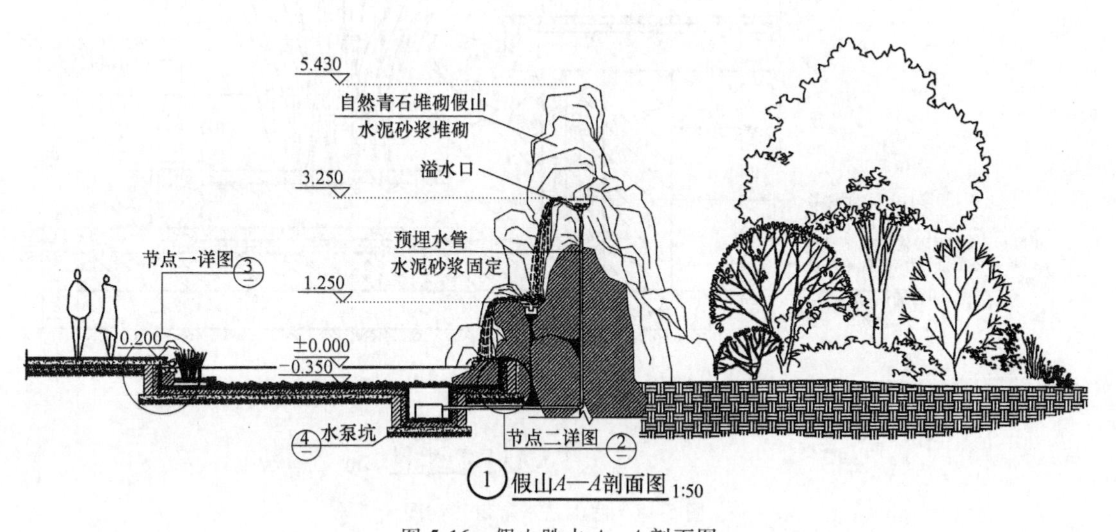

图 5-16　假山跌水 A—A 剖面图

依次绘制出假山跌水的各节点详图，尤其是水池底部和水泵坑，如图 5-17 ~ 图 5-19 所示。

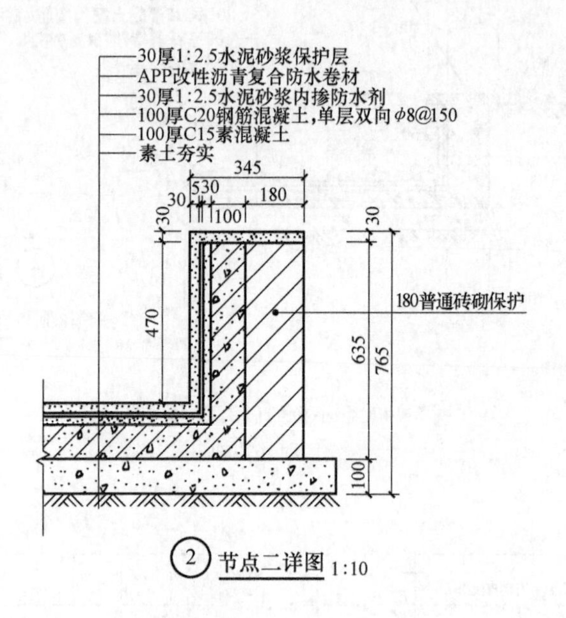

图 5-17　假山跌水节点二详图

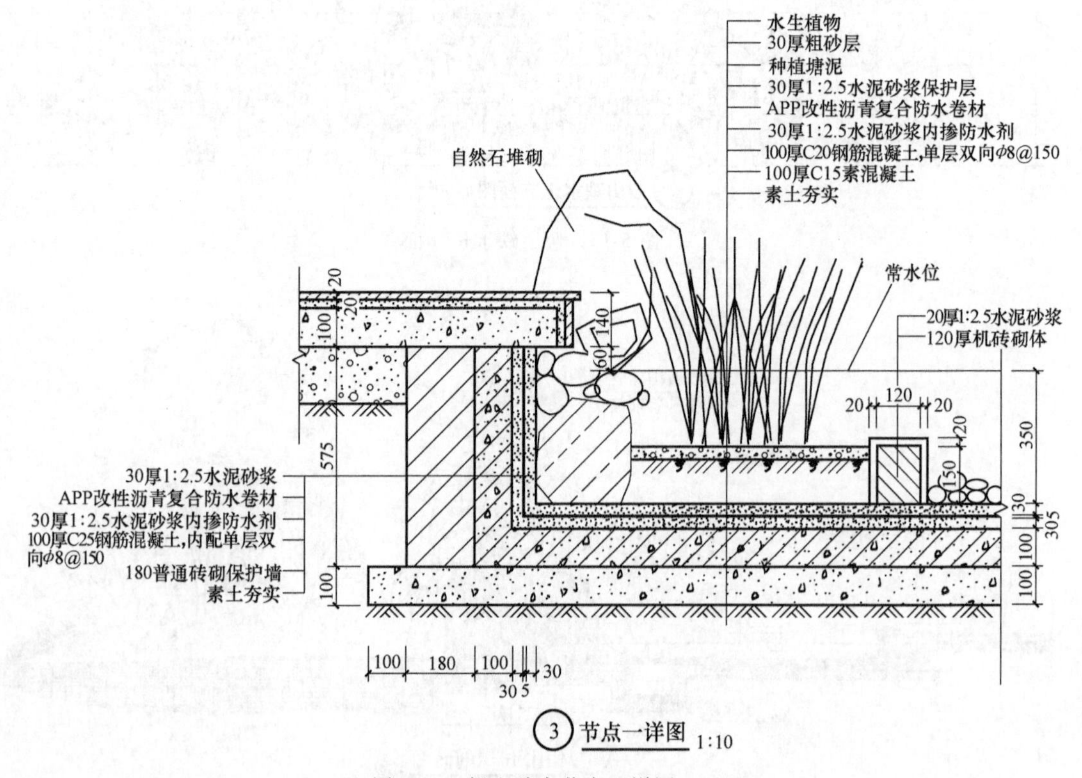

图 5-18　假山跌水节点三详图

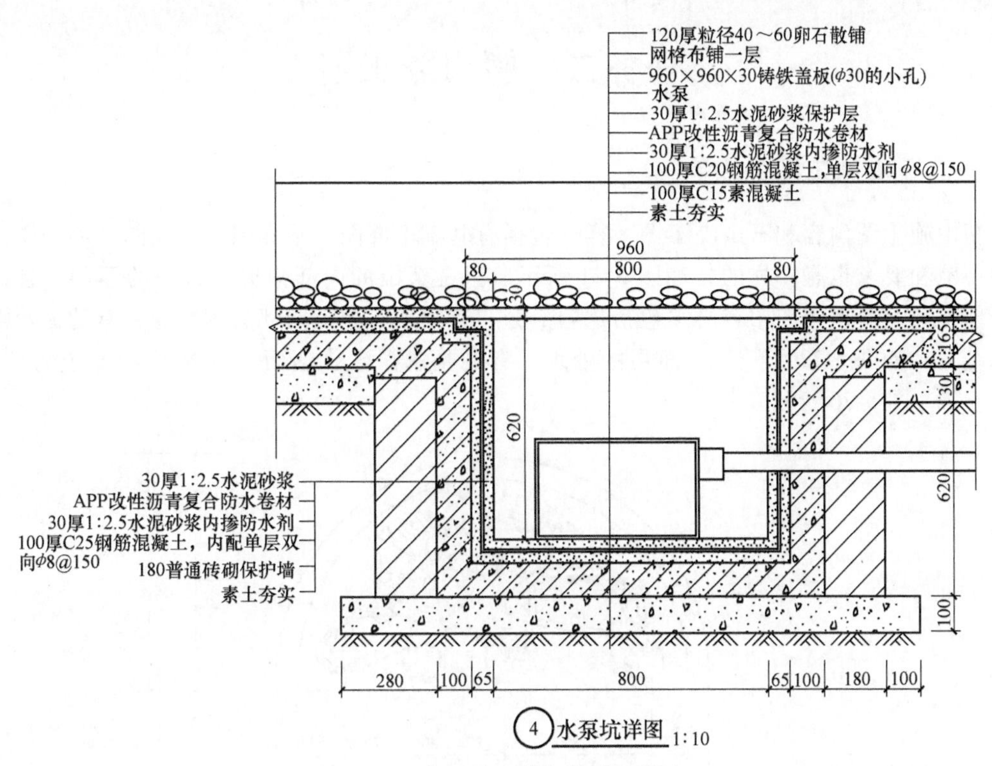

图 5-19　假山跌水节点水泵坑详图

4. 枯山水施工图

枯山水假山平面图、剖面图如图 5-20 所示。

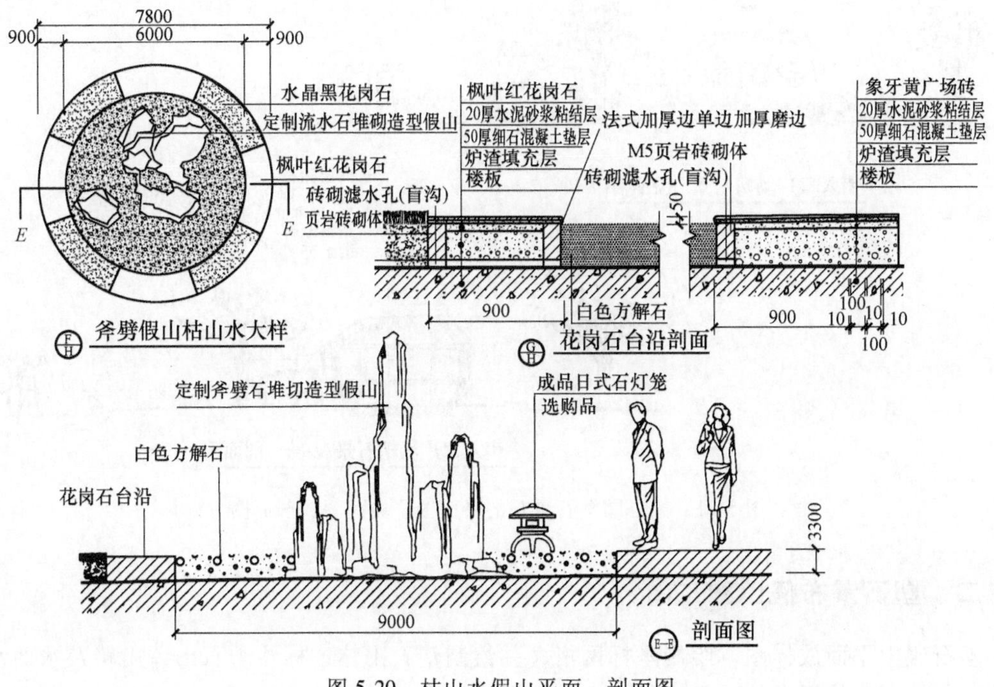

图 5-20　枯山水假山平面、剖面图

任务二　塑山施工图

一、塑山施工图的内容

塑山施工图内容和石山施工图一样，包括有基础平面图、平面图、立面图、剖面图。绘制的规范和要求也是一样的，如图 5-21 所示。只是塑山的内部构造与石山的不同，且面层的处理不同，所以绘图内容必须包括这两部分。有的塑石塑山内部为钢龙骨，有的为水泥砂浆砌乱石，如图 5-22 所示。而面层的处理，有的是水泥砂浆塑面，有的用 GRC 石片安装，如图 5-23～图 5-26 所示。

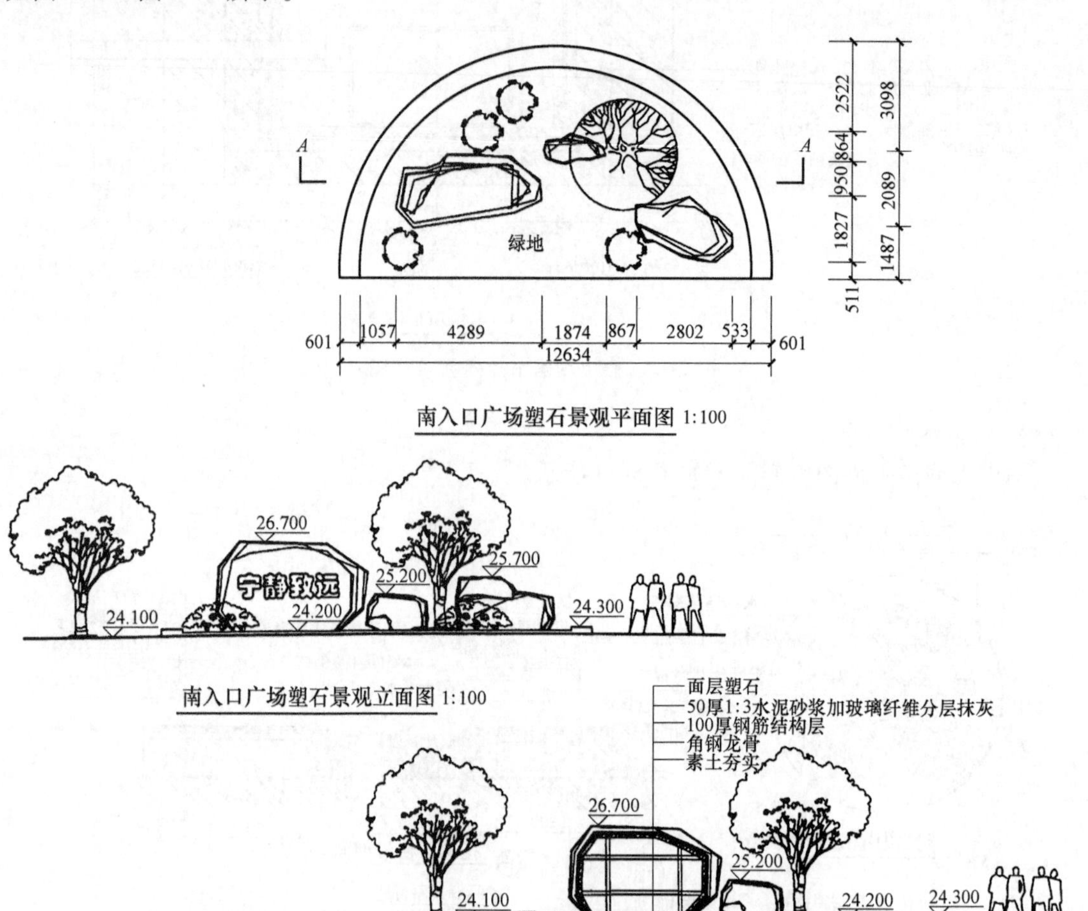

图 5-21　某公园塑石景观的平面图、立面图、剖面图

二、塑石瀑布假山施工图

塑石假山平面放样图，绘制坐标网格，并绘制塑石山体，标注塑石山体山峰及水面水底的标高。绘制山体瀑布处的剖切符号。人工塑山的平面放样平面如图 5-27 所示。根据平面图

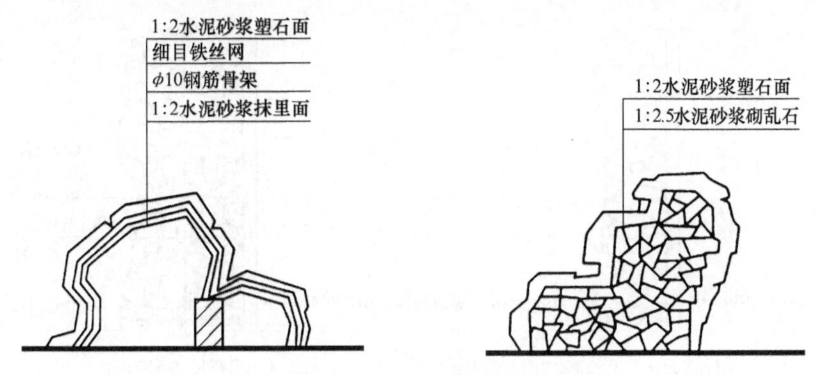

图 5-22 人工塑山的构造

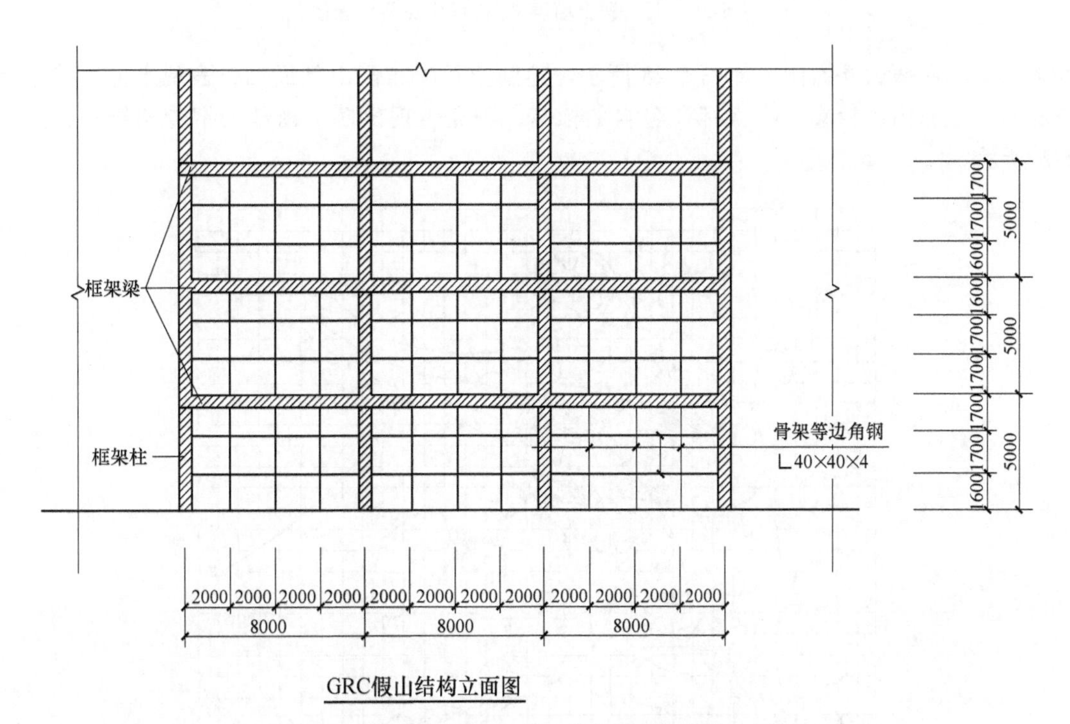

图 5-23 人工塑山 GRC 假山内部钢骨架结构立面图

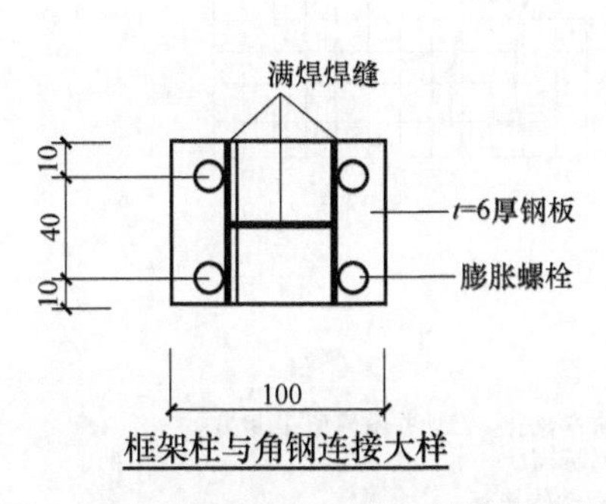

图 5-24 人工塑山 GRC 假山内部钢骨架结构的框架柱与角钢连接大样图

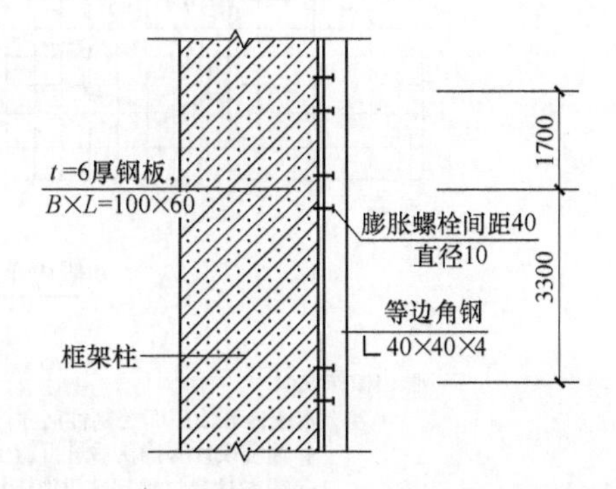

图 5-25 人工塑山面层 GRC 石片安装剖面图

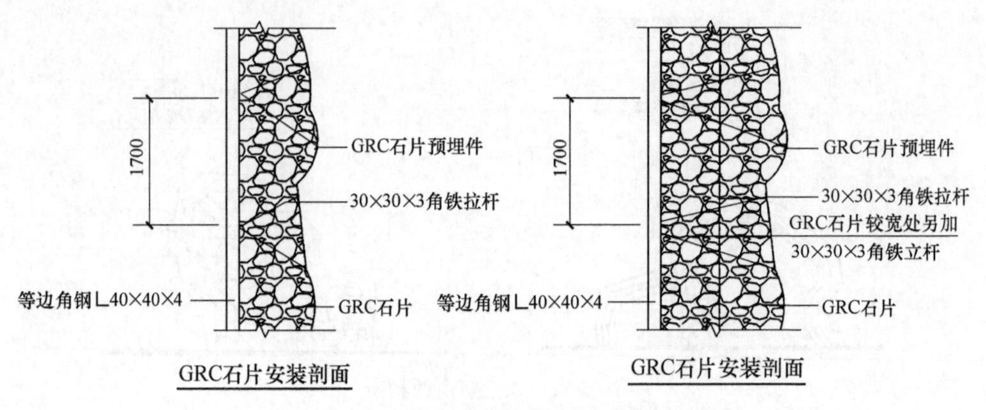

图 5-26 人工塑山面层 GRC 石片安装剖面图

绘制塑石瀑布假山立面图，如图 5-28 所示。绘制塑石瀑布假山剖面图，表现水池、瀑布及瀑布口、塑石山体轮廓，依次标注各自的标高，重点表现出塑山内部的钢骨架结构，如图 5-29所示。

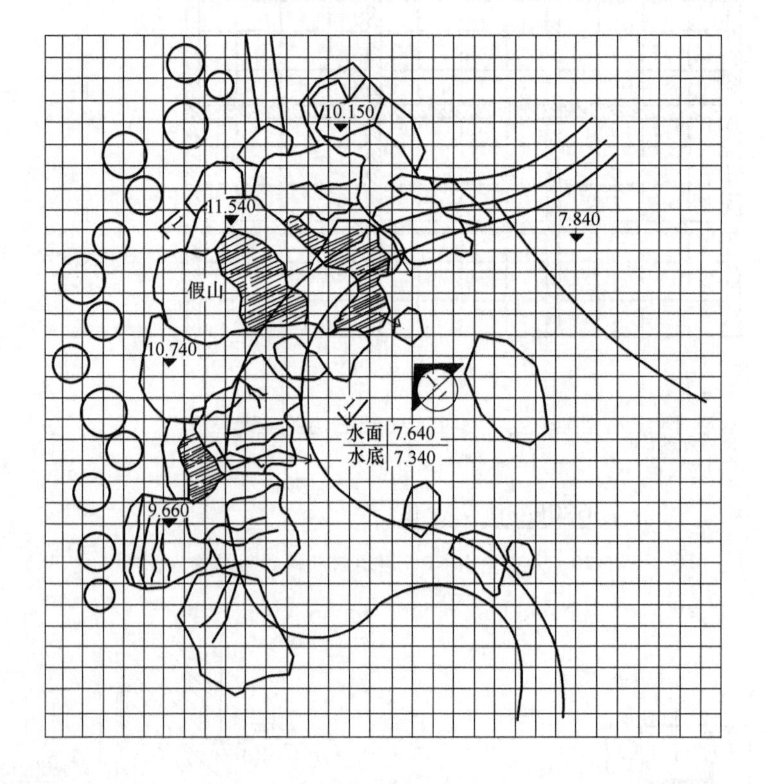

假山平面放样平面

假山做法说明：

1.本图内假山平面控制性尺寸，具体造型需由专业公司设计并做模型；由甲方和环境设计师确认后进行施工。标高为相对标高。

2.假山做法建议采用钢骨架，挂钢丝网，水泥砂浆塑面。

图 5-27 人工塑山的平面放样平面

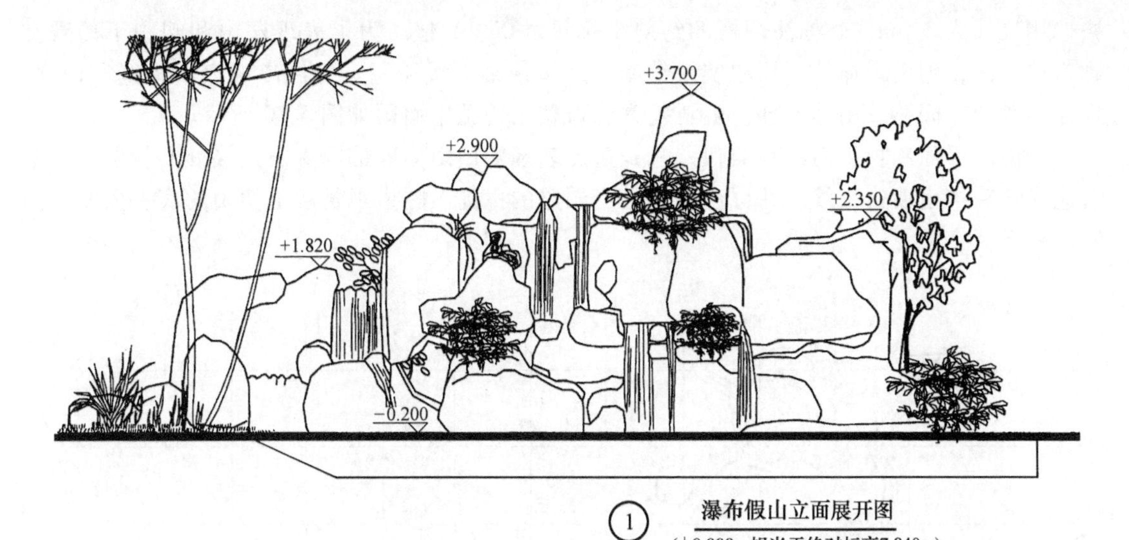

图 5-28　人工瀑布塑山立面图

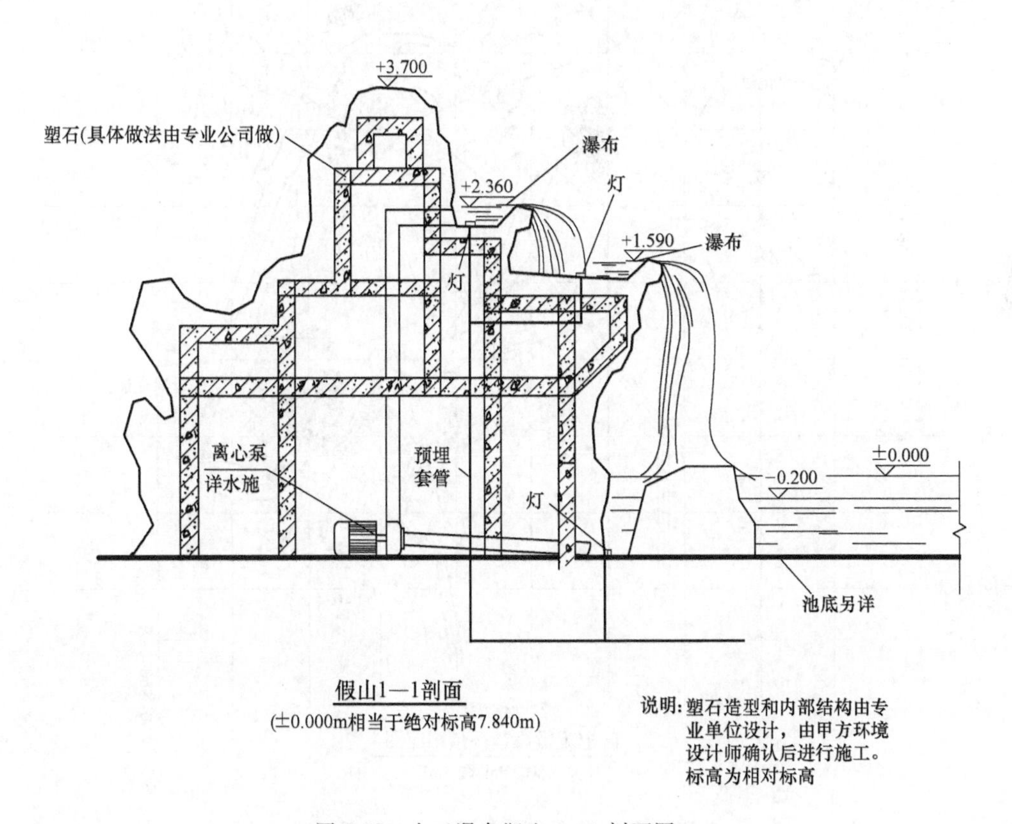

图 5-29　人工瀑布塑山 1—1 剖面图

三、隧道观赏廊道塑山施工图

隧道观赏廊道塑山施工图，由于山体及园林建筑体量较大，塑山顶平面图上绘制坐标网格选用尺寸为2.5m，并标注网格的绝对坐标尺寸X、Y值。为了表现塑山和塑山下的观赏廊道的层次，塑山山体轮廓用粗实线绘制，廊道用细实线绘制。标注出廊道的轴线和尺寸。标注出草地、园路、山体标高。隧道观赏廊道塑山的顶平面图如图5-30所示。

塑山底平面和顶平面绘制类似，只是重点表现塑山山体底部与廊道连接处的轮廓，如塑石边缘线和挡土墙边缘线，并标注出廊道、园路的标高。隧道观赏廊道塑山的底平面图如图5-31所示。

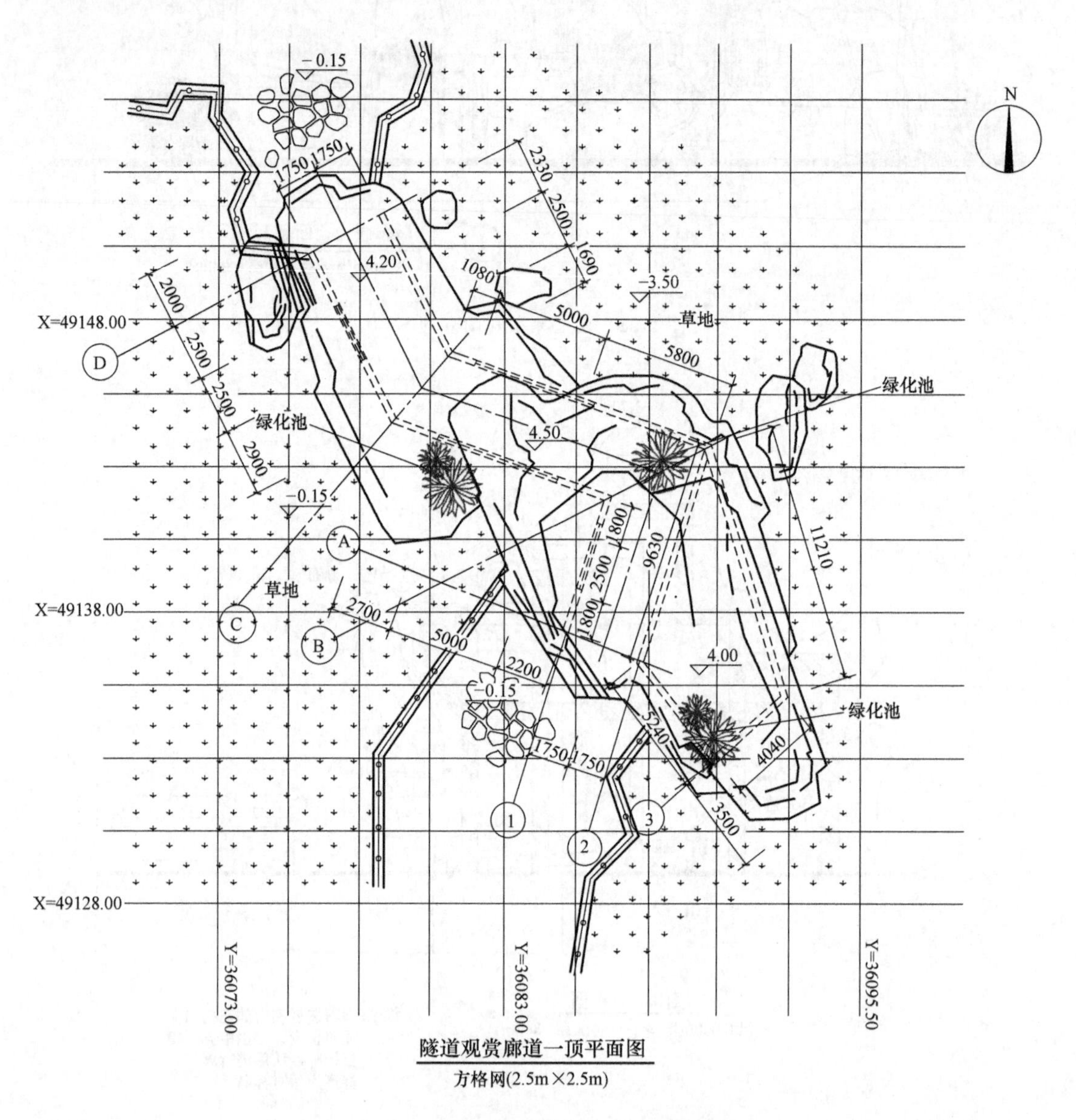

图5-30　隧道观赏廊道塑山的顶平面图

塑山观赏廊道剖立面图，要绘制出廊道、塑山的剖断面，重点表示出廊道底部、顶部的结构，塑山内部的钢骨架及面层处理构造。标注廊道、塑石山体各处的标高，注意塑石排水孔洞的绘制。隧道观赏廊道塑山的*A—A*剖面图如图5-32所示。

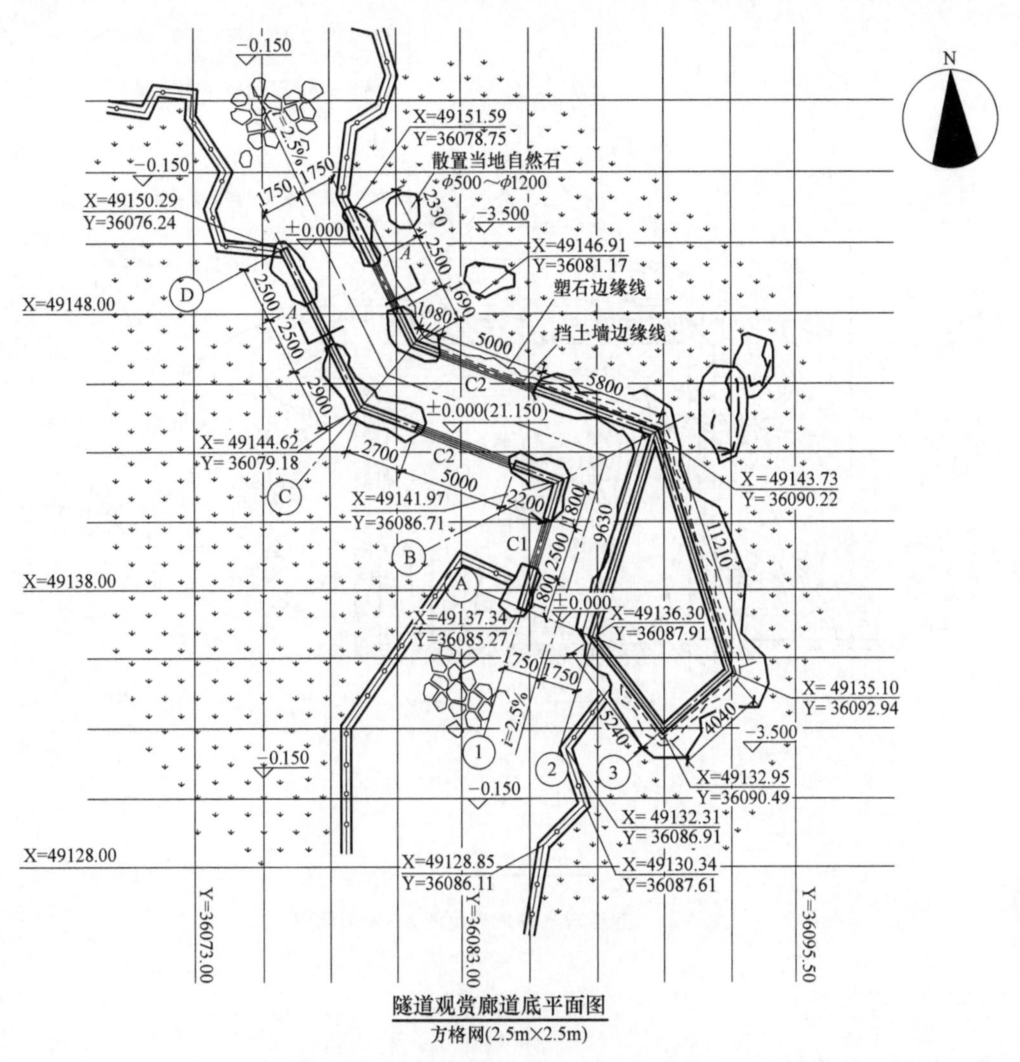

图 5-31　隧道观赏廊道塑山的底平面图

项目小结

假山施工图具体内容：应包括假山设计平面图、立面图、局部剖（断）面图、基础平面图、假山设计说明书等图纸与文字内容。假山设计平面图中应明确表示出假山的平面位置或范围等。局部细节应有详图。平面图表达不明确、含混的地方，应画假山设计立面图或剖面图。

在园林设计工作里，假山施工图所起到的作用非常重要。对于一个园林作品来说，设计概念的意义是难以取代的，新颖而美好的概念从方案到落实有一个过程，在此过程中，设计图纸中的施工图起到了承上启下的作用，设计师用施工图表达理念，而施工人员都用施工图指导操作，监理人员更是通过施工图协调现场、操控工程。对于施工图中存在的不足，我们应该随时加以改善。

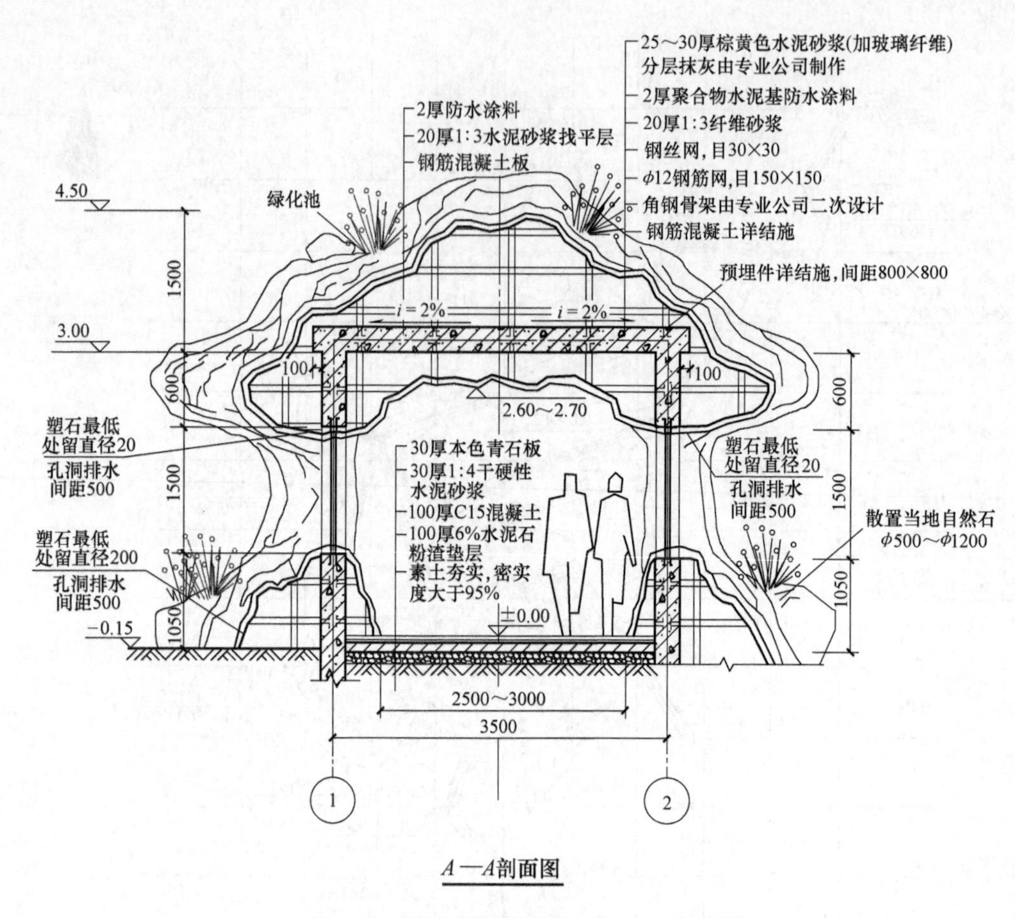

图 5-32　隧道观赏廊道塑山的 A—A 剖面图

思考与练习

第一部分：理论题

1. 假山施工图包括哪些图纸？
2. 每种图纸所表现的内容分别是什么？
3. 假山施工图的尺寸标注要用到哪些单位？
4. 假山施工图最关键有别于其他施工图的是什么？

第二部分：实践操作题

【任务提出】假山施工图设计实训。

【任务目标】测绘假山施工图。

通过对种植施工图的作用、种植施工图的绘图内容、种植施工图绘制步骤等内容的学习，了解种植施工图的要求、绘制步骤，掌握种植施工图的绘制方法。

教学要求

能力目标	知识要点	权重
了解种植施工图的作用与绘图内容等	种植施工图的作用;种植施工图的内容	10%
了解植物种植施工图绘图步骤	植物种植施工图绘图步骤	10%
掌握种植施工说明书的编制	种植施工说明书的编制	15%
掌握苗木种植表的编制	苗木种植表的编制	15%
掌握种植施工总平面图、立面图、局部剖面图的绘制	种植施工总平面图的分类以及绘图要点	50%

章节导读

园林种植的方案形成与施工图设计，分属于两个不同时期，它们的目的、内容、深度等都有很大的不同。方案形成时期，重点关注种植风格、种植构思、植物景观全局设计，属于对植物的总体要求，方案形成对于施工有框架指导性作用，也是施工图设计的重要依据。但是设计方案不能直接面对工程施工，施工图是方案与施工之间的衔接点。

施工图是对设计最初方案的细化、深化、具体化。用种植施工图可以把设计理论贯穿到每一个环境细节、每一个植物单体，通过植物的材料与布局能体现出设计构思思路，因此，种植施工图是对设计风格与设计意境的综合展现。所以在种植施工图设计时，要将每一棵植物固定的位置、品种，同其他植物间的色彩、形态、高低、疏密等的搭配清晰地体现出来，还要对植物苗木规格进行准确限定，以使植物景观构造更具可操作性。同设计方案相比较，施工图的实际操作性更强，更利于施工指导，同时通过施工图设计，能够更好地弥补方案设计时的缺陷和不足，让整体设计显得更加严谨、合理、完善。施工图中的种植说明是对施工图本身的重要总结和补充。种植说明对各个环节中采取的苗木规格实施严格的界定，以满足园林造景需要，使施工人员更深刻了解设计方案意图，并为施工管理组织提供更准确的科学依据。

植物种植设计施工图是植物种植施工、工程预结算、工程施工监理和验收的依据，它应能准备表达出设计植物的种类、数量、种植规格和施工要求。植物种植设计施工图应包括设计平面表现图、种植平面图、详图以及必要的施工图解和说明。

任务一　种植施工图的内容和原则

一、种植施工图的内容

种植施工图是种植施工的依据，包括种植施工总平面图、立面图、局部剖面图、种植设计说明书等图纸与文字内容。

种植施工图是表示植物位置、种类、数量、规格及种植类型的平面图。主要内容包括：坐标网格或定位轴线；建筑、水体、道路、山石等造园要素的水平投影图；地下管线或构筑物位置图；各种设计植物的图例及位置图；比例；风玫瑰图或指北针；主要技术要求及标题栏；苗木统计表；总平面图中表达不明确地方的植物的立面图或剖面图；对于花坛、树池等的种植详图。

二、种植施工图的原则

1. 实用性

种植施工图和园林建筑、小品、园路等的施工图不一样，往往从前期方案中不能明确选择种植哪些植物和植物的规格大小等，需要绘图者充分解读设计方案，根据绿地的性质和功能要求，合理地选择植物的种类、规格的大小和种植方式。

2. 科学性

明确了植物的种类及规格，还应充分了解植物的生态习性，如喜光、喜阴等。在进行种植施工图绘制时要求适宜的环境种适宜的植物，满足植物生态要求，使立地条件与植物生态习性相接近，做到“适地适树”。同时要注意速生与缓生植物、根深与根浅性植物、喜光与耐阴植物搭配栽植，最后要充分考虑合理的种植密度。

3. 艺术性

所谓种植施工的艺术性就是要考虑园林植物的艺术构图的需要，使其符合美的范畴，满足艺术性一般要求。即，植物配植要与总体艺术布局协调；植物配植要有季相的变换；要充分发挥植物的形、色、味、声的效果，如马褂木、银杏叶形奇特可赏叶形，紫荆可赏花色，桂花可赏香味，雪松林可听其松涛声；要注意植物景观的整体效果。种植施工图最终要满足

植物的形、色、姿态的搭配符合大众的审美习惯，能够做到植物形象优美，色彩协调，景观效果良好。

4. 经济性

好的种植施工还要做到“花钱少，效果好”，既要美观又要经济。不能盲目追求使用过大的苗木，应尽可能使用当地树种，因为当地树种的苗木容易得到，后期适应能力强，经济实惠。也可考虑使用一些经济树种，比如橘子、枇杷、杜仲等。

任务二　种植施工图的绘图步骤

1）选择绘图比例和图幅，画出坐标网格，确定定位轴线。

2）以园林设计平面图为依据，绘制出建筑、水体、道路、山石等造园要素的水平投影图，并绘制出地下管线或构筑物的位置，以确定植物的种植位置。其中水体边界线用粗实线绘制，沿水体边界线内侧用一细实线表示出水面，建筑用中实线绘制，道路用实线绘制。

3）绘制植物图例。针对每一种植物或者相同植物不同规格的植物设计一种植物图例，如图 6-1 所示的乔木图例示意图，用于区分植物种类和统计植物的数量。

4）现状植物。用乔木图例内加竖细线的方法区分原有树木和设计树木，再在“说明”中加以区别。

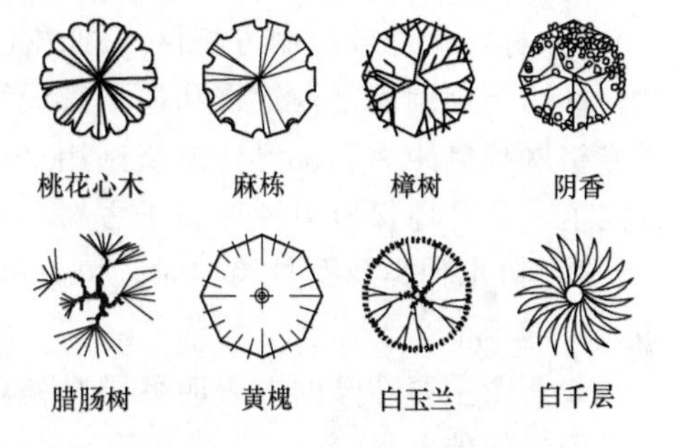

图 6-1　乔木图例示意图

5）绘制苗木统计表。在施工图中适当位置，列表说明所设计的植物编号、植物名称、拉丁文名称、单位、数量、规格等。

6）标注定位尺寸。植物种植形式通常有点状种植、片状种植和地被种植三种类型。

点状种植主要是针对乔木和亚乔木而言，通常采用规则式和自由式种植。规则式种植包括行道树、树阵种植等，可以用尺寸标注出株行距、种植起点终点与参照物的距离。自由式种植包括孤植、丛植等，可以用坐标标注出种植点的位置或采用三角形标法进行标注。

片状种植主要针对成片的灌木和草本植物等，可以绘制出清晰的种植范围边界线，标明植物的名称、规格和密度等。

地被种植主要针对草皮和地被植物，应标明草种名称和种植面积。

7）绘制种植详图。针对树池、花钵等，要绘制详细的种植平面图和剖面图以明确树池或树坛的尺寸、材料、构造和排水做法，同时说明种植某一种植物时挖坑、覆土、施肥、支撑等种植施工的要求。

8）编制种植施工说明。种植施工说明是种植施工图的重要组成部分，主要描述植物种植施工的要求，应根据具体的项目要求进行编写。种植施工说明主要包括以下几个方面的内容：

① 种植设计的整体构思和苗木总体质量要求。

② 种植土壤条件及地形的要求，包括土壤的 pH 值、土壤的含盐量以及各类苗木所需的种植土层厚度。

③ 各类苗木的栽植穴（槽）的规格和要求。

④ 苗木栽植时的相关要求。应按照苗木种类以及植物种植设计特点分类编写，包括苗木土球的规格、观赏面的朝向等。

⑤ 苗木栽植后的相关要求。应按照苗木种类以及是否为珍贵树种分类编写，包括浇水、施肥以及根部是否采用喷布生根激素、保水剂和抗蒸腾剂等措施。

⑥ 苗木后期管理的相关要求。应按照苗木种类结合种植设计构思，通过文字说明植物的后期管理要求，尤其是重要景观节点处植物的形态要求。合理的苗木后期管理要求是甲方及物业公司后期管理的重要依据。

⑦ 说明所引用的相关规范和标准。

⑧ 说明园林种植工程同其他相关单项施工的衔接与协调，以及对施工中可能发生的未尽事宜的协商解决办法。

任务三　种植施工图的绘图要求

1. 种植平面图的绘图要求

1）种植平面图的比例一般为1∶100~1∶500。

2）标注尺寸或绘制方格网。在图上标注出植物的间距和位置尺寸以及植物的品种、数量，标明与周围固定构筑物和地下管线距离的尺寸，作为施工放线的依据。自然式种植可以用方格网控制距离和位置，方格网用2m×2m~10m×10m。方格网尽量与测量图的方格线在方向上一致。原保留树种如属于古树名木，要单独注明。

3）树木种类及数量较多时，可分别绘出乔木和灌木的种植平面图。

2. 立面图

立面图主要在竖向上表明各园林植物之间的关系、园林植物与周围环境及地上、地下管线设施之间的关系等。

3. 种植详图

必要时可绘制种植详图，说明种植某一种植物时挖穴、覆土施肥、支撑等种植施工要求。种植详图的比例常见为1∶20~1∶50。

4. 苗木种植表

在苗木种植表中说明植物的种类、规格（植物的胸径以cm为单位，写到小数点后一位；冠径、高度以m为单位，写到小数点后一位）、数量等。观花类植物应在备注中标明花色、数量等。

5. 种植施工说明

用文字说明选用苗木的要求（品种、养护措施等），栽植地区客土层的处理、客土或栽植土的土质要求、施肥要求，对非植树季节的施工要求等。

任务四　公园入口广场种植施工图

一、项目概况

以西山公园广场非遗展示中心及回廊绿化及景观建设工程为例，解读种植施工图。西山

公园位于湖北省某市，该项目位于西山公园主入口东侧，东西长46m，南北长52m，规划用地面积2392m^2。

地段内东边有一栋一层建筑，为非物质文化展厅，建筑面积为97.24m^2；与建筑相连的一文化长廊，长63m，建筑面积132m^2；北边由西向东有一水系，设计中将该水系由北引向南边，靠地势汇集在南边地洼地，形成旱溪园。

二、种植施工图的内容

该项目种植施工图有：植物施工说明（附图9）、植物总平面图（附图10）、乔木总平面（附图11）、灌木总平面图（附图12）、地被总平面图（附图13）、苗木规格表（附图14）、标准种植详图（一）（附图15）和标准种植详图（二）（附图16）。

1）植物施工说明，包括土壤、植物材料与播种材料要求；露地栽培花卉要求；种植穴、槽的挖掘要求；苗木移植前的修剪要求；树木移植要求；灌木及地被植物种植要求；水生植物种植和后期管理与养护要求。

2）植物总平面图，用来表示植物的位置、种类、数量、规格及种植类型。

3）乔木总平面图，表示乔木的位置、种类、规格和数量等。绘制乔木总平面图时首先每一种植物或者相同植物不同规格的用不同植物图例表示。然后在图中标注出每种植物的位置，最后把相对集中的区域内同一种植物相连，标注出植物的名称和数量。例如图6-4中的杜英9，表示胸径为10cm，树冠300~350cm，树高400~450cm的杜英9株。

4）灌木总平面图，表示灌木栽植的种类、位置、种植类型等。例如附图13中的蜡梅3，表示蓬径为180cm，高度为230cm的蜡梅3株。

5）地被总平面图，表示地被的种类、面积等。例如附图13中的玉簪2.73，表示该位置玉簪的种植面积为2.73m^2。

6）苗木规格表，描述了各种植物的拉丁名称、规格（胸径和蓬径用cm表示，高度用m表示）、数量及该树种的形态。

7）标准种植详图，表示对种植土的土质及厚度要求以及乔木、灌木等的栽培方式、树池的做法等。

三、种植施工图的绘制步骤

1）绘制定位轴线，明确纵向和横向的定位点。

2）绘制每种不同植物的图例。

3）分图层，按照合理的种植要求和密度，分别绘制总平面图、乔木总平面图、灌木总平面图等。

4）统计每种植物的数量，单位用株或者面积（m^2）。

5）编制种植施工说明。

任务五　石榴园景观带种植施工图

一、项目概况

本次规划用地位于××市××区××街道办境内，南邻汉江，全长约500m，规划用地面积 24724.28m^2。

1. 整体方案由西至东，景观节点设计如下

1）石榴赏园主入口处有独特性地标构筑物——石榴雕塑，与“石榴园”的意思相吻合，让游客留下深刻印象，道路直通性和连通性强，使人了解石榴园、体会石榴园、观赏石榴园、在石榴园中畅游，对整个景观起到重要引导作用。

2）景观小桥　它是现代和古典的结合。古典的桥供人观赏拍照，把两岸的风景连接，不仅为景区添加观赏亮点，更增强交通便捷性，让当地人更方便进入景区，使石榴园更具有连通趣味性，观赏更加便捷。

3）休闲广场。休闲广场让游客在观赏景区同时，也为游客提供一个休憩平台，可以使游客更好地回味景区特色。独特琴键绿篱摆放增强广场的趣味性、私密性和探索性，形成硬质景观和软质景观的结合。在观赏的同时，有绿篱围合成私密的椅凳供休憩。

4）钻石永恒广场。石榴在我国历史悠久，受到人们的喜爱。石榴代表着一种吉祥，象征了中国人希望的那种红红火火多子多福的美好生活，古人称石榴“千房同膜，千子如一”。广场在满足观光休闲的同时也为新人提供婚纱摄影的外景和婚庆场地，加上蕴意深重的同心雕塑、戒指雕塑，为广场增加一种浪漫的气息。

5）红丝带。在中国传统上，红色表示喜庆，红色代表着吉祥、喜气、热烈、奔放、激情、斗志。红丝带构筑物不仅是幽美观赏物，还具备休闲娱乐一体化的功能，适合不同年龄阶层以自己的方式享受景色。在红丝带中可以随处可坐，体现人性化的设计，同时景观设计上红色与绿色形成鲜明对比，突出视觉冲击力。

6）东广场。作为景区主要次入口，东广场是通往桃园的过渡地段。景观处理上简洁明了、分区明确、交通便利。植物配景突出季节和色彩对比。硬质景观上采用传统八卦式铺装，使得广场硬质铺装排列与环境自由曲线完美融合，突出东广场的观赏性和便利性。

2. 植物配置特点

“山本静水流则动，石本顽树活则灵”。虽然山体水石是自然式园林的骨架，但还须有植物的装点陪衬，才会有“山重水复疑无路，柳暗花明又一村”的境界。该地区植物配置以花为主，结合颜色品种多变的绿篱及草花，高矮搭配，合理种植，着力打造一个“花的世界”。

1）“春”之声：寓意春季中生命锐意进取、蓄势而发的力量，因此种植早花树种，营造春花烂漫的景观。主要树种有：樱花、碧桃、垂丝海棠、紫玉兰等。

2）“夏”之魅：寓意夏季的绚丽与多变，因此种植冠大浓荫的植物，营造繁茂、凉爽的景观。主要特色树种有：广玉兰、花石榴、黄刺玫、夏鹃、紫薇、金丝桃、美人蕉等。

3）“秋”之风：寓意秋季的丰收与圆满，因此种植彩叶树种，营造色彩丰富的秋天。主要特色树种有：银杏、红枫、栾树、木芙蓉、桂花等。

4）“冬”之恋：种植常绿树种，营造冬季常绿的景观。主要树种有茶梅、梅花、蜡梅等。

二、种植施工图的内容

该项目种植施工图有：种植设计总说明（附图17）、种植总平面图（附图7）、乔木总平面图（附图18）、灌木总平面图（附图19）、地被总平面图（附图20）、苗木规格表（附

图21)、标准种植详图（附图22)。

1）植物施工说明包括总种植要点、种植苗木对土壤、土球和种植穴的要求。

2）植物总平面图，用来表示植物的位置、种类、数量、规格及种植类型。

3）乔木总平面图，表示乔木的位置、种类、规格和数量等，绘制乔木总平面图时首先每一种植物用不同植物图例表示，然后在图中标注出每种植物的位置，注意每种植物之间的间距要合理，最后把相对集中的区域内同一种植物相连，标注出植物的名称和数量。例如附图18中紫玉兰27，表示此区域紫玉兰数量为27株。

4）灌木总平面图，表示灌木栽植的种类、位置、种植类型等。例如附图19中龟甲冬青6.38，表示此区域龟甲冬青面积为6.38m^2。

5）地被总平面图，表示地被的种类、面积等。例如附图20中鸢尾13.63表示该区域鸢尾的种植面积为13.63m^2。

6）苗木规格表，描述了各种植物的拉丁名称、规格（胸径和蓬径用cm表示，高度用m表示)、数量及该树种的形态。

7）标准种植详图，表示对种植土的土质及厚度要求，以及乔木、灌木等的栽培方式、树池的做法和树的支撑等。

三、种植施工图的绘制步骤

1）绘制定位轴线，明确纵向和横向的定位点。

2）绘制每种不同植物的图例。

3）分图层，按照合理的种植要求和密度，分别绘制总平面图、乔木总平面图、灌木总平面图等。

4）统计每种植物的数量，单位用株或者面积（m^2)。

5）编制种植施工说明。

任务六　种植施工图常见的问题

园林植物种植施工图往往由于绘图者对常见植物的形态特征、生态习性、生长速度、相生相克等方面不够了解，忽略了落叶常绿植物的比例等各种因素的影响，会导致实际种植施工与种植施工图有很大出入，作为一名合格的植物种植设计施工图绘制人员应避免以下几个问题。

1. 缺少对现状植物的表示

植物种植范围内往往有一些现状植物，特别是古树古木、大树及具有观赏价值的草本、灌木等，从保护环境及节约成本的角度出发，应尽量保留原有植物。设计者往往只在施工图中用文字说明而没有在图示中表示现状植物，使施工图的准确性不高和可操作性不强，有些甚至连说明都没有，最后导致错伐植物，破坏环境，浪费资源。

2. 图纸不全，图纸内容过于简单

建筑制图规范对建筑施工图中的总平面图与施工大样图分别有严格的规定，要求图纸的索引关系清晰。许多植物种植设计者能参照建筑制图规范进行制图，设计文件完整可靠（如对在同一组群内苗木高度不一的要求，同一种植物在不同位置种植时的苗木规格、整形形式和施工技术要求不同等问题，用大样图图示清楚或在平面图中用文字标注说明），但还有一些人是“一图了事”——只有一张植物种植设计总平面图，没有大样图，图中的内容表达不清，施工人员无法完全理解设计意图，现场施工时临时更改设计的情况很普遍。

3. 文字标注不准确

植物种植设计图普遍采用特定的图例表示各种植物类型，用文字（或数字编号）标注说明植物名称，而不同种植点的植物规格要求、造型要求和重要点位的坐标等普遍都没有标注，造成按图施工的可操作性不强，往往需要设计人员亲自选苗、到现场指导和定点放线，才能达到设计要求。这不利于分工合作，造成人力资源的浪费。

4. 苗木表内容不统一

由于植物的有生命性特点，同一种植物的生长状况，形状姿态，人工整形修剪形式不一，所营造出来的景观有异，施工技术、养护要求也不同。我国现行的《风景园林制图标准》（CJJ/T 67—2015）对种植设计图中的苗木统计表示未做规定，有教材认为苗木表的内容应包括编号、树种、数量、规格、苗木来源和备注等内容，比较普遍采用的苗木表的格式也包括编号、树种、规格、种植面积、种植密度、数量和备注等内容，少数图纸能做到在苗木表中注明植物的拉丁学名、植物种植时和后续管理时的形状姿态、整体修剪形式、特殊造型要求等。由于苗木表内容不统一，不仅对工程施工带来不便，而且对工程预结算、工程招标、工程施工监理和验收等工作带来困难。

项 目 小 结

种植设计施工图具体内容：种植设计图是种植施工的依据，应包括种植设计平面图、立面图、局部剖面图、种植设计说明书等图纸与文字内容。种植设计平面图中应明确表示出植物的平面位置或范围、详尽的尺寸、植物的种类和数量、苗木的规格、详细的种植方法等。局部细节（如种植坛或植台）应有详图。平面图表达不明确、含混的地方，应画种植设计立面图或剖面图。

在园林设计工作里，种植设计施工图所起到的作用非常重要。对于一个园林作品来说，设计概念的意义是难以取代的，新颖而美好的概念从方案到落实有一个过程，在此过程中，设计图纸中的施工图起到了承上启下的作用，设计师用施工图表达理念，而施工都用设计图指导操作，监理人员更是通过施工图协调现场、操控工程。对于施工图中存在的不足，我们随时应该加以改善。

思考与练习

第一部分：理论题

1. 种植施工图包括哪些图纸？
2. 绘制种植施工图时如何表示现状植物？
3. 种植施工说明具有什么作用？包括哪些内容？
4. 对于乔木、灌木和地被，在绘制种植施工图时如何标注定位尺寸？
5. 常见的种植施工图有哪些问题？

第二部分：实践操作题

【任务提出】种植施工总平面图设计实训。

【任务目标】绘制某省某经济开发区福利院种植施工总平面图。

【任务要求】根据规划总平面图（图 6-2），绘制种植施工总平面图。

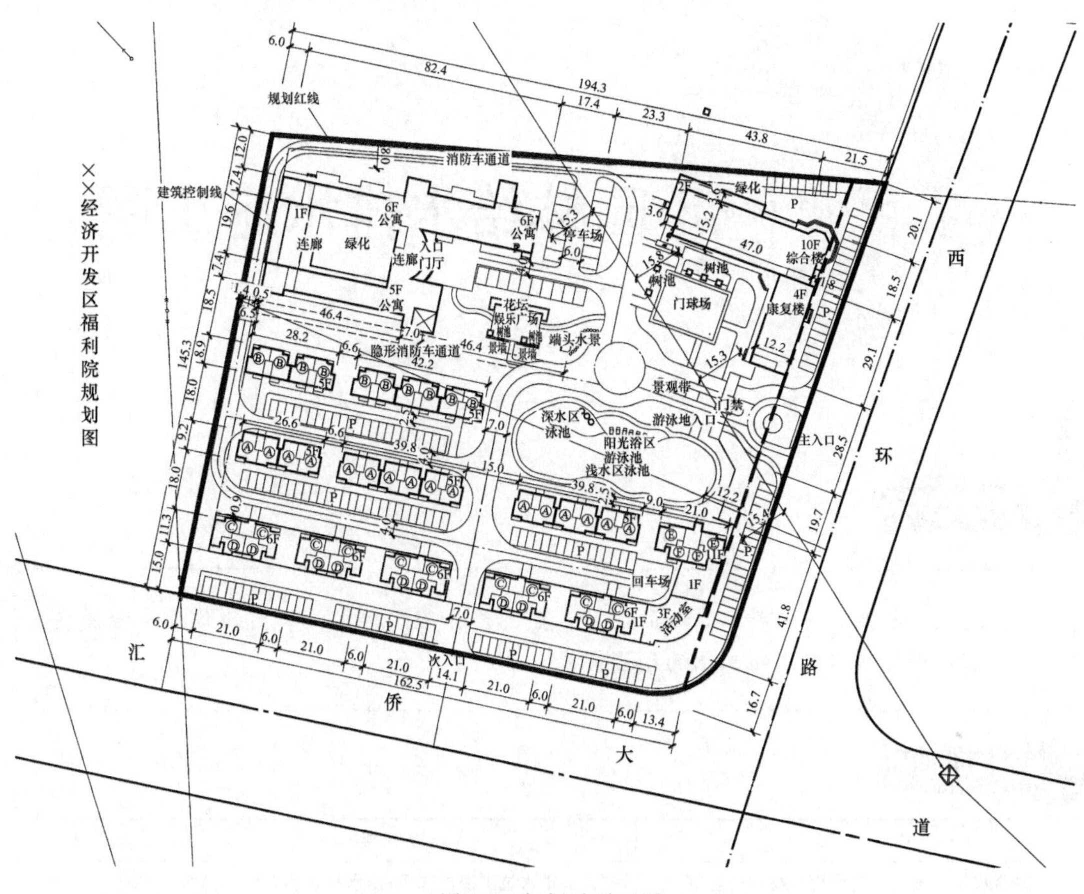

图 6-2　规划总平面图

项目七 园林给水排水施工图

通过了解园林给水排水工程的内容，熟悉园林给水排水施工图的作用及绘图内容，掌握园林给水排水施工图的绘图要求及绘制方法。

教学要求

能力目标	知识要点	权重
了解给水排水施工图的作用与绘图内容等	给水排水施工图的作用;给水排水施工图的内容	10%
了解给水排水施工图绘图步骤	给水排水施工图绘图步骤	20%
掌握给水排水施工图的绘制	给水排水施工图的绘图要求	70%

章节导读

为了满足用水需求，提供在水质、水压和水量等方面均符合国家规范的用水，需要设置一系列的构筑物，它们从水源取水，并按不同用水要求分别处理，然后输送到各用水点供人使用，这一系列的构筑物就叫给水系统。园林景观给水一般分景观用水和灌溉用水，绘制园林给水施工图时，需要把用水点、水管线路、取水点、管径大小、管底标高、坡度标注出来。

园林景观排水一般分雨水和污水，处理排放污水的一系列设施叫污水处理排放系统。对降水（主要是雨水）的排放（蓄集）的一系列设施叫雨水排放系统。绘制园林排水平面图时要把雨水聚集点、污水点与布置好雨水箅、收集池、污水井等设施，用符合大小规格的污水管连接，并将管径大小、管底标高、坡度标注出来。

园林给水排水工程是环境建设、经营中给水排水工程的重要组成部分。给水排水系统是

联系起水的供给、使用、排放或再利用的重要水利工程系统。

任务一　园林给水排水施工图的内容及表达方法

一、园林给水排水施工图的作用与绘图内容

园林给水排水与污水处理工程是园林工程中的重要组成部分之一，必须满足人们对水量、水质和水压的要求。水在使用过程中会受到污染，而完善的给水排水工程及污水处理工程对园林建设及环境保护具有十分重要的作用。

在园林工程给水过程中，为节约用水，应该加强对水的循环使用。园林绿化工程中的给水工程通常包括造景用水、养护用水和消防用水。造景用水是指绿化中的水池、塘、湖、水道、溪流、瀑布、跌水、喷泉等的水体用水。养护用水是指植物绿地灌溉、动物笼舍冲洗及夏季广场、园路的喷洒用水等。消防用水是指对园林景观区内建筑、绿地植被等设施的火灾预防和灭火用水。

水在园林景观区内经过生活和经营活动过程的使用会受到污染成为污水或废水，必须经过处理才能排放；为减轻水灾害程度，雨水和冰雪融化水等也需要及时排放。只有配备完善的灌溉系统，才能有组织地加以处理和排放这些水。园林给水排水工程主要是通过室外配置完善的管渠系统来进行给水排水，该管渠系统包括园林景观区内部生活用水与排水系统、水景工程给水排水系统、景区灌溉系统、生活污水系统和雨水排放系统等。同时还应包括景区的水体、堤坝、水闸等附属项目。

园林给水排水图是表达园林给水排水及其设施的结构形状、大小、位置、材料及有关技术要求的图样，用于交流设计和施工人员按图施工。园林给水排水图一般是由给水排水管道平面布置图、管道纵断面图、管网节点详图及说明等构成。

1. 给水排水平面布置图表达的内容与要点

1）建筑物、构筑物及各种附属设施。厂区或小区内的各种建筑物、构筑物、道路、广场、绿地、围墙等，均按建筑总平面的图例根据其相对位置关系用细实线绘出其外形轮廓线。多层或高层建筑在左上角用小黑点数表示其层数。用文字注明各部分的名称。

2）管线及附属设备。厂区或小区内各种类型的管线是给水排水平面布置图表述的重点内容，以不同类型的线型表达相应的管线，并标注相关尺寸以满足水平定位要求。水表井、检查井、消火栓、化粪池等附属设备的布置情况以专用图例绘出，并标注其位置。

2. 给水排水管道纵断面图表达的内容与要点

1）原始地形地貌与原有管道、其他设备等。给水排水管道纵断面图中，应标注原始地面线、设计地面线、道路、铁路、排水沟、河谷及与本管道相关的各种地下管道、地沟、电缆沟等的相对距离和各自的标高。

2）设计地面、管线及相关的建筑物、构筑物。绘出管线纵断面以及与之相关的设计地面、附属构筑物、建筑物，并进行编号。标明管道结构（管材、接口形式、基础形式）、管线长度、坡度与坡向、地面标高、管线标高（重力流标注内底，压力流标注管道中心线）、管道埋深、井号以及交叉管线的性质、大小与位置。

3）标高标尺。一般在图的左前方绘制一标高标尺，表达地面与管线等的标高及其

变化。

二、园林给水排水施工图的绘图要求

1. 常用的给水排水图例

园林给水排水管道断面与长度之比以及各种设备等构配件尺寸偏小，当采用较小比例（如 1∶100）绘制时，很难把管道以及各种设备表达清楚，故一般用图形符号和图例来表示。一般管道都用单线来表示，线宽宜用 0.7mm 或 1.0mm。

2. 标高标注

平面图、系统图中，管道标高应按图 7-1 所示方式标注；沟渠标高应按图 7-2 所示方式标注；剖面图中，管道及水位的标高应按图 7-3 所示方式标注。

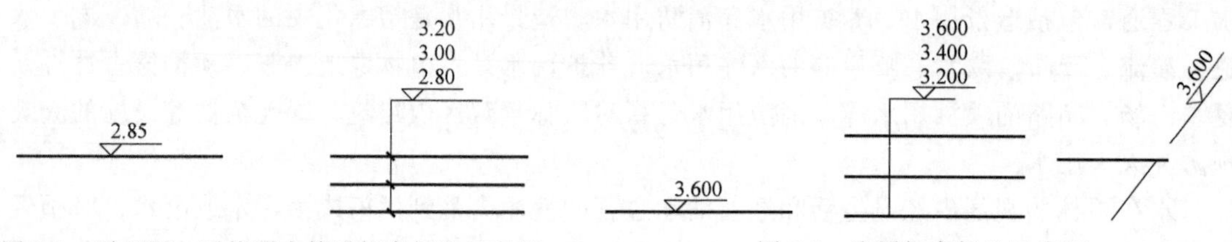

图 7-1　平面图、系统图中管道标高标注示意图　　图 7-2　沟渠标高标注示意图

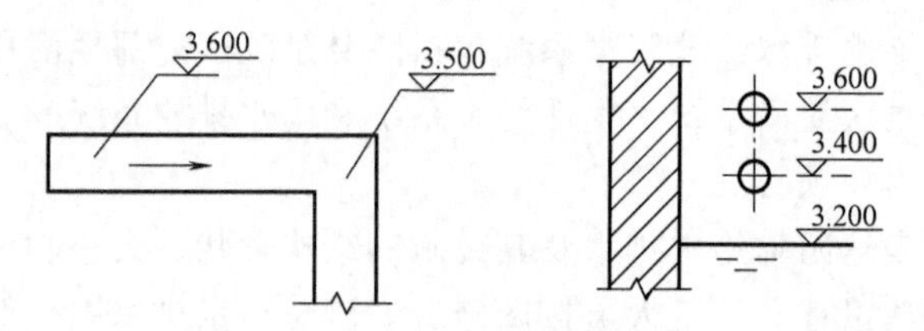

图 7-3　剖面图中管道及水位标高标注示意图

3. 管径

管径的单位一般用 mm 表示。水输送钢管（镀锌或不镀锌）、铸铁管等材料，用直径 *DN* 表示（如 *DN*50）；焊接钢管、无缝钢管等，以外径 *D*×壁厚表示（如 *D*108×4）；钢筋混凝土管、混凝土管、陶土管等，以内径 *d* 表示（如 *d*230）。管径的表示方法如图 7-4 所示。

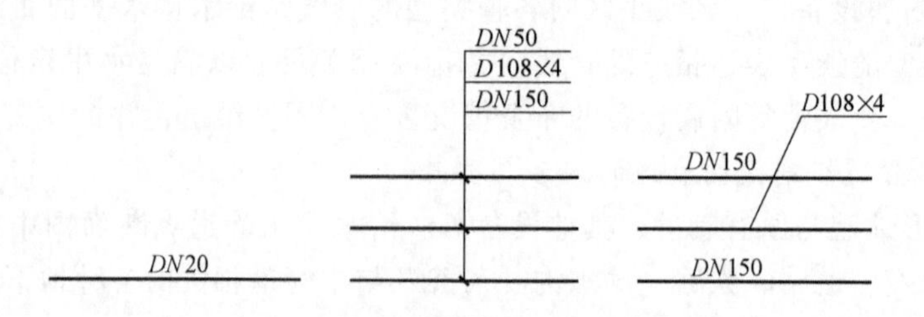

图 7-4　管径的标注示意图

4. 管线综合表示

园林中管线种类较少，密度也小，为了合理安排各种管线，综合解决各种管线在平面和竖向上的相互关系，一般用管线综合平面图来表示，遇到管线交叉处可用垂距简表表示，如图 7-5 所示。

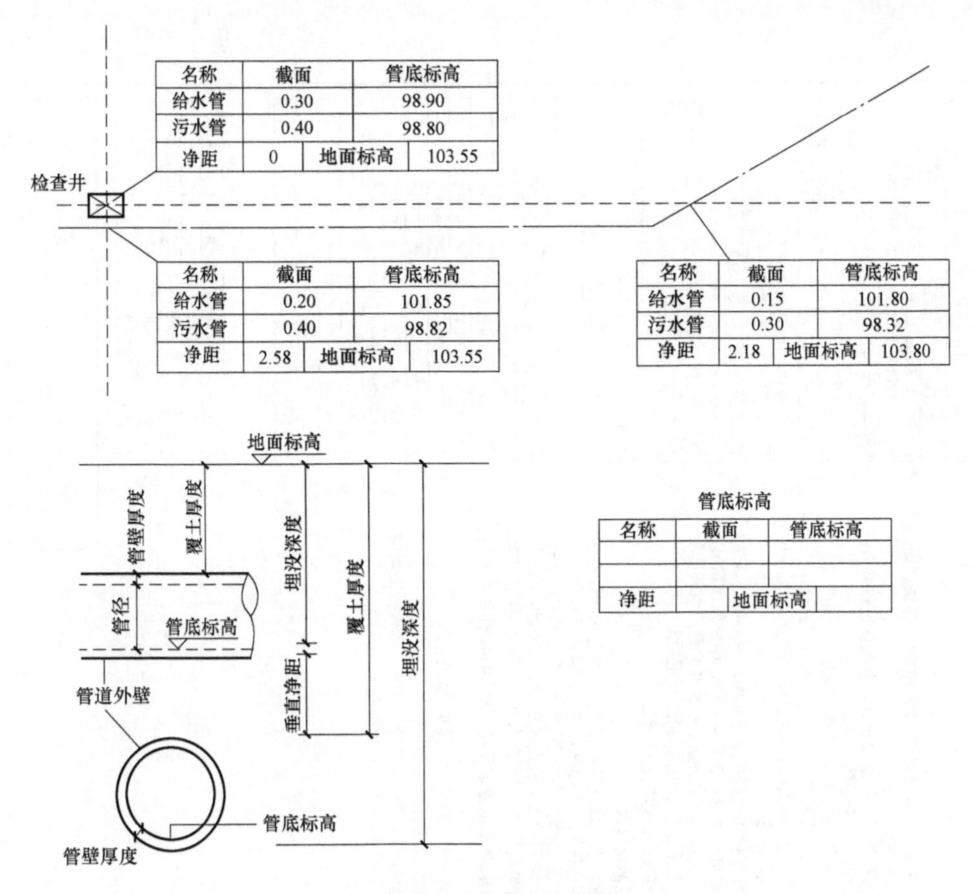

图 7-5　管线综合示意图

任务二　居住小区园林给水排水施工图

本项目是某市的尚风尚水商住小区景观设计。景观用地总面积为 16987.62m²，道路铺装面积 10112m²，绿地面积（含架空层、屋顶绿化）为 6875.62m²。园林绿化给水排水工程主要包括涌泉、景墙跌水、雕塑跌水、溪流给水以及喷雾水景给水等造景用水及排水。设计总说明材料表如图 7-6 所示；绿化给水总平面如附图 23 所示；附图 24 给水排水详图（一）包括假山跌水水景和喷雾水景给水排水施工图；附图 25 给水排水详图（二）包括涌泉水景给水排水和景墙跌水水景给水排水施工图。

该小区内景观给水设计布置绿化浇洒用水系统，本设计拟采用快开接头洒水栓，甲方可自选，选材需紧密配合景观设计内容的色彩，具体点位可适当调整，以保证整体效果。水源选择根据甲方提供资料及要求，绿化、水景的水源采用市政供水，绿化部分采用直供方式，绿化系统设计压力为 0.25MPa。水景补水由小区绿化给水管供给，水池内水位分为由阀门直接控制和浮球阀自动控制两种方式。水景循环水管线试验压力为 0.6MPa，设计管线如和绿化种植及其他管线有冲突可适当调整。给水排水管道工程施工及验收标准应严格按照《给水排水管道工程施工及验收规范》（GB 50268—2008）执行。

设计总说明

一、设计说明:

1 设计依据:

1) 小区景观设计图。

2)《建筑给水排水设计规范》(GB 50015-2003),2009版。

3)《室外给水设计规范》(GB 50013— 2006)。

4)《室外排水设计规范》(GB 50014—2006)[2016版]

5)《埋地硬聚氯乙烯排水管道工程技术规程》(CECS122:2001)。

2 设计概况

1)工程名称:尚风尚水商住小区景观设计。

2)工程地点:荆州市江津东路与三湾路交汇处。

3)主要经济技术指标:

景观用地总面积:16987.62m²。

其中:道路铺装面积10112m²;绿地面积(含架空层、屋顶绿化) 6875.62m²综合绿化率 67.99%。

3) 设计范围:景观给水设计。
该小区内布置绿化浇洒用水系统，本设计拟采用 快开接头洒水栓，甲方可自选，选材需紧密配合景观设计内容的色彩，具体点位可适当调整，以保证整体效果。

4)系统设计:水源选择据甲方提供资料及要求,绿化、水景的水源采用市政供水，绿化部分采用直供方式，绿化系统设计压力为0.25MPa。

二、施工说明:

1 本图单位除管经以毫米外,其余均以米计,图中标高高程为相对高程，以篮球场地地坪标高为±0.00。

2 所注管道标高:生活给水管为管中心,雨水管为管内底。

3 阀门选用:
当管径<50mm时采用截止阀;当管径 ≥50mm时采用蝶阀。

4 管材：给水管采用钢丝缠绕网架聚乙烯复合管及管件,热熔连接。

5 室外水表井安装详05S502。

6 外给水阀门井安装详05S502,铸铁井盖。

7 室外管道埋深：给水管在经过路面时覆土700mm，其余地段埋深400mm，给水阀门井盖盖面高于室外相应地面10~20cm,排水检查井盖与地面平,室外给水干管应有0.2%的坡度坡向泄水点。

8 给水管应敷设在未经扰动的原状土层上,所有穿越道路处加比管径大两号的钢套管，对于淤泥和其他承载力达不到要求的地基应进行地基处理,敷设在基岩上时,应铺设20cm砂垫层 。优质原状土被扰动时分层夯实后即可直接敷设。

9 给水管道工作压力为0.40MPa。

10 在水平、垂直上下弯转时需作管道支墩,作法详国标图集CS345(三)。

11 凡标有沉砂标记的排水检查井，井底应比该井内最深的管内底标高下降30cm。

12 管道验收根据《给水排水管道工程施工及验收规范》及《市政工程质量检验评定标准》进行验收。
电缆沟排水由电缆沟检查井接管就近接入雨水检查井。

13 管道冲洗、消毒:
管道安装完毕使用前应用每升水含20～30mg游离氯的水灌满管道进行消毒，含氯水在管道中应留置24h以上 。消毒完后，再用饮用水冲洗，并经有关部门取样检验，符合国家《生活饮用水卫生 标准》方可使用。

14 未尽事宜按相应国家规范施工。

三.喷泉水景池给排水:

1 水景补水由小区绿化给水管供给，水池内水位分为由阀门直接控制和浮球阀自动控制两种方式。

2 水景供水管 (除图上注明外)采用加厚UPVC给水管(C=1.5)，专用胶接。管道试压: P_S=1.0MPa。水景溢水排水管采用加厚UPVC排水 管(C=1.5)，专用胶接。

3 穿水池壁或池底的管道施工前须预埋刚性防水套管，见国标S312-8-4型。

4 阀门采用UPVC球阀，P_N 均为1.0MPa。

5 喷泉水景喷头采用铜制。

6 喷泉水景系统循环水泵型号为暂定，可根据当地情况更换，只要满足流量和扬程要求。

1.给水管布置时与建(构)筑物之间距如下:					
	建筑物基础	地上杆柱(中心)	城市道路路缘石边缘	公路边缘	围墙或篱笆
给水管	3.0m	1.0m	1.0m	1.0m	1.5m

2.给水管布置时与其他地下管道之间水平净距如下:							
管线名称	给水管	排水管	煤气管	电力电缆	电信电缆	电信管道	热力管
给水管	1.0m	1.5m	1.5m(中压)	1.0m	1.0m	1.0m	1.5m

3.给水管布置时与其他地下管道之间垂直净距如下:							
管线名称	给水管	排水管	煤气管	电力电缆	电信电缆	电信管道	热力管
给水管	0.15m	0.40m	0.10m	0.20m	0.20m	0.10m	0.15m

1.排水管布置时与建(构)筑物之间距如下:					
	建筑物基础	地上杆柱(中心)	城市道路路缘石边缘	公路边缘	围墙或篱笆
排水管	3.0m	1.5m	1.5m	1.0m	1.5m

2.排水管布置时与其他地下管道之间水平净距如下:							
管线名称	给水管	排水管	煤气管	电力电缆	电信电缆	电信管道	热力管
排水管	1.5m	1.5m	1.5m(中压)	1.0m	1.0m	1.0m	1.5m

3.排水管布置时与其他地下管道之间垂直净距如下:							
管线名称	给水管	排水管	煤气管	电力电缆	电信电缆	电信管道	明沟沟底
排水管	0.15m	0.40m	0.15m	0.50m	0.50m	0.15m	0.50m

主要设备、材料表

序号	名称	型号、规格	单位	数量	备注
1	给水管	钢丝缠绕网架聚乙烯复合管及管件	米	以实计	
2	排水管	UPVC	米	以实计	
3	球阀	Q41F-6CS	个	以实计	
4	截止阀	J41H-10P	个	以实计	
5	阀门井	ϕ700	座	以实计	
6	水表井	*DN*100	座	以实计	
7	室外洒水栓	*DN*25	套	以实计	
8	液位控制阀	SKFB *DN*100, *DN*50全自动			详98ZS101-17
9	循环水泵	JYWQ80-50-10-1600-3	台	3	
10	循环水泵	JYWQ50-23-9-1200-1.5	台	5	
11					
12					

图例

图例	名称	图例	名称
	橡胶软接头		涌泉喷头
	止回阀		球阀
—J—	生活供水给水管		阀门井
	水表		液位控制阀
	室外洒水栓(*DN*25)		潜水泵

制图		专业负责		工程名称	尚风·尚水小区景观绿化工程		
				项目	景观设计	设计号	
设计		审核		设计说明 材料表		图别	回水管
						图号	
校对		审定				日期	

图 7-6 设计总说明材料表

思考与练习

第一部分：理论题

1. 园林给水工程包括哪些？

2. 给水排水管道纵断面图表达的内容有哪些？

3. 管径的单位一般用什么表示？内径和外径分别用什么字母表示？

4. D108×4 表示什么意思？

第二部分：实践操作题

【任务提出】游泳池给水排水施工图绘制实训。

【任务目标】绘制某省某经济开发区福利院游泳池的给水排水施工图。

【任务要求】根据规划总平面图（图 6-2），绘制该福利院内游泳池的给水排水施工图。

项目八 园林景观照明施工图

教学目标

通过对照明基本知识、照明供配电系统、景观照明施工图绘制和景观照明施工图设计的学习，了解进行景观照明施工图设计所需要的基本知识，掌握景观照明施工图的绘制方法，熟悉景观照明施工图设计的内容及步骤。

教学要求

能力目标	知识要点	权重
了解照明基本知识	光和光源的基本概念、常用电光源的分类、照明灯具、照明方式，以及如何进行照度计算	20%
了解照明供配电系统	了解单相交流电、三相交流电、低压配电系统的形式、低压配电线路的接线方式，景观照明供配电的要求	20%
掌握景观照明施工图绘制	景观照明施工图的组成、标注方法，以及如何用 AutoCAD 绘制施工图	30%
熟悉景观照明施工图设计	景观照明施工图设计的主要内容、注意事项、景观光照设计、景观电气设计、景观照明设计实例	30%

章节导读

景观照明施工图设计主要是先进行光照设计，再进行电气设计。通过识读景观照明施工图，进一步理解设计的内容、步骤及方法。

光照设计的内容主要包括照度的选择、光源的选用、灯具的选择和布置、照度计算、眩光评价、方案确定、照明控制策略和方式及其控制系统的组成，最终以灯具布置、灯具标注、材料表、设计说明的形式表现出来。因此需要了解照明的基本知识，包括光和光源的基

本概念、常用电光源的分类、照明灯具、照明方式，以及如何进行照度计算。

电气设计主要是计算负荷，确定配电系统，选择开关、导线、电缆和其他电气设备，选择供电电压和供电方式，绘制灯具平面布置图和系统图，汇总安装容量、主要设备和材料清单，撰写设计说明。因此需要了解照明供配电系统，包括单相交流电概念及计算、三相交流电概念及计算、低压配电系统的形式、低压配电线路的接线方式、景观照明供配电的要求等。

景观照明施工图主要由首页图、平面图、系统图、安装大样图等组成。景观照明施工图设计成果要用图纸的形式展现出来，因而需要掌握景观照明施工图的组成、标注方法，以及如何用 AutoCAD 绘制施工图。

景观照明施工图是景观照明施工、工程预结算、工程施工监理和验收的依据，它应准确表达出灯具、配电线路、配电箱的种类、数量、规格和施工要求。景观照明施工图应包括景观照明平面图、配电系统图、详图以及必要的施工图解和说明。

任务一　照明基本知识

一、光和光源的基本概念

照明技术的实质是研究光的分配与控制。在此对光及光源的有关知识进行简单的介绍。

（一）光的基本概念

光的电磁理论认为光是在空间传播的一种电磁波，而电磁波的实质是电磁振荡在空间传播。光的量子理论则认为光是由辐射源发射的微粒流。

电磁波波谱图如图 8-1 所示。电磁波的波长范围极其宽广，光只是其中很少的一部分。波长小于 380nm 的电磁辐射，称为紫外线；波长大于 780nm 的电磁辐射称为红外线。紫外线和红外线均不能引起人的视觉。从 380nm 到 780nm 这个波长范围的光称为可见光。顾名思义，可见光能引起人的视觉。紫外线、红外线和可见光统称为光。

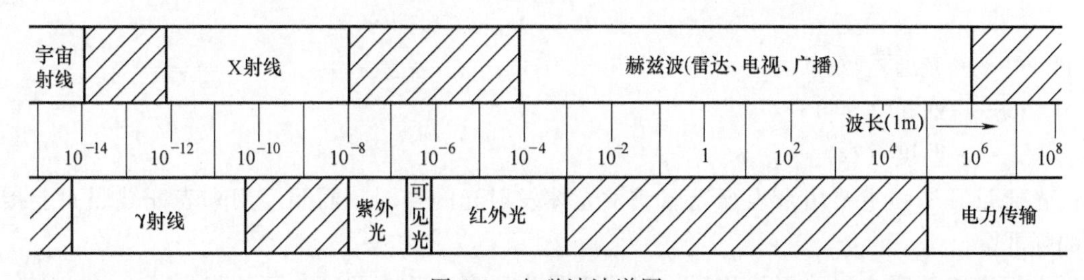

图 8-1　电磁波波谱图

光的量子理论可用来解释光的吸收、散射及光电效应等，而这些现象都无法用电磁理论来解释。

总之，电磁理论是从宏观上来研究光，而量子理论则是从微观上来研究光的。因此，光的这两种理论并不是互相矛盾的。

（二）光源的主要特性

1. 色调

不同颜色光源所发出的或者在物体表面反射的光，会直接影响人们的视觉效果。如红、橙、黄、绿、棕色光给人以温暖的感觉，这些光称为暖色光；蓝、青、绿、紫色光给人以寒冷的感觉，称为冷色光。光源的这种视觉特性称为色调。

2. 显色性

不同光谱的光源照射在同一颜色的物体上时，所呈现的颜色是不同的，这一特性称为光源的显色性。

3. 色温

光源发射光的颜色与黑体在某一温度下辐射的光色相同时，黑体的温度称为该光源的色温。根据试验，将一具有完全吸收与放射能力的标准黑体加热，温度逐渐升高，光度也随之改变，黑体曲线可显示黑体由红—橙红—黄—黄白—白—蓝白的过程。可见光源发光的颜色与温度有关。

4. 眩光

光由于在时间或空间上分布不均匀，造成人们视觉上不适，这种光称为眩光。眩光分为直射眩光和反射眩光。眩光是衡量照明质量的一个重要参数。

（三）光度量

1. 光通量

光通量的实质是通过人的视觉来衡量光的辐射通量。光源在单位时间内向周围空间辐射并引起人的视觉的能量大小，称为光通量。光通量用符号 Φ 表示，单位是 lm（流明）。

2. 发光强度

发光强度简称光强，是光源在指定方向上单位立体角内发出的光通量，或称为光通量的立体角密度。光强用符号 I 表示，单位是 cd（坎德拉）。

3. 照度

通常把物体表面所得到的光通量与这个物体表面积的比值称为照度。照度用符号 E 表示，单位是 lx（勒克斯）。

$$E=\frac{\Phi}{S} \tag{8-1}$$

式中 Φ——光通量（lm）；

S——面积（m^2）；

E——照度（lx）。

光通量和光强主要用来表征光源或发光体发射光的强弱，而照度用来表征被照面上接收光的强弱。

人行道路照明应以路面平均照度、路面最小照度和垂直照度为评价指标。

表 8-1 中列出了各种环境条件下被照面的照度，以便大家对照度有一个大概的了解。

表 8-1　各种环境条件下被照面的照度

被照表面	照度/lx	被照表面	照度/lx
朔日星夜地面	0.002	晴天采光良好的室内	100~500
望日月夜地面	0.2	晴天室外太阳散光下的地面	1000~10000
读书所需最低照度	>30	夏日中午太阳直射的地面	100000

【例 8-1】 100W 白炽灯输出的额定光通量是 1250lm，假设光源向四周均匀辐射，求灯

下 2m 处的照度值。

【解】 根据题意，求出半径为 2m 的球表面的面积：

$$S=4\pi r^2=4\pi\times2^2\text{m}^2$$

则
$$E=\frac{\Phi}{S}=\frac{1250\text{m}}{4\pi\times2^2\text{m}^2}=24.9\text{lx}$$

即灯下 2m 处的照度是 24.9lx。

4. 亮度

通常把发光面发光强弱或反光面反光的强弱称为亮度，用符号 L 表示，单位是 cd/m^2。一般亮度超过 160000cd/m^2 时，人眼就感到难以忍受。几种发光体的亮度值见表 8-2。

表 8-2　几种发光体的亮度值

发光体	亮度/(cd/m^2)	发光体	亮度/(cd/m^2)
太阳表面	2.25×10^9	从地球表面观察月亮	2500
从地球表面(子午线)观察太阳	1.60×10^9	充气钨丝白炽灯表面	1.4×10^7
晴天的天空(平均亮度)	8000	40W 荧光灯表面	5400
微阴天空	5600	电视屏幕	1700~3500

除了以上四种常用光度量外，还有光谱光效率、光谱光效能等，在此不做叙述，可参阅其他书籍。

(四) 我国的照度标准

为了限定照明数量，提高照明质量，需制定照度标准。制定照度标准需要考虑视觉功效特性、现场主观感觉和照明经济性等因素。

随着我国国民经济的发展，各类建筑对照明质量要求越来越高，国家也制定了相关的照度标准，各类建筑的照度标准见表 8-3~表 8-5。

表 8-3　居住建筑照明标准值

房间或场所		参考平面及其高度	照度标准值/lx	R_a
起居室	一般活动	0.75m 水平面	100	80
	书写、阅读		300*	
卧室	一般活动	0.75m 水平面	75	80
	床头、阅读		150*	
餐厅		0.75m 餐桌面	150	80
厨房	一般活动	0.75m 水平面	100	80
	操作台	台面	150*	
卫生间		0.75m 水平面	100	80

注：*指混合照明照度；R_a 为显色指数。

表 8-4　学校建筑照明标准值

房间或场所	参考平面及其高度	照度标准值/lx	UGR	R_a
教室	课桌面	300	19	80
实验室	实验桌面	300	19	80

（续）

房间或场所	参考平面及其高度	照度标准值/lx	UGR	R_a
美术教室	桌面	500	19	80
多媒体教室	0.75m 水平面	300	19	80
教室黑板	黑板面	500	—	80

注：UGR 为统一眩光值。

表 8-5　办公建筑照明标准值

房间或场所	参考平面及其高度	照度标准值/lx	UGR	R_a
普通办公室	0.75m 水平面	300	19	80
高档办公室	0.75m 水平面	500	19	80
会议室	0.75m 水平面	300	19	80
接待室、前台	0.75m 水平面	200	—	80
营业厅	0.75m 水平面	300	22	80
设计室	实际工作面	500	19	80
文件整理、复印、发行室	0.75m 水平面	300	—	80
资料、档案室	0.75m 水平面	200	—	80

主要供行人和非机动车混合使用的商业区、居住区人行道路的照明标准值见表 8-6。

表 8-6　人行道照明标准值

夜间行人流量	区域	路面平均照度标准 E_{av}/lx，维持值	路面最小照度标准 E_{min}/lx，维持值	最小垂直照度标准 E_{vmin}/lx，维持值
流量大的道路	商业区	20	7.5	4
	居住区	10	3	2
流量中的道路	商业区	15	5	3
	居住区	7.5	1.5	1.5
流量小的道路	商业区	10	3	2
	居住区	5	1	1

注：最小垂直照度为道路中心线上距路面 1.5m 高度处，垂直于路轴的平面的两个方向上的最小照度。

二、常用电光源的分类

根据光的产生原理，常用的照明电光源可分为三大类：热辐射光源、气体放电光源、场致发光光源。

（一）热辐射光源

热辐射光源是根据某种物质通电加热而辐射发光的原理制成的光源，如白炽灯和卤钨灯等。白炽灯的性能特点是显色性较好、启动时间短、光效低、发光寿命短。卤钨灯是在白炽灯的基础上改进制成的，发光寿命较白炽灯长。

（二）气体放电光源

气体放电光源是根据汞或钠气体辐射的紫外线激活荧光粉发光的原理制成的光源。如荧

光灯、高压汞灯和高压钠灯等。根据气体的压力，又分为低压气体放电光源和高压气体放电光源。荧光灯的性能特点是启动时间较长，但是光效高，显色性较好，寿命较长。高压汞灯的发光效率高、寿命长，但是显色性较差，通常用在对色彩分辨不高的街道、公路、施工工地等场合。

（三）场致发光光源

场致发光光源是指由于某种适当的物质与电场相互作用而发光的现象。目前在照明上主要有发光二极管（Lighting Emitting Diode，LED），它是一种半导体固体发光器件，即利用固体半导体芯片作为发光材料，在半导体中通过载流子复合放出过剩的能量而引起光子发射，直接发出红、黄、蓝、绿、青、橙、紫、白色的光。LED 照明产品就是利用 LED 作为光源制造出来的照明器具。随着电子技术的发展，目前这种光源在交通、汽车、建筑领域的应用也越来越广泛。

三、照明灯具

在照明设备中，灯具的作用包括：合理布置电光源；固定和保护电光源；使电光源与电源安全可靠地连接；合理分配光输出；装饰、美化环境。

灯具和电光源的组合称为照明器。有时候也把照明器简称为灯具，这样比较通俗易懂，本项目灯具代表照明器。

（一）灯具的光学特性

灯具的光学特性包括光强空间分布、亮度分布和保护角、灯具效率等，这些特性都会影响到照明的质量。

1. 光强的空间分布

一般灯具的光强分布用配光特性来表示。配光简单来说就是光的分配，即灯具在各个方向上的光强分布。灯具可以使光源原先的配光发生改变。

2. 灯具的亮度分布

灯具的亮度分布是灯具在不同观察方向上的亮度 L_θ 和表示观察方向的垂直角 θ 之间的关系，即 $L_\theta=f(\theta)$ 的关系。

3. 灯具的保护角

灯具保护角反映的是灯具遮挡光源直射光的范围，又称为遮光角。在照明技术中，一般是要求发光面的平均亮度不要太高，以免刺眼不舒适。但是又希望工作面上能获得足够高的亮度，这是一对矛盾。只要限制垂直角 45°及以上的灯具亮度，就可以适当解决这一矛盾。实际应用中可以采取合适的灯具，遮住这一垂直角范围内光源的直射光，这个措施称为灯具设置了保护角。

4. 灯具效率

电光源装入灯具后，它输出的光通量会受到限制，同时灯具也会吸收部分光能。因此，从灯具输出的光通量小于光源输出的光通量。那么，从灯具输出的光通量 Φ_1 与灯具内所有光源在无约束条件下点燃时输出的总光通量 Φ 之比，称为灯具效率，记作 η。

$$\eta=\frac{\Phi_1}{\Phi} \tag{8-2}$$

灯具效率与灯具的形状、所用材料和光源在灯具内的位置有关系。一般希望灯具效率应尽量提高，但也要保证合理的配光特性。总的来说，敞口式灯具效率比较好。

(二) 灯具的分类

灯具的类型很多，分类方法也很多，这里介绍几种常用的分类。

1. 按灯具用途分类

灯具按用途可分为功能性照明与装饰性照明两种，见表 8-7。

表 8-7 按灯具的用途分类

类别	特点
功能性	首先应该考虑保护光源、提高光效、降低眩光的影响，其次再考虑装饰效果。如路灯灯具、水下照明灯具等
装饰性	一般由装饰部件围绕光源组合而成，其主要作用是美化环境、烘托气氛。因此，首先应考虑灯具的造型和光线的色泽，其次再考虑灯具的效率和限制眩光

2. 按灯具防触电保护方式分类

为了电气安全，灯具所带电部分必须采用绝缘材料加以隔离。灯具的这种保护人身安全的措施称为防触电保护。按照防触电保护方式，照明器可分为 0、Ⅰ、Ⅱ和Ⅲ四类，见表 8-8。

表 8-8 灯具的防触电保护分类

照明器等级	照明器主要性能	应用说明
0 类	依赖基本绝缘防止触电，一旦绝缘失效，靠周围环境提供保护，否则，易触及部分和外壳会带电	安全程度不高，适用于安全程度好的场合，如空气干燥、尘埃少、木地板等条件下的吊灯、吸顶灯
Ⅰ类	除基本绝缘外，易触及的部分及外壳有接地装置，一旦基本绝缘失效时，不致有危险	用于金属外壳的照明器，如投光灯、路灯、庭院灯等
Ⅱ类	采用双重绝缘或加强绝缘作为安全防护，无保护导线(地线)	绝缘性好，安全程度高，适用于环境差、人经常触摸的照明器，如台灯、手提灯等
Ⅲ类	采用特低安全电压(交流有效值不超过 50V)，灯内不会产生高于此值的电压	安全程度最高，可用于恶劣环境，如机床工作灯、儿童用灯等

3. 按灯具的防尘、防水等分类

为防止人、工具或尘埃等固体异物触及或沉积在灯具带电部件上引起触电、短路等危险，也为了防止雨水等进入灯具内造成危险，目前有多种外壳防护方式起保护电气绝缘和光源的作用。相应于不同的防尘、防水等级，目前采用特征字母“IP”后面跟两个数字来表示灯具的防尘、防水等级。第一个数字表示对人、固体异物或尘埃的防护能力，第二个数字表示对水的防护能力。详细说明见表 8-9~表 8-11。

表 8-9 防护等级特征字母 IP 后面第一个数字的意义

第一位特征数字	说明	含义
0	无防护	没有特别的防护
1	防护大于 50mm 的固体异物	人体某一大面积部分，如手(但不防护有意识的接近)直径大于 50mm 的固体异物
2	防护大于 12mm 的固体异物	手指或类似物，长度不超过 80mm、直径大于 12mm 的固体异物
3	防护大于 2.5mm 的固体异物	直径或厚度大于 2.5mm 的工具、电线等，直径大于 2.5mm 的固体异物

（续）

第一位特征数字	说　明	含　义
4	防护大于 1.0mm 的固体异物	厚度大于 1.0mm 的线材或条片，直径大于 1.0mm 的固体异物
5	防尘	不能完全防止灰尘进入，但进入量不能达到妨碍设备正常工作的程度
6	尘密	无尘埃进入

表 8-10　防护等级特征字母 IP 后面第二个数字的意义

第二位特征数字	说　明	含　义
0	无防护	没有特殊的防护
1	防滴水	滴水（垂直滴水）无有害影响
2	防倾斜 15°滴水	当外壳从正常位置倾斜不大于 15°以内时，垂直滴水无有害影响
3	防淋水	与垂直线呈 60°范围内的淋水无有害影响
4	防溅水	任何方向上的溅水无有害影响
5	防喷水	任何方向上的喷水无有害影响
6	防猛烈海浪	猛烈海浪或猛烈喷水后进入外壳的水量不致达到有害程度
7	防浸水	浸入规定水压的水中，经过规定时间后，进入外壳的水量不会达到有害程度
8	防潜水	能按制造厂规定的要求长期潜水

表 8-11　IP 后面数字可能的组合

可能配合的组合		第二位特征数字								
		0	1	2	3	4	5	6	7	8
第一位特征数字	0	IP00	IP01	IP02						
	1	IP10	IP11	IP12						
	2	IP20	IP21	IP22	IP23					
	3	IP30	IP31	IP32	IP33	IP34				
	4	IP40	IP41	IP42	IP43	IP44				
	5	IP50				IP54	IP55			
	6	IP60					IP65	IP66	IP67	IP68

4. 按灯具结构分类

按照灯具的结构特点分类见表 8-12。

表 8-12　按灯具的结构特点分类

结构	特　点
开启型	光源与外界空间直接接触（无罩）
闭合型	透明罩将光源包合起来，但内外空气仍能自由流通
密闭型	透明罩固定处加严密封闭，与外界隔绝相当可靠，内外空气不能流通
防爆型	符合《防爆电气设备制造检验规程》要求，安全地在有爆炸危险性介质的场所使用。分安全型和隔爆型；安全型在正常运行时不产生火花电弧，或把正常运行时产生的火花电弧的部件放在独立的隔爆室内；隔爆型在照明器的内部产生爆炸时，火焰通过一定间隙的防爆面后，不会引起照明器外部的爆炸
防震型	照明器采取防震措施，安装在有震动的设施上

5. 按灯具安装方式分类

按灯具安装方式分类见表 8-13。

表 8-13 按灯具安装方式分类

安装方式	特点
壁灯	安装在墙壁上、庭柱上,用于局部照明、装饰照明或没有顶棚的场所
吸顶灯	将照明器吸附在顶棚面上,主要用于没有吊顶的房间。吸顶式的光带适用于计算机房、变电站等
嵌入式	适用于有吊顶的房间,照明器是嵌入在吊顶内安装的,可以有效消除眩光。与吊顶结合能形成美观的装饰艺术效果
半嵌入式	将照明器的一半或一部分嵌入顶棚,其余部分露在顶棚外,介于吸顶式和嵌入式之间。适用于顶棚吊顶深度不够的场所,在走廊处应用较多
吊灯	最普通的一种照明器的安装形式,主要利用吊杆、吊链、吊管、吊灯线来吊装照明器
地脚灯	主要作用是走廊照明,便于人员行走。应用在医院病房、公共走廊、宾馆客房、卧室等
台灯	主要放在写字台上、工作台上、阅览桌上,作为书写阅读使用
落地灯	主要用于高级客房、宾馆、带茶几沙发的房间以及家庭的床头或书架旁
庭院灯	灯头或灯罩多数向上安装,灯管和灯架多数安装在庭、院地坪上,特别适用于公园、街心花园、宾馆以及机关学校的庭院内
道路广场灯	主要用于夜间的通行照明。广场灯用于车站前广场、机场前广场、港口、码头、公共汽车站广场、立交桥、停车场、集合广场、室外体育场等
移动式灯	用于室内、外移动性的工作场所以及室外电视、电影的摄影等场所
自动应急照明灯	适用于宾馆、饭店、医院、影剧院、商场、银行、邮电、地下室、会议室、动力站房、人防工程、隧道等公共场所。可以作应急照明、紧急疏散照明,安全防灾照明等

6. 按灯具光通量在空间的分布分类

按灯具光通量在空间的分布进行分类，见表 8-14。

表 8-14 按灯具光通量在空间的分布进行分类

类别	光通量分布特性(%)		特点
	上半球	下半球	
直接型	0~10	100~90	光线集中,工作面上可获得充分照度
半直接型	10~40	90~60	光线集中在工作面上,空间环境有适当照度,比直接型眩光小
漫射型	40~60	60~40	空间各方向光通量基本一致,无眩光
半间接型	60~90	40~10	增加反射光的作用,使光线比较均匀柔和
间接型	90~100	10~0	扩散性好,光线柔和均匀,避免眩光,但光的利用率低

7. 按灯具的配光曲线分类

按灯具上射光通量和下射光通量的比例分配，即配光曲线进行分类，见表 8-15。

表 8-15 按灯具配光曲线分类

类别	特点
正弦分布型	光强是角度的函数,在 $\theta=90°$ 时,光强最大
广照型	最大的光强分布在较大的角度处,可在较为广阔的面积上形成均匀的照度

（续）

类别	特　　点
均匀配照型	各个角度的光强基本一致
配照型	光强是角度的余弦函数，在 $\theta=0°$ 时，光强最大
深照型	光通量和最大光强值集中在 $\theta=0°\sim30°$ 所对应的立体角内
特深照型	光通量和最大光强值集中在 $\theta=0°\sim15°$ 所对应的立体角内

8. 按灯具的最大光强方向配光进行分类

按灯具的最大光强方向配光进行分类，见表 8-16。

表 8-16　按灯具的最大光强方向配光进行分类

类别	特　　点
截光型	灯具的最大光强方向与灯具向下的垂直夹角在 0°~65°之间，90°角和 80°角方向上的光强最大允许值分别是 10cd/1000lm 和 30cd/1000lm。且不管光源光通量的大小，在 90°角方向上的光强最大值不得超过 1000cd
半截光型	灯具的最大光强方向与灯具向下的垂直夹角在 0°~75°之间，90°角和 80°角方向上的光强最大允许值分别是 50cd/1000lm 和 100cd/1000lm。且不管光源光通量的大小，在 90°角方向上的光强最大值不得超过 1000cd
非截光型	灯具的最大光强方向不受限制，在 90°角方向上的光强最大值不得超过 1000cd

四、照明方式

道路照明设计应根据道路和场所的特点及照明要求，选择常规照明方式或高杆照明方式。

（一）常规照明方式

常规照明灯具的布置可分为单侧布置、双侧交错布置、双侧对称布置、中心对称布置和横向悬索布置五种基本形式，如图 8-2 所示。

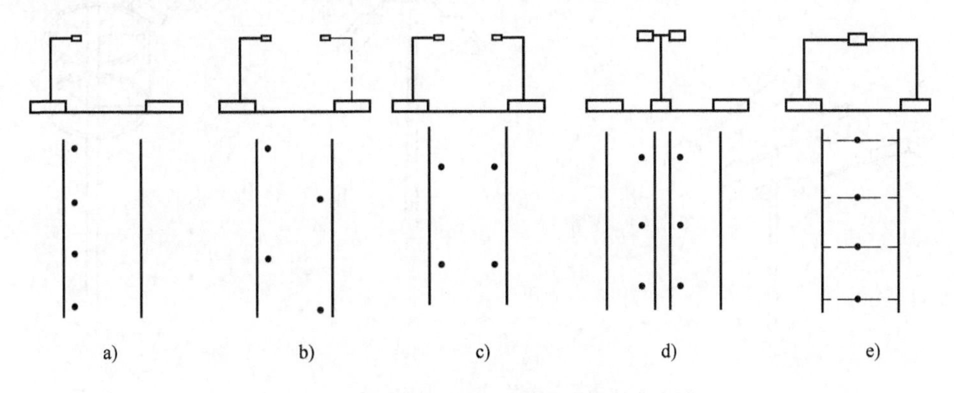

图 8-2　常规照明灯具布置的五种基本方式

a）单侧布置　b）双侧交错布置　c）双侧对称布置　d）中心对称布置　e）横向悬索布置

采用常规照明方式时，应根据道路横断面形式、宽度及照明要求进行选择，并应符合下列要求：

1）灯具的悬挑长度不宜超过安装高度的1/4，灯具的仰角不宜超过15°。

2）灯具的布置方式、安装高度及间距可按表8-17经计算后确定。

表8-17 灯具的配光类型、布置方式与灯具的安装高度、间距的关系

配光类型	截光型		半截光型		非截光型	
布置方式	安装高度 H/m	间距 S/m	安装高度 H/m	间距 S/m	安装高度 H/m	间距 S/m
单侧布置	$H \geqslant W_{eff}$	$S \leqslant 3H$	$H \geqslant 1.2W_{eff}$	$S \leqslant 3.5H$	$H \geqslant 1.4W_{eff}$	$S \leqslant 4H$
双侧交错布置	$H \geqslant 0.7W_{eff}$	$S \leqslant 3H$	$H \geqslant 0.8W_{eff}$	$S \leqslant 3.5H$	$H \geqslant 0.9W_{eff}$	$S \leqslant 4H$
双侧对称布置	$H \geqslant 0.5W_{eff}$	$S \leqslant 3H$	$H \geqslant 0.6W_{eff}$	$S \leqslant 3.5H$	$H \geqslant 0.7W_{eff}$	$S \leqslant 4H$

注：W_{eff}为路面有效宽度（m）。

（二）高杆照明方式

采用高杆照明方式时，灯具及其配置方式，灯杆安装位置、高度、间距以及灯具最大光强的投射方式，应符合下列规定：

1）可按不同方向选择平面对称、径向对称和非对称三种灯具配置形式，如图8-3所示。布置在宽阔道路及大面积场地周边的高杆灯宜采用平面对称布置方式；布置在场地内部或车道布局紧凑的立体交叉的高杆灯宜采用径向对称配置方式；布置在多层大型立体交叉或车道布局分散的立体交叉的高杆灯宜采用非对称配置方式。无论采取何种灯具配置方式，灯杆间距与灯杆高度之比应根据灯具的光参数通过计算确定。

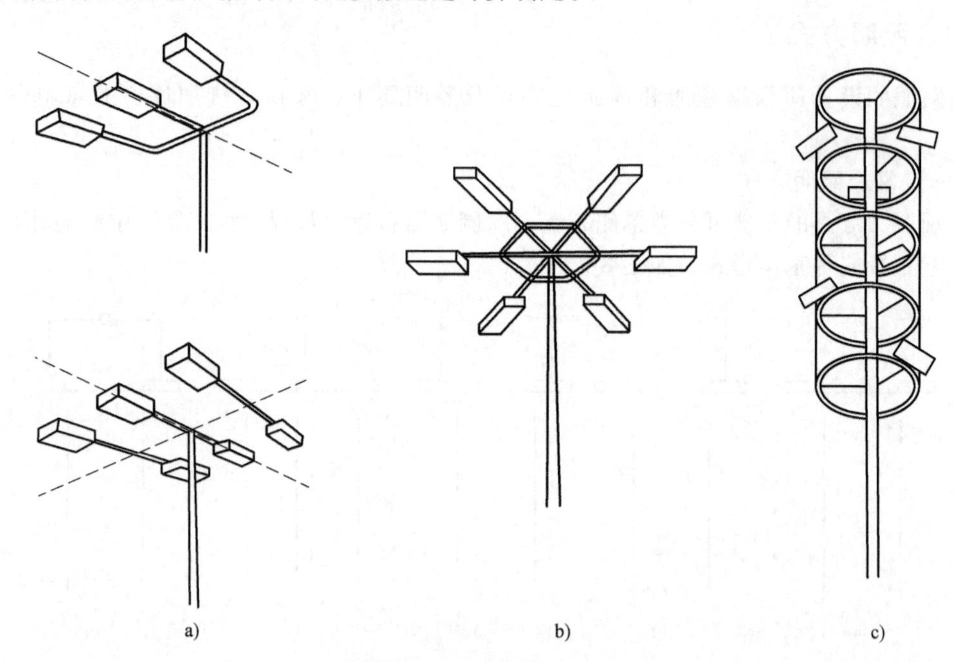

图8-3 高杆灯灯具配置方式

a）平面对称 b）径向对称 c）非对称

2）灯杆不得设在危险地点或维护时严重妨碍交通的地方。

3）灯具的最大光强投射方向和垂直夹角不宜超过65°。

4）市区设置的高杆灯应在满足照明功能要求前提下做到与环境协调。

五、照度计算

（一）照度计算的目的

计算照度是电气设计很重要的一个内容。根据场所特点、灯具的布置形式、电光源的数量及容量来计算场所工作面的均匀照度值；同时还可以根据场所特点、规定的照度标准值、灯具的布置形式来确定电光源的容量或数量，以上两种方法都是平均照度的计算。某工作点的照度也可以根据灯具的布置形式、光源数量及容量来计算，这就是点照度的计算。

（二）照度计算的方法

计算某点照度的方法是逐点照度计算法；计算平均照度则采用利用系数法或单位容量法。

1. 逐点照度计算法

逐点照度计算法可以用来计算任何指定点上的照度。这种计算方法适用于局部照明、特殊倾斜面上的照明和其他需要准确计算照度的场合。一般在设计中用的比较少，在此不作详细介绍，如有需要可查阅其他资料。

2. 利用系数法（流明法）

利用系数法也称为流明法。

平均照度计算式为

$$E_{uv}=\frac{Fn\mu\eta}{AK_1} \tag{8-3}$$

如果是根据照度标准值和其他条件计算光源数量，则计算式为

$$n=\frac{E_{uv}AK_1}{F\mu\eta} \tag{8-4}$$

式中　n——所需光源的数量；

E_{uv}——工作面上的平均照度（lx）；

F——每个光源的光通量（lm）；

A——场所的面积（m^2）；

K_1——照度补偿系数，可查有关资料；

η——灯具效率，查照明手册或灯具样本；

μ——利用系数，查照明手册或灯具样本。

在进行道路照度计算时，需要计算最低照度，采用最低照度计算公式。

$$E=E_{uv}K_{min} \tag{8-5}$$

式中　E——工作面上的最低照度（lx）；

E_{uv}——工作面上的平均照度（lx）；

K_{min}——最低照度补偿系数，可查有关资料。

将式（8-4）代入式（8-5）得

$$E=\frac{Fn\mu K_{min}}{AK_1} \tag{8-6}$$

3. 单位容量法

单位容量法是从利用系数法演变而来的，是在各种光通利用系数和光的损失等因素相对固定的条件下，得出的平均照度的简化计算方法。根据被照面积和推荐的单位面积安装功率，来计算所需的总电光源功率，如果选定电光源后，就可计算出光源数量。计算式为

$$\sum P=\omega S \tag{8-7}$$

$$N=\frac{\sum P}{P} \tag{8-8}$$

式中 $\sum P$——总安装容量（功率），不包括镇流器的功率损耗（W）；

S——面积（m^2）；

ω——在某最低照度值的单位面积安装容量，查阅相关资料（W/m^2）；

P——一套灯具的安装容量，不包括镇流器的功率损耗（W/套）；

N——在规定的照度下所需的灯具数（套）。

任务二　照明供配电系统

照明供配电系统是指由电源（包括变压器或供电网络等）引向照明灯具配电的系统，是一般用电系统中的特例，属于低压配电系统。

一、单相交流电

（一）单相交流电定义

若线路中的电压或电流随时间作正弦规律变化，则称此电压或电流为正弦交流电，即单相交流电。

一般照明灯具的供电采用单相交流电。设电压的瞬时表达式为 $u=\sqrt{2}U\sin(2\pi ft+\varphi_0)$，其中，$u$ 为电压的瞬时值，单位为 V（伏特）；U 为电压的有效值，单位为 V（伏特）；$\sqrt{2}U$ 为电压的最大值（或幅值），单位为 V（伏特）；f 为正弦交流电的频率，单位为 Hz（赫兹），我国工业用电频率 f 为 50Hz；φ_0 为正弦交流电的初相位角，单位为 rad（弧度）。当初相位 $\varphi_0=0$ 时，电压的瞬时表达式可写成：$u=220\sqrt{2}\sin314t$。

（二）单相交流电路中电压、电流、阻抗、功率因数、有功功率、无功功率、视在功率之间的关系

单相交流电路图如图 8-4 所示。在单相交流线路中，将电流与电压选为关联参考方向，并设电流作为参考相位。电流的瞬时值为 $i=\sqrt{2}I\sin314t$。其中，I 为电流的有效值，单位为 A（安培）。

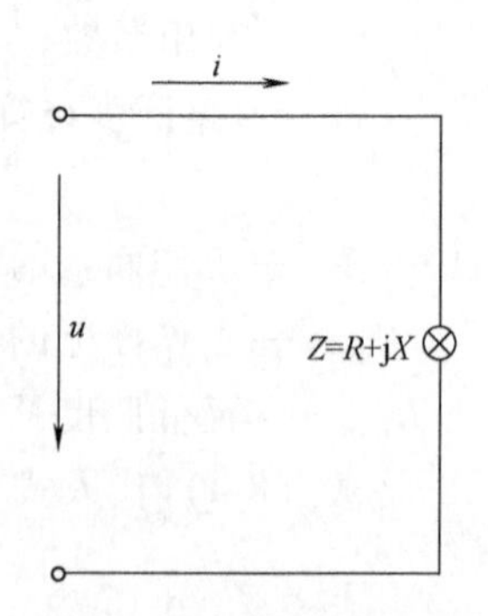

图 8-4　单相交流电路图

线路的阻抗为 $Z=R+jX=|Z|\angle\varphi_0$。其中，$|Z|$ 为阻抗的模，R 表示电阻，X 表示电抗，单位均为 Ω（欧姆）；φ_0 为阻抗角（也称为功率因数角），即电压超前电流的角度，单位为 rad（弧度）。

则电压的瞬时值为 $u=\sqrt{2}U\sin(314t+\varphi_0)=\sqrt{2}|Z|\sin(314t+\varphi_0)$，其中，$U$ 为电压的有效值，单位为 V（伏特），且 $U=I|Z|$。

线路的有功功率 $P=UI\cos\varphi_0$，无功功率 $Q=UI\sin\varphi_0$，视在功率

$S=UI=\sqrt{P^2+Q^2}$。其中，P 为线路的有功功率，单位为 W（瓦特）或 kW（千瓦）；Q 为无功功率，单位为 var（乏）或 kvar（千乏）；S 为视在功率，单位为 V · A（伏安）或 k · VA（千伏安）；$\cos\varphi_0$ 为功率因数，$\sin\varphi_0$ 为功率因数角的正弦值。

配电线路中电压、电流、功率因数、有功功率、无功功率、视在功率之间的关系用图 8-5表示。

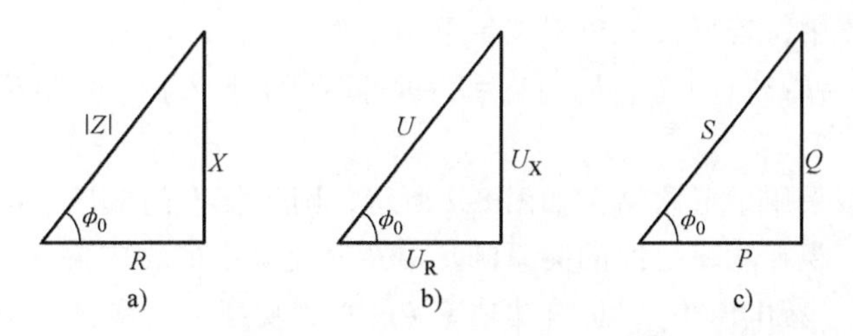

图 8-5　电压、电流、功率因数、有功功率、无功功率、视在功率之间的关系图

a）阻抗三角形　b）电压三角形　c）功率三角形

其中，U_R 表示电阻 R 上电压降的有效值，U_X 表示电抗 X 上电压降的有效值。

二、三相交流电

（一）三相交流电定义

三相交流电就是由三个频率相同、最大值相等、相位互差 $\frac{2}{3}\pi$ 的交流电动势 e_A、e_B、e_C，按照一定规律联系起来的供电系统。通常采用星形联结（Y接）。如图 8-6 三相发电机绕组的星形联结。

设

$$e_A=E_m\sin\omega t$$

$$e_B=E_m\sin\left(\omega t-\frac{2}{3}\pi\right)$$

$$e_C=E_m\sin\left(\omega t+\frac{2}{3}\pi\right)$$

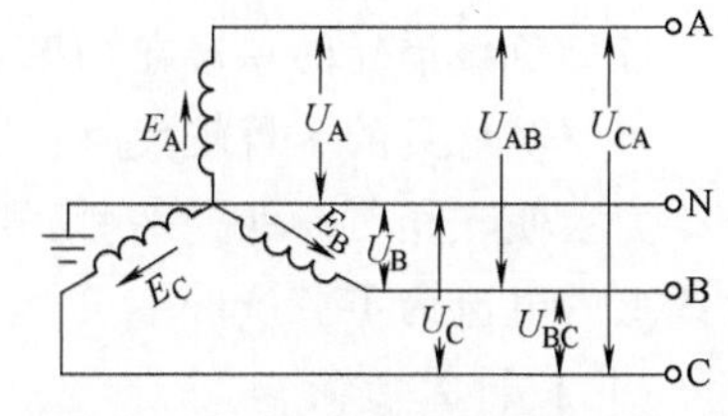

图 8-6　三相发电机绕组的星形联结

则

$$u_A=\sqrt{2}\,U_A\sin\omega t$$

$$u_B=\sqrt{2}\,U_B\sin\omega t\left(\omega t-\frac{2}{3}\pi\right)$$

$$u_C=\sqrt{2}\,U_C\sin\omega t\left(\omega t-\frac{2}{3}\pi\right)$$

从图 8-6 中引出的 N 线，称为电源的中性线，当三相负荷平衡时，中性线上的电流为零。

端线与中性线之间的电压称为相电压。U_A、U_B、U_C 为相电压的有效值，一般用 U_P 表示，在低压配电系统中，通常 $U_P=220$V。

端线与端线之间的电压称为线电压，如 u_{AB}、u_{BC}、u_{CA}。它们的有效值分别用 U_{AB}、U_{BC}、U_{CA} 表示，一般用 U_L 表示，其方向是由注脚的先后次序来定。如 U_{AB} 就是规定为 A 线指向 B 线为正方向，如图 8-6 所示。在低压配电系统中，当负载联结成星形时，$U_L=\sqrt{3}U_P=220\sqrt{3}=380V$。

通常所说的电源电压为 380/220V，是指相电压为 220V、线电压为 380V 的三相四线制交流电源。

（二）三相对称负载

在三相交流线路中，若所接的负载满足下列条件：

$Z_a=R_a+jX_a=Z_b=R_b+jX_b=Z_c=R_c+jX_c=Z=R+jX=|Z|\angle\varphi_0$，则这样的负载称为三相对称负载。

当三相对称负载采用星形联结，如图 8-7 所示，则每相中的电压、电流、功率因数、有功功率、无功功率、视在功率之间的关系满足单相交流电中的相应关系。并且线电流 I_L、相电流 I_P、线电压 U_L、相电压 U_P、总有功功率 P、总无功功率 Q、视在功率 S 之间满足一定的关系。

在图 8-7 中，通过各相负载的电流 I_a、I_b、I_c 称为相电流，且 $I_a=I_b=I_c=I_p=\frac{U_P}{|Z|}$。

通过端线的电流 I_A、I_B、I_C 称为线电流，且 $I_A=I_B=I_C=I_L=\sqrt{3}I_P$。

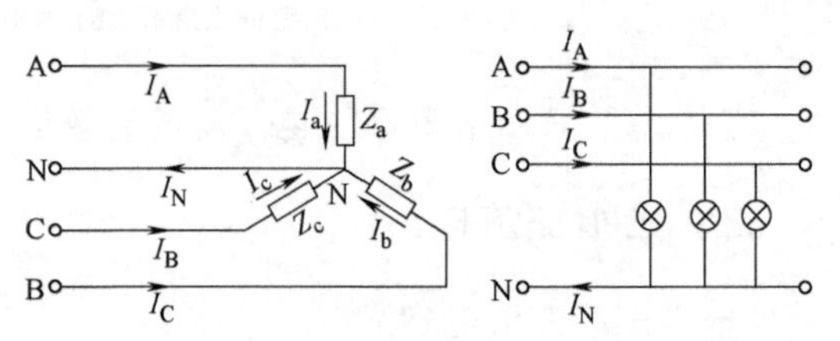

图 8-7　三相负载的星形联结

各相负载消耗的功率是相等的，即 $P_a=P_b=P_c$。

三相负载消耗的总有功功率 $P=P_a+P_b+P_c=3U_PI_P\cos\varphi_0=\sqrt{3}U_LI_L\cos\varphi_0$。

三相负载消耗的总无功功率 $Q=Q_a+Q_b+Q_c=3U_PI_P\sin\varphi_0=\sqrt{3}U_LI_L\sin\varphi_0$。

三相负载消耗的总视在功率 $S=\sqrt{P^2+Q^2}=3U_PI_P=\sqrt{3}U_LI_L$。

当照明灯具的容量较大时，应采用三相交流电供电，并应将照明灯具均匀地分配在三相上，力求使三相负荷保持平衡，以减小中性线上的电流。当三相负载为三相对称负载时，中性线上的电流为零。

（三）计算负荷

通常用需要系数（K_c）法的方法，进行负荷的计算，从而根据计算负荷（I_j、P_j、S_j）进行导线、开关的选择和校验。

【例 8-2】 设某图书馆的白炽灯和荧光灯照明负荷共为 100kW（设需要系数 $K_c=0.6$，$\cos\Phi=0.8$），采用 380/220V 三相四线制供电，试计算干线上的计算电流 I_j、有功功率 P_j、无功功率 Q_j、视在功率 S_j。

【解】 由已知条件得，设备容量 $P_e=100kW$，需要系数 $K_c=0.6$，则有功功率 $P_j=K_c\times P_e=0.6\times100kW=60kW$。

由图 8-5c 功率三角形可知，无功功率 $Q_j=P_j\times\tan\Phi=60kvar\times0.75=45kvar$；视在功率 $S_j=P_j/\cos\Phi=60kV\cdot A/0.8=75kV\cdot A$。

计算电流
$$I_j=I_L=\frac{P_j}{\sqrt{3}U_L\cos\varphi_0}=\frac{60}{\sqrt{3}\times0.38\times0.8}A=113.95A$$

（由 $P=P_a+P_b+P_c=3U_PI_P\cos\varphi_0=\sqrt{3}U_LI_L\cos\varphi_0$ 得 $I_L=\dfrac{P_j}{\sqrt{3}U_L\cos\varphi_0}$）

三、低压配电系统的形式

在低压配电系统中，三相电源与三相负载的连接形式有TN系统、TT系统、IT系统。

（一）TN系统

在TN系统中，电源有一点与地直接连接，负荷侧电气装置的外露可导电部分则通过PE线与该点连接。TN系统分为TN-S系统、TN-C系统、TN-C-S系统，如图8-8所示。

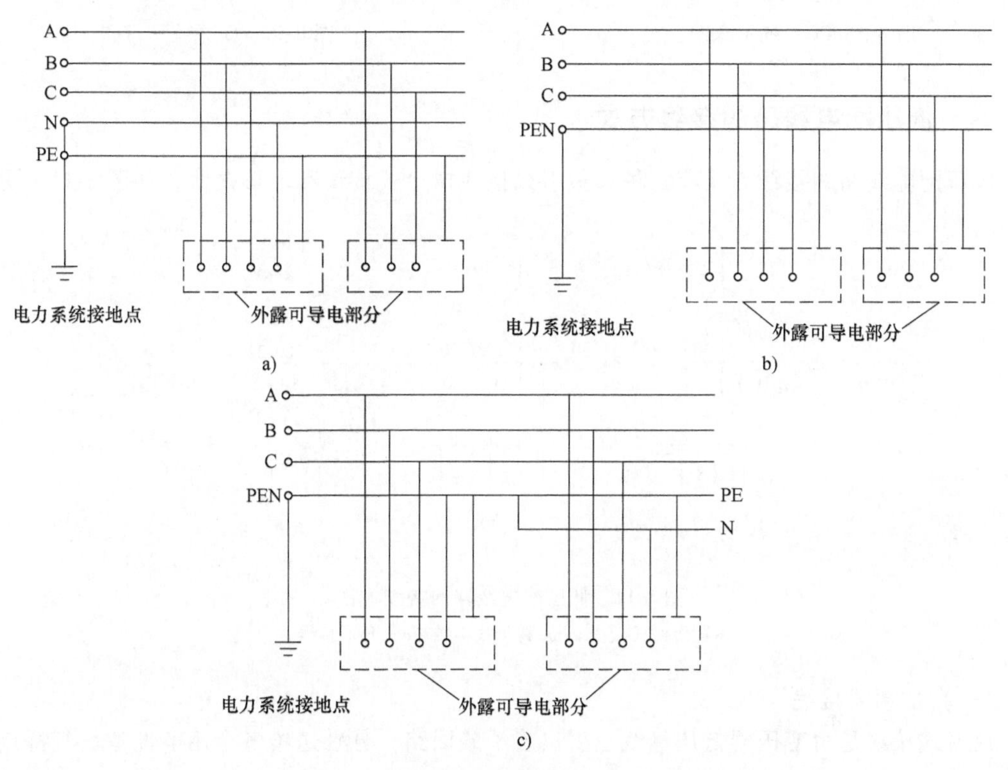

图8-8　TN系统的三种形式

a）TN-S系统　b）TN-C系统　c）TN-C-S系统

PE线，即保护导体，是为防止发生危险而与裸露导电部件、外露导电部件、主接地端子、接地电极（接地装置）、电源的接地点或人为中性点等部件进行电气连接的一种导体。

PEN线，即中性保护导体，是一种同时具备中性导体和保护导体功能的接地导体。

（二）TT系统

在TT系统中，电源有一点与地直接连接，负荷侧电气装置外露可导电部分连接的接地极和电源的接地极无电气联系。TT系统示意图如图8-9所示。

（三）IT系统

在IT系统中，电源与地绝缘或一点经阻抗接地，电气装置外露可导电部分则接地。IT系统示意图如图8-10所示。

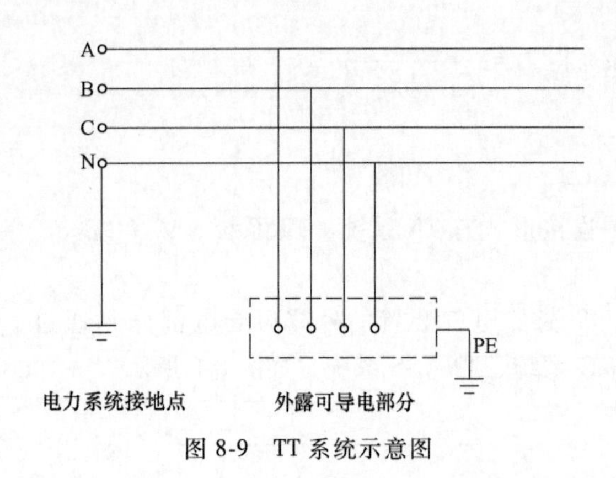

图 8-9　TT 系统示意图

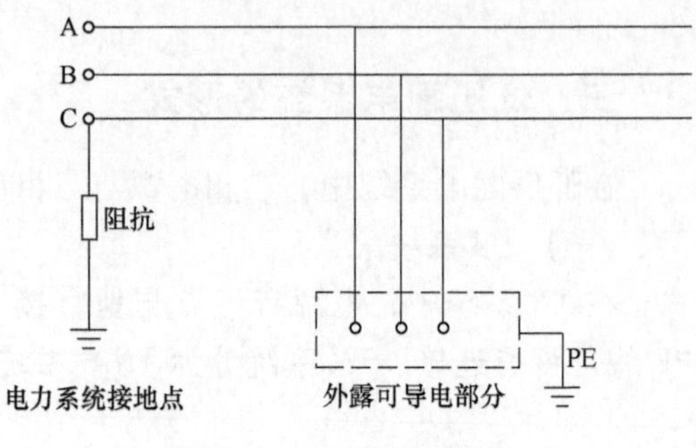

图 8-10　IT 系统示意图

四、低压配电线路的接线方式

低压配电线路的接线方式有三种，放射式接线树干式接线和环形接线，如图 8-11 所示。

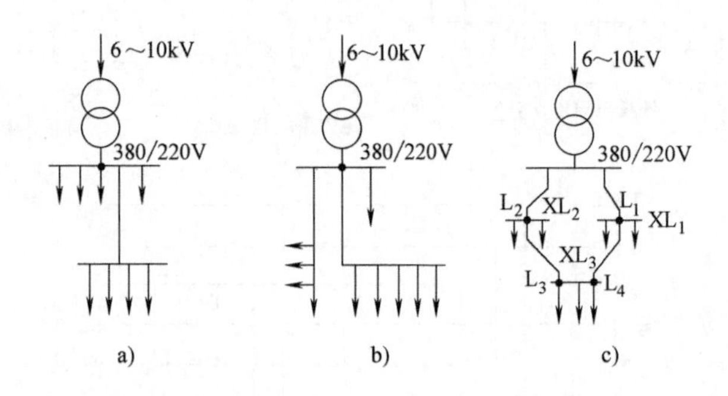

图 8-11　低压配电线路的接线方法

a）放射式接线　b）树干式接线　c）环形接线

（一）放射式接线

放射式接线是由变压器低压母线上引出若干条回路，分别送给各个用电设备。其特点是在任意线路发生故障或检修时彼此互不影响，供电可靠性高，操作维护方便。但变电所低压侧引出线多，有色金属消耗量较大，采用的开关设备多，投资费用较高。这种接线多用于负荷较集中对供电可靠性要求较高的情形。

（二）树干式接线

树干式接线是从变电所低压母线引出一条（或两条）干线，沿干线走向再引出若干条支线，然后引至各个用电设备。这种接线方式使用的导线和开关设备较少，投资费用低，但干线发生故障时，影响范围大，供电的可靠性差。这种方式适用用电容量少，布置均匀且无特殊要求的用电设备。建筑施工现场供电属于临时性供电，为节省施工费用，一般多采用树干式配电方式。

（三）环形接线

环形接线是由一台变压器供电两端供电的树干式接线方式的改进，供电可靠性高。例如，在图 8-11c 中，L_2 段出现故障时或检修时，可以通过 L_1L_3 段与 XL_2 联系的开关设备接

通电源，继续对 XL_2 供电。任何一段发生故障均可通过另一段联络线切换操作，迅速恢复供电。但是，这种方式的保护装置配合相当复杂，如配合不当，还会扩大故障范围。

实际应用时，通常是放射方式与树干方式配合使用，形成混合方式；也有采用多级放射方式。

五、景观照明供配电的要求

（一）道路照明供电

道路照明属于城市公共照明，供电电源来自城市公共电网，使用独立的变压器，供电电压为 380/220V，道路照明的线路一般采用埋地电缆。

（二）建筑物室外照明供电

对于有观赏价值的大型楼、堂、馆、所等建筑物或者用于营业的商业楼，需要设置夜间观赏的立面照明。这种室外建筑物照明的供电线路取自本建筑物的低压供电系统，设置独立回路，单独控制。

（三）夜景照明供电

夜景照明的供电线路取自就近区域的低压供电系统，设置独立回路，单独控制。

（四）庭院照明供电

庭院照明的供电线路取自本小区的低压供电系统，设置独立回路，单独控制。

任务三　景观照明施工图的绘制

一、景观照明施工图的组成

景观照明施工图的组成包括：首页图、平面图、系统图、安装大样图等。

（1）首页图　一般应包括图纸目录、电气设计说明。有时也将图纸目录、电气设计说明分开绘制。图纸目录应先列出新绘制的图纸，后列出选用的标准图或通用图，最后列出重点使用图。电气设计说明写明电源由来、电压等级、线路敷设方法、设备安装高度及安装方式、电气保护措施、补充图形符号、施工时的主要注意事项等。

（2）平面图　一般包括照明、电力、计算机网络、电话、电视、广播、防雷、消防平面图。

根据功能及规模等的不同，景观照明施工图的平面图种类也不尽相同。园林电气照明施工图则有电气照明平面图、广播音响平面图等。

（3）系统图　一般包括照明、电力、电话、电视、广播、防雷各分项的系统图。相应地，根据功能及规模等的不同，景观照明施工图的系统图种类也不尽相同。园林系统图则有电气照明系统图。

（4）安装大样图　一般不出安装大样图，多采用国家标准图集、地区性通用图集、各设计院自编的图集，作为施工安装的依据。个别非标准的工程项目，有关图集中没有的，才会有安装大样图。大样图的比例为 1∶5 或 1∶10 者较多。安装大样图较多时，单独绘制，较少时则合并到其他图纸中一并绘制。详图的编号在一个工程项目中要采用统一的标注方法。如园林电气照明施工图可能会有灯具安装大样图。

(5) 计算书　施工图的设计计算书不外发，作为设计单位的技术资料存档。

二、景观照明施工图的标注方法

景观照明施工图必须按国家标准绘制。其图幅、图标、字体、平面图比例与建筑施工图尽量保持一致，各种线条均应符合制图标准中的要求，各种图线的相应宽度，应以使线宽与图形配合得当、重点突出、主次分明、清晰美观为原则。根据图形的大小（比例）和复杂程度确定配线线宽。比例大的用线粗些，比例小的用线细些。按图形复杂程度，将图线分清主、次，区分粗、中、细；主要图线粗些，次要图线细些。一个项目或一张图纸内各种同类图纸的宽度，以及在同一组视图中表达同一结构的同一线型的宽度，均应保持一致。景观照明施工图中的材料表、示意图以及其他的不属于图形的图线，其宽度的选择应以图形和整张图纸配线协调美观为准。

景观照明施工图所用到的图例符号很多，参见工程实例中的图例符号。

(一) 照明系统图的标注

照明系统图，又称配电系统图，一般工程都有照明系统图。照明系统图中以虚线框的范围表示一个配电箱或配电盘。各配电箱、配电盘、配电柜标明其编号和盘上所用的开关、熔断器等电器的规格。配电干线和支线应标明导线种类、根数、截面面积、穿管管材和管径，有些应标明敷设方法、安装容量、接线相序等。大型工程中每个配电箱、柜、盘应单独绘制配电系统图；小型的工程设计，可以将系统图和平面图绘图在一张图纸上；有时个别工程不出系统图，而将导线种类、根数、截面面积、穿管管径及敷设方法都标注在平面图上。配电系统图中的线路均以单线绘制。构成一个系统图的进户处应标注供电电源（电源相数、电源频率、电源电压）以及总安装容量、功率因数、需要系数、计算电流等。系统图为示意图，可不按比例大小绘制。

1. 供电电源的标注

$$m \sim f \quad (V)$$

式中　m——电源相数；

f——电源频率；

V——电源电压单位。

如 3N PE～50Hz 380/220V 表示三相四线制（3 代表三根相线、N 代表中性线、PE 代表保护地线）电源供电，电源频率 50Hz，电源电压 380/220V，有时会将电源频率标注省略掉。

2. 干线、支线的标注

干线是从总配电箱到分配电箱的一段线路。干线的布置方式有放射式、树干式和混合式。

支线是从分配电箱到灯具、插座及其他用电设备的一段线路。

在系统图中，配电导线（干线和支线）均标明导线种类、根数、截面面积、穿管管材和管径。配电导线的表示方式为

$$a\text{-}b(c \times d)e\text{-}f \quad \text{或} \quad a\text{-}b(c \times d+c \times d)e\text{-}f$$

式中　a——回路编号（回路较少时，可省略）；

b——导线型号；

c——导线根数；

d——导线截面面积；

e——导线敷设方式（包括管材、管径等）；

f——敷设部位。

线路敷设方式文字符号见表8-18，线路敷设部位的符号见表8-19。

表8-18　线路敷设方式文字符号

符号	中文名称	英文名称	符号	中文名称	英文名称
C	暗敷设	Concealed	M	钢索敷设	Supported by messager wire
E	明敷设	Exposed	MR	金属线槽	Metallic raceway
AL	铝皮线卡	Aluminum clip	T	电线管	Electrical metallic tubing
CT	电缆桥架	Cable tray	P	塑料管	Plastic conduit
F	金属软管	Flexible metallic conduit	PL	塑料线卡	Plastic clip
G	水煤气管	Gas tube(pipe)	PR	塑料线槽	Plastic raceway
K	瓷绝缘子	Porcelain insulator (Knob)	S	钢管	Steel conduit

表8-19　线路敷设部位的符号

符号	中文名称	英文名称	符号	中文名称	英文名称
B	梁	Beam	F	地面(板)	Floor
C	柱	Column	R	构架	Rack
W	墙	Wall	SC	吊顶	Suspended ceiling
CE	顶棚	Ceiling	W	墙	Wall

【例8-3】 某回路的干线采用BX500V-(2×4+1×2.5)PVC16-FC，试解释其含义。

【解释】 该回路采用BX型铜芯橡皮绝缘导线，2根截面面积为$4mm^2$的导线和1根截面面积为$2.5mm^2$导线，穿管径为16mm的PVC管，敷设部位为沿地板，敷设方式为暗敷。

3. 配电箱标注

配电箱是接受电能和分配电能的装置。配电箱内安装的电气元件有开关、熔断器、电度表等。当配电箱较多时，要进行编号，如MX-1、MX-2等。配电箱可选择定型产品，也可以自制。若选用定型产品，则将产品的型号标在配电箱的旁边；若是自制配电箱，要将箱内电气元件的布置图绘制出来。控制、保护和计量装置的型号、规格应标注在图上电气元件的旁边。

【例8-4】 某一照明配电箱的标注为$\text{MC-1}\dfrac{\text{PXT (R) -2-3×6/1CM}}{\text{C45N-3P/50A-20kW}}$，试解释其含义。

【解释】 MC-1为照明配电箱编号；分子为配电箱型号，分母为总开关的型号C45N-3P/50A，负载容量为20kW。

【例8-5】 某一动力配电箱的标注为：$3\dfrac{\text{XL-3-2-35.2}}{\text{BV-3×35G40-CE}}$，解释其含义。

【解释】 表示3号动力配电箱，型号XL-3-2型，功率为35.2kW，配电箱进线为3根截面面积为$35mm^2$的铜芯橡皮绝缘导线，穿直径为40mm的水煤气管，沿柱明敷。

4. 开关及熔断器的标注

开关及熔断器的标注一般为 $a\dfrac{b}{c/i}$ 或 a-b-c/i；当需要标注引入线时，则应标注为 $a\dfrac{b-c/i}{d(e\times f)-g}$。其中：a 为开关及熔断器的编号；b 为开关及熔断器的型号；c 为额定电流（A）；i 为整定电流（A）；d 为导线型号；e 为导线根数；f 为导线截面面积（mm^2）；g 为导线敷设方式。

【例 8-6】 某开关的标注为 XA10-3P-50A，试解释其含义。

【解释】 XA10 表示 XA10 系列【低压】断路器；3P 表示三极；50A 表示额定电流为 50A。

【例 8-7】 某开关的标注为 $2\dfrac{HH_3-100/3-100/80}{BV-3\times35+1\times16-G40FC}$，试解释其含义。

【解释】 表示 2 号设备是一型号为 HH_3-100/3，额定电流为 100A 的三极封闭式开关熔断器，开关内断路器配用熔体的额定电流为 80A，开关的进线是 3 根截面面积为 $35mm^2$ 和 1 根截面面积为 $16mm^2$ 的铜芯橡皮绝缘导线，导线穿直径为 40mm 的水煤气管，沿地板暗敷设。

5. 计算负荷的标注

照明供电线路的计算功率、计算电流、计算时取用的需要系数等均应标注在系统图上。因为计算电流是选择开关的主要依据，也是【低压】断路器整定电流的依据，所以每一级开关都必须标明计算电流。若单相开关处标明的计算电流为 10.4A，则［低压］断路器的型号可选 DZ47-63，整定电流为 16A。

（二）电气平面图的标注

在电气平面图中，应标明配电箱、灯具、开关、插座、线路等的位置；标明线路的走向、导线根数、引入线方向及进线电源等；标明线路、灯具、配电设备的容量等。个别平面图的右下侧列出设备材料表，也可以作些简短的设计说明。

1. 灯具的表示形式

灯具的表示形式为 $a-b\dfrac{c\times d\times L}{e}f$，其含义见表 8-20~表 8-22。

表 8-20 灯具表示形式中各符号的含义

代号	含　义	代号	含　义
a	灯具数量	e	灯泡的安装高度(m)
b	灯具的型号及编号	f	灯具的安装方式
c	每盏照明灯具的灯泡数	L	光源的种类(常省略不标注)
d	每个灯泡的容量(W)		

表 8-21 灯具的安装方式

符号	中文名称	符号	中文名称
W	吸壁安装	P	管吊安装
WP	线吊安装	R	嵌入式安装
CH	链吊安装	SC	吸顶安装

表 8-22　光源种类

符号	中文名称	符号	中文名称
IN	白炽灯	I	碘灯
FL	荧光灯	Xe	氙灯
Hg	汞灯	Ne	氖灯
Na	钠灯		

【例 8-8】　$12-YG_2-3\dfrac{2\times40\times FL}{2.5}CH$，试解释其含义。

【解释】　表示有 12 盏、编号为 3、型号为 YG_2 型的荧光灯、每盏灯有 2 个 40W 的灯管、安装高度为 2.5m、采用链吊安装。有时也用简明标注：$12\dfrac{2\times40}{2.5}CH$。

2. 导线的标注

不论实际上每条线路中有几根导线，在照明平面图和系统图上均画成一根线，即用单线图表示。例如，——4——表示在此线路中有 4 根导线。

三、景观照明施工图绘制

用 AutoCAD 软件进行景观照明施工图的绘制。主要介绍以下图纸（或图形）的绘制。

（一）电气设计说明的绘制

在施工图中，电气设计说明是图纸的重要组成部分，绘制不同类型设计说明的方法基本相同。

设计说明主要涉及文字输入。在 AutoCAD 中设置文字样式，注意不同文字的高度设置。还可以利用 Word 软件创建电气设计说明，在 Word 软件中录入电气设计说明的内容并进行排版，再利用剪切板，通过复制和粘贴，就能在 AutoCAD 中得到电气设计说明，这种方法非常方便快捷，特别是对 AutoCAD 不熟悉的人员能用这种方法创建电气设计说明。

（二）材料表的绘制

景观照明施工图中的材料表，包括图例符号和设备型号等技术参数。在了解电气设计说明的绘制后，很容易绘制材料表。

为了方便增加行数，采用各行均为独立行的方法进行绘制。同时，假定所有绘制的对象均在 0 图层上。

按图 8-12 所示的尺寸，用直线命令和偏移命令分两行绘制表格。注意两行的竖向直线应为两段直线。

选择文字样式，用单行文字在第一行和第二行的各单元格输入对应文字，并选择合适的对正方式，得到图 8-13 所示的效果。

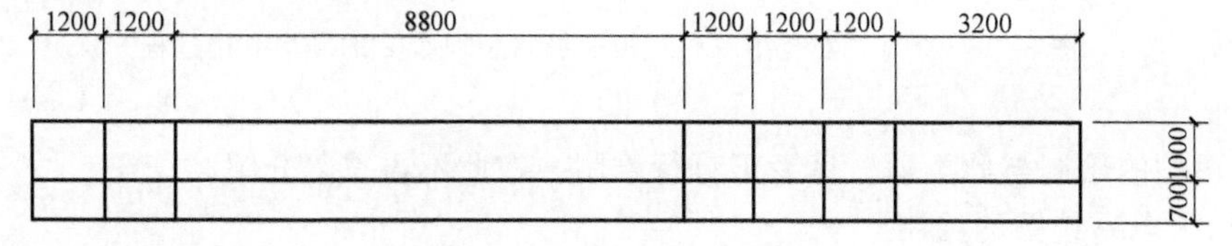

图 8-12　材料表表格的尺寸

序号	图例	名 称 及 规 格	高度/m	单位	数量	备注
1		单元配电箱	1.4	套		按系统图制作

图 8-13　输入前两行文字后的材料表

1）选择第二行的表格线及文字进行阵列：行偏移为-700（向下阵列为负）；列偏移为0；阵列角度为0；选择对象时，采用交叉窗口选择第二行的文字和表格线，注意不能超过第二行。

2）修改各单元的内容：将鼠标指针移至需要修改的单元格文字上，双击鼠标，文字进入编辑状态，按材料表的内容进行修改。一个单元格的内容修改完后，按<Enter>键，退出此单元格的编辑，再将鼠标指针移至下一个单元格，单击进入编辑状态。全部修改完毕后，按两次<Enter>键结束文字的修改。单元格中没有文字的，用删除命令去掉。

3）绘制图例符号。电气的图例不是按物体的实际尺寸成比例绘制的，仅是一个示意图，图例必须符合制图规范且布局合理。以“安全型双联二极三极暗装插座”的图形为例进行介绍。图 8-14 是“安全型双联二极三极暗装插座”的图形及其尺寸。

第一步，用画圆命令绘制半径为 250 的圆。打开“对象捕捉”，并复选上“象限点”，通过水平的两个象限点画一条直线。以此直线为基准，向下偏移 50 和 250，得到另外两条水平线。再以第二条水平线的中点为起点，向下画一条 400 的垂直直线。

第二步，用修剪命令修剪圆的上半部分和第二条直线超过圆周的部分。用删除命令删除第一条水平直线。

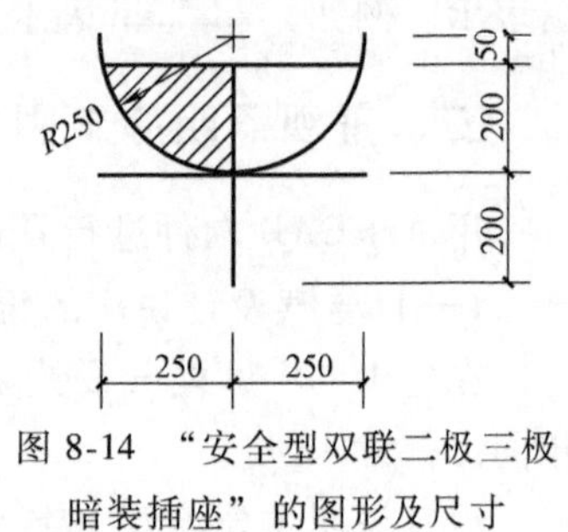

图 8-14　“安全型双联二极三极暗装插座”的图形及尺寸

第三步，用图案填充命令，按图进行填充。填充比例为 200（图形文件的绘图界限不同，填充比例也不一样），图案样式为 ANSI31。

第四步，用创建图块命令将绘制好的图形定义为图块，块名为 ZC02，“基点”在垂直线的下方端点，选择对象是组成该插座的所有对象，并单选“转换为块”。

第五步，将创建好的 ZC02 移动到材料表对应的单元格。也可采用插入块命令将 ZC02 插入到材料表对应的单元格。

图 8-15 所示，是绘制“安全型双联二极三极暗装插座”的图形变化过程。

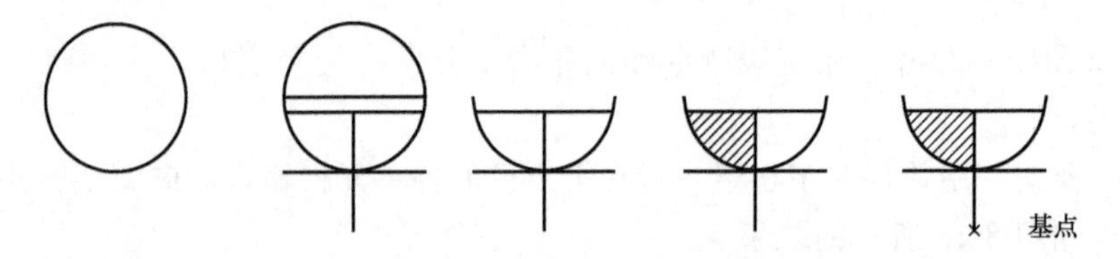

图 8-15　绘制“安全型双联二极三极暗装插座”的图形变化过程

其他图例的绘制与此类似，读者可自行绘制，在此不再重复介绍。

（三）配电系统图的绘制

配电系统图因工程项目不同，繁简程度差别较大，但绘制方法基本相似。下面以图 8-16

所示的配电系统图为例，介绍其绘制方法。

AL-5A / 16kW

C65N-C40A/3P

BV- 5×10 PC40　CC

开关	回路	导线	用途
DPN-16A	N1	BV-2×2.5　PC20　CC	照明
DPNvigi-20A(30mA)	N2	BV-2×4+PE4　PC20　FC	厨房插座
DPNvigi-16A(30mA)	N3	BV-2×2.5+PE2.5　PC20　FC	卫生间插座
DPNvigi-16A(30mA)	N4	BV-2×2.5+PE2.5　PC20　FC	一般插座
DPNvigi-16A(30mA)	N5	BV-2×2.5+PE2.5　PC20　CC	浴霸(预留)
DPNvigi-20A(30mA)	N6	BV-2×4+PE4　PC20　FC	空调插座
DPNvigi-20A(30mA)	N7	BV-2×4+PE4　PC20　CC	空调插座
C65N-20A/3P(30mA)	N8	BV-4×4+PE4　PC25　CC	空调插座
DPNvigi-16A(30mA)	N9	BV-2×2.5+PE2.5　PC20　FC	弱电箱
C65N-C20A/3P	N10		上层配电箱

图 8-16　配电系统图

第一步，创建一个配电系统图的图层，假定为 DQ-系统图，颜色为白色，线型为实线“CONTINUOUS”，线宽为默认值，并将该图层置为当前图层。

第二步，将已设置好的文字样式 H500 置为当前文字样式，采用单行文字或多行文字命令输入 N1 回路的相关文字。再绘制 N1 回路的开关及导线，开关的形状及尺寸如图 8-17 所示。

第三步，复制 N1 回路的文字、开关及导线，垂直向下偏移量为 2000。然后修改成 N2

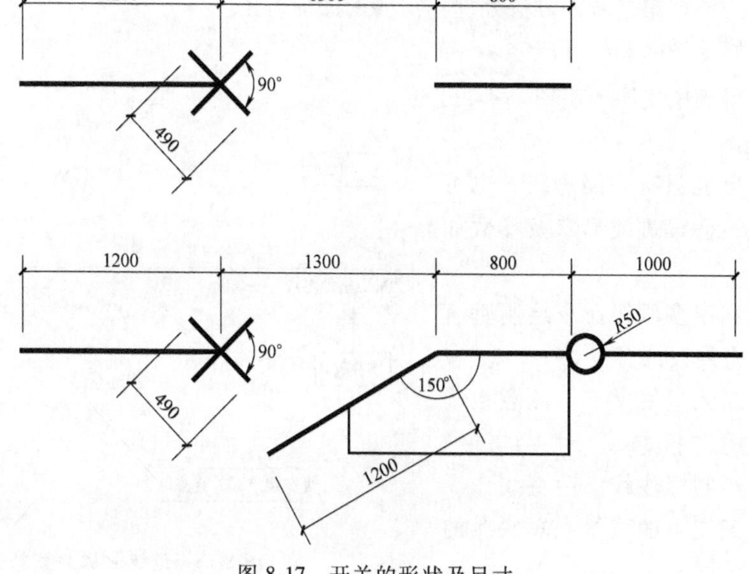

图 8-17　开关的形状及尺寸

回路的文字，并完成 N2 回路开关的绘制。将两种不同形式的开关分别定义为图块 KG01、KG02，基点为水平直线的最左边端点。

第四步，以 N2 回路为基准，向下阵列 9 行，行间距为 2000。修改 N2 ~ N10 的文字内容；将 N10 回路的开关 KG02 删除，插入开关 KG01；将 N10 回路的导线标注删除。

第五步，用多段线命令绘制配电系统图的母排，多段线的宽度为 120。

第六步，绘制进线及总开关。以母排的中点为起点画一条直线，在直线上插入开关 KG01，将重复的部分用打断命令将其去掉，接着输入相应的文字，并输入配电箱的编号 AL-5A 及设备容量，补充一条短直线。

第七步，画配电箱的箱体。根据配电系统图的情况，用矩形命令画一个适当大小的矩形，选择线型为虚线“HIDDEN”。若虚线不能正常显示，则在命令行中输入改变线型比例命令“LTSCALE”调整线型的比例至正常显示为止。

(四) 电气照明平面图的绘制

电气平面图的种类较多，现在介绍电气照明平面图的绘制。

1. 生成电气照明底图

通常，在绘制电气照明平面图时，是需要与其他专业协调工作的。从园林设计人员那里得到景观施工图后，再着手进行绘制。比较两种图形之间的关系，将不需要的图形删除掉，再稍作修改即可得到电气照明底图。

主要的步骤如下：

第一步，将图景观施工图的所有图层锁定。

第二步，无关的细部尺寸的处理。先单击一下需删除的尺寸，观察图层工具栏，看这个尺寸属于哪个图层，将对应图层解锁，同时关闭该图层，观察有无不应该关闭的对象。若没有，打开该图层并将这些尺寸全部选中后，删除掉；若有，打开该图层后将需要保留的尺寸换到一个新建的图层上，再删除不需要的尺寸。如果这些细部尺寸在今后还要作为参考，可将对应图层关闭，待需要用时再打开，而不是删除掉。

第三步，用类似第二步的方法处理不需要的图形对象。

第四步，修改图名和标签。

这时，就得到电气照明底图。

2. 绘制进线

一个工程可能只有一路进线，也可能有多路进线，假设进线形状及参数如图 8-18 所示。

第一步，利用多段线命令绘制垂直线段部分，注意线段的宽度。

第二步，输入进线文字。注意正确处理不同高度的文字。

第三步，绘制标注线。用直线命令进行绘制，注意交点的位置和短斜线的绘制。

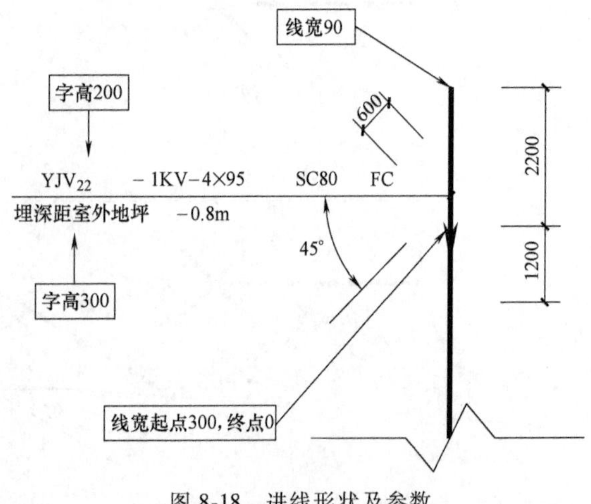

图 8-18 进线形状及参数

3. 绘制配电箱

在材料表中已绘制了配电箱图块 PDX01，假设电气照明平面图中配电箱的尺寸如图 8-19b所示，而材料表中配电箱的尺寸如图 8-19a 所示。比较图 8-19a 和图 8-19b，可见图 8-19b是图 8-19a 关于 X 轴镜像，且高度不变，长度是图 8-19a 的 3.5 倍。

选择插入块命令，按图 8-20 所示的对话框设置参数，选择配电箱的插入点，完成配电箱的绘制。同理，完成其他配电箱的绘制。

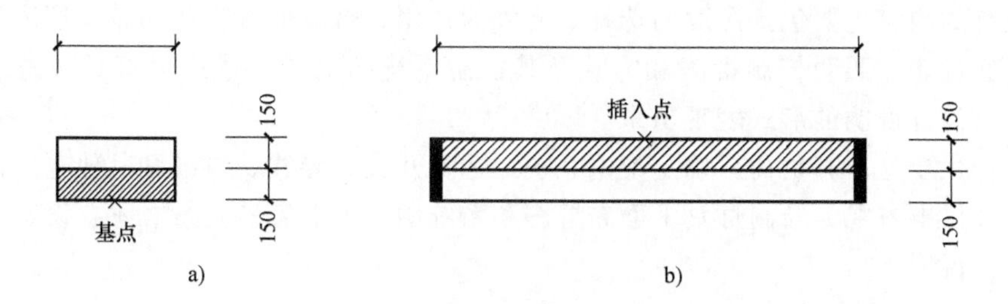

图 8-19　配电箱尺寸

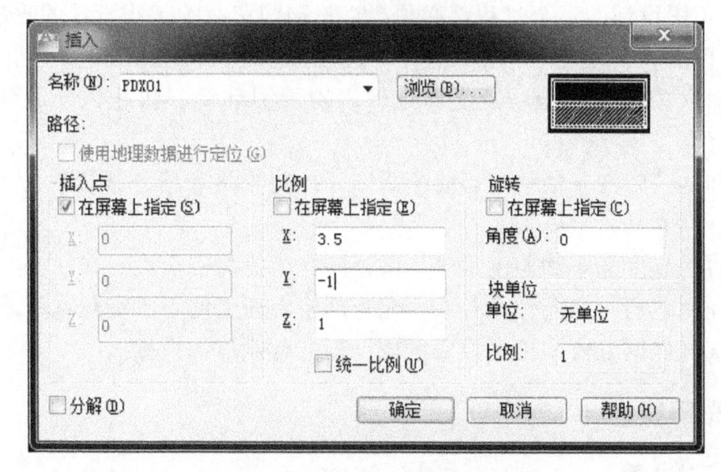

图 8-20　插入配电箱的对话框

4. 绘制灯具和导线

将材料表中绘制的灯具图块插入到电气照明平面图灯具对应的位置。

绘制导线：

1）用直线命令按图绘制灯具之间的导线。注意绘制导线时，要将对象捕捉打开。

2）用直线命令按图绘制灯具与配电箱之间的导线。注意将从配电箱引出的支路的间距设置成等间距，使布置美观。

5. 配电设备的标注

可用直线命令和多行文字命令补齐图中的相关标注。有些标注也可以用引线标注来完成如标注配电箱。

6. 修饰图形

如果图中的文字等放置位置与其他图形交叉，尽量将其移开。检查是否有漏项，若有，应补齐。最后完成电气照明平面图的绘制。

任务四　景观照明施工图设计

一、主要内容

景观照明施工图设计的主要内容是先进行光照设计，再进行电气设计。

光照设计的内容主要包括照度的选择、光源的选用、灯具的选择和布置、照度计算、眩光评价、方案确定、照明控制策略和方式及其控制系统的组成，最终以灯具布置、灯具标注、材料表、设计说明的形式表现出来。

电气设计主要是计算负荷，确定配电系统，选择开关、导线、电缆和其他电气设备，选择供电电压和供电方式，绘制灯具平面布置图和系统图，汇总安装容量、主要设备和材料清单，撰写设计说明。

二、注意事项

景观照明施工图设计的整个过程都必须严格贯彻国家有关工程设计的政策和法规，并且符合现行的国家标准和设计规范。在设计中，应考虑以下几个方面：

1）有利于对人的活动安全、舒适和正确识别周围环境，防止人与光环境之间失去协调性。

2）重视空间的清晰度，消除不必要的阴影，控制光热和紫外线辐射对人和物产生的不利影响。

3）创造适宜的亮度分布和照度水平，限制眩光，提高安全性。

4）处理好光源色温与显色性的关系，避免产生心理上的不平衡与不和谐感。

5）合理地选择照明方式和控制照明区域，降低电能消耗指标。

三、景观光照设计

（一）光照设计步骤

进行景观光照设计，主要步骤如下：

1）收集原始资料，如环境条件及对光环境的要求等。另外，还要收集其他专业相关图纸。

2）确定照明方式和种类，并选择合适的照度。

3）确定合适的光源。

4）选择灯具的形式、确定型号。

5）合理布置灯具。

6）进行光照计算，确定光源的安装功率。

7）根据需要，进行亮度和眩光等的评价。

8）确定光照方案。

9）根据已定的光照设计方案，确定照明控制策略、方式和系统，以配合实现照明方案，达到预期的效果。

在进行装饰性照明设计时，设计步骤略有不同。在收集资料后，先做的是效果设计，即将设计理念和创意绘制成效果图或做动画效果，然后在此基础上利用光照设计实现照明效果。对于功能性照明设计可不做效果图设计，但在选择灯具时要注意与环境相协调，整齐美观。

景观照明主要涉及道路照明、建筑物景观照明、城市景观照明等，下面分别进行介绍。

（二）道路照明

1. 照明标准及光源

道路照明的目的是使各种机动车辆的驾驶者在夜间行驶或行人在夜间行走时能辨认出道路上的各种情况，以保证安全。同时，良好的道路照明还能起到美化都市环境的作用。

道路照明的照度标准可查《城市道路照明设计标准》（CJJ 45—2015）等技术标准和有关手册。

道路照明应考虑到车辆、行人及街道周围的建筑物，因此对光源的光色和显色性有一定的要求。在郊区公路上，采用显色性较差、光色单一黄光的低压钠灯；在接近市区的公路、市区小路可采用高压汞灯；市内一般街道采用高压钠灯，繁华街道采用金属卤化物灯。

目前，已经开始推广使用 LED 灯、太阳能路灯等。

2. 道路照明方式

（1）杆柱式照明　杆柱式照明是一种应用比较广泛的道路照明方式。这种方式是指灯具安装在高度为 15m 以下的灯杆顶端，沿道路布置灯杆。杆柱式照明的特点是：可以根据需要和道路线形变化设置灯杆，并且每个灯具都能有效照亮道路，比较经济，在弯道上也能得到良好的诱导性。杆柱式照明可以应用于一般道路、立体交叉点、停车场、桥梁等处。

（2）高杆式照明　在 15~40m 的高杆上，装有多个大功率灯具，进行大面积照明的方式称为高杆式照明。高杆式照明是从高处照明路面，路面亮度、均匀度好。另外，高杆一般位于车道外，便于维修、清扫和换灯，不影响交通秩序。同时，高杆照明可兼顾附近建筑物、树木、纪念碑等的照明，也可兼作景物照明，但是高杆式照明初期投资大。这种照明方式适用于复杂的立体交叉点、混合点、停车场、高速公路的休息场、港口、码头、各种广场，一般只要是大面积照明的地方都可采用。

目前，高杆照明多数做成可升降的灯盘，以便维修，但其缺点是不便于调整灯具的瞄准点。

（3）悬链式照明　悬链式照明是指在间距较大的杆柱上悬挂钢索，在钢索上装置多个灯具，灯具间隔一般较小。悬链式照明可以得到比较高的照度和均匀度，有良好的诱导性，并且杆柱数量较少，事故率很低，悬链式照明一般不能用在曲率半径较小的弯道。

（4）栏杆式照明　沿道路轴线，在车道两侧栏杆离地约 1m 高的位置设置灯具。这种照明方式的特点是不用灯杆，比较美观，但建设、维护费用高，灯具易受污染，路面亮度不均匀。栏杆式照明仅用于车道宽度较窄的一些特殊场合。

（三）建筑物景观照明

建筑物景观照明的目的是使建筑物引人入目，产生动人的艺术效果，同时可以美化城市夜景。

1. 照度标准及光源

建筑物景观照明的照度标准可查有关手册和技术规范。

我国建筑物景观照明，过去多采用沿建筑物轮廓装设彩灯。这种方法简单易行，但艺术效果欠佳，耗电量也大。

由于投光灯是能透过光的灯具，其光色好、立体感强，所需灯具的功率小，目前室外建筑物景观照明多采用投光灯。

如果被照建筑物的背景较亮，则需要装设更多的灯光，才能获得所要求的对比效果；如果背景较暗，仅需较少的灯光便能使建筑物的亮度超过背景。另外，在安装投光灯时，要结合建筑物本身的特点，选择安装位置。对于纪念性建筑物或有观赏价值的风景区，一般在离开建筑物一定距离的位置装设；如果被照建筑物地处比较狭窄的街道，则投光灯在建筑物本体上装设。

2. 照明方式

在建筑物景观照明中，常用的照明方式有以下几种：

1）投光照明：用于平面或有体积的物体，显示被照物的造型，将投光灯放在被照物周围获得永久的和固定的效果。

2）轮廓照明：将光线条固定在被照物的边界或轮廓上，以显示其体积和整体形态，用光轮廓突出其主要特征。

3）形态照明：利用光源自身的颜色及其排列，根据创意组合成各种发光的图案，装贴在被照物的表面起到装饰作用。

4）动态照明：在上述三种照明方式的基础上对照明水平进行动态变化，变化可以是多种形式的，如亮暗、跳跃、走动、变色等，以加强照明效果。

5）特殊方式（声与光）：以投光照明对象为基础，通过光的色彩变化，结合音乐伴奏和声响以达到综合的艺术效果，如灯光音乐喷泉等。

3. 设计步骤

1）确定灯具的安装位置，所要求的光分布类型和光源特性符合应用情况。

2）用流明法计算灯具的数量和负载是否达到所要求的照度。

3）采用逐点法验算是否达到要求的照度均匀度，绘制灯具的瞄准图样。

大多数装饰性泛光照明的设计步骤只进行前面两步，第三步可在初步计算时作必要的修正。

4. 设备布置与安装高度

泛光照明的设备可放置在区域范围内或安装于区域范围外的高塔、高杆或其他现存的建筑物上。在确定泛光照明的光束角和瞄准点之前，必须决定安装的高度和需要照亮区域的边界。

一般情况下，安装高度越高，所需要的灯杆、高杆或高塔越少。安装高度较高的泛光照明系统通常是安装费用最低、最有用和最有效的系统。安装高度 H 与该地区的纵深 D 之间的关系是影响该系统性能的重要指标。

安装高度 H 与该地区的纵深 D 之间的关系如图 8-21 所示。如果从一侧面照明一个露天场地，D/H 的值必须不大于 5.0；如果该场地内有障碍物，该比值应降至 3.0；当存在过多的障碍物时甚至应该降为 2.0，甚至 1.5；当照明来自两侧时，则该比值可升至 7.0，但若存在障碍物则应该降到 4.0。

确定了可能的安装高度和照明方向后，应考虑每个或每组泛光灯的间隔距离。间隔距离

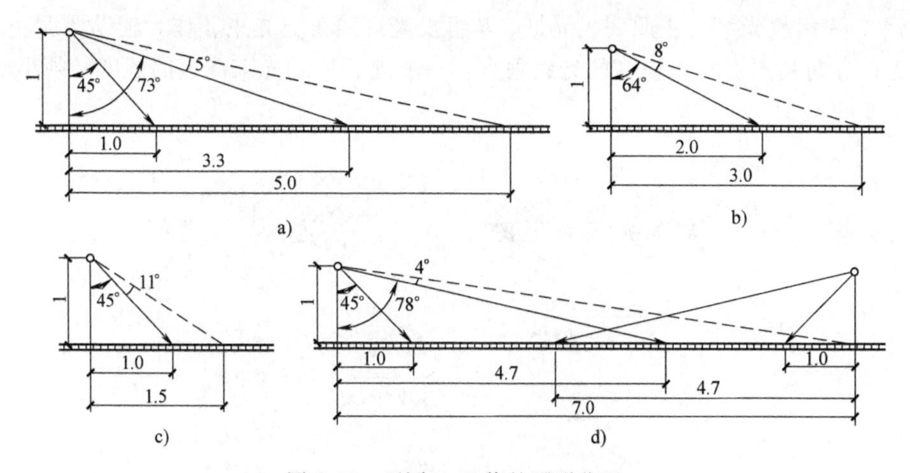

图 8-21　不同 D/H 值的照明范围

与高度的比值（称为“SHR”）是由所选用的泛光灯通过垂直平面中光强最大的水平方向上的水平或横向光束角来决定。如果所需照亮区域是在垂直平面上，例如一座建筑的表面或一幅广告牌，其“安装高度”就变成了泛光灯到表面的距离。

对于不对称泛光灯，SHR 通常在 1.5~2.0 之间。SHR 值为 3.0 时照度均匀度不好，如果场地的限制而导致了较高的 SHR 值，应该将照明器的方向瞄准侧面而不是直接瞄向前向。

5. *表面是平面的建筑*

对建筑物表面是比较平的立面做泛光照明时，为了减轻均匀照明平面时产生的单调感，可采用一些不同颜色的光源，借助不同的彩色光带，强调显示建筑物的垂直结构的特征，如高压钠灯、彩色的金属卤化物灯等。现在用得比较多的彩色金属卤化物灯有发绿光的、蓝光的、粉红色光的。对高大建筑物的立面，需要采用高功率、窄光束、高光强的投光灯进行照明。

对建筑物的一侧立面进行泛光照明时，投光灯可以按一定的间隔进行安装，各灯具光轴与被照面垂直。照明的均匀程度与这些投光灯的光分布情况有关。也可将一组灯具装设在一个地点，但各灯具的投射方向不同，这一方式比较适用于被照面不是很大的情况，可以节省电缆长度，还有利于将灯具隐蔽起来。

当建筑物相邻的两个立面都是平面时，可采用亮度对比加以表现，主立面的亮度应比辅立面的亮度高 1 倍以上。也可以采用两种不同颜色的光束来分别照明这两个立面，这样可以使受照面的建筑物有立体感。

如果建筑物不是很高，灯具可以离建筑物很近，此时可采用光束很宽的投光灯照明，各个灯具以等间距安装，但两个灯具之间的最大距离不能超过与立面间距的 2 倍。对于高大建筑物，必须采用光束更为集中的灯具，灯具应安装在离建筑物较远处，如可将投光灯成群安装在灯柱或塔上。

6. *带凹凸层次的建筑物*

当建筑物表面上有凹凸时，可通过形成阴影来表现其立体感，在建筑物受照面的主要观察方向和光照方向之间必须有一定的角度，如图 8-22a 所示。如果阴影太长或太深，会在很亮的表面或阴影之间产生太强的反差。淡化阴影的方法可以用两组投光灯做补充照明，如图

8-22b 所示。*A* 组投光灯为主照明投光灯，*B* 组投光灯属于宽光束，作为辅助照明。其中，*B* 组灯的光束方向基本上与 *A* 组灯的光束垂直。一般地，辅助光束产生的照度必须小于主光束产生的照度的 1/3。

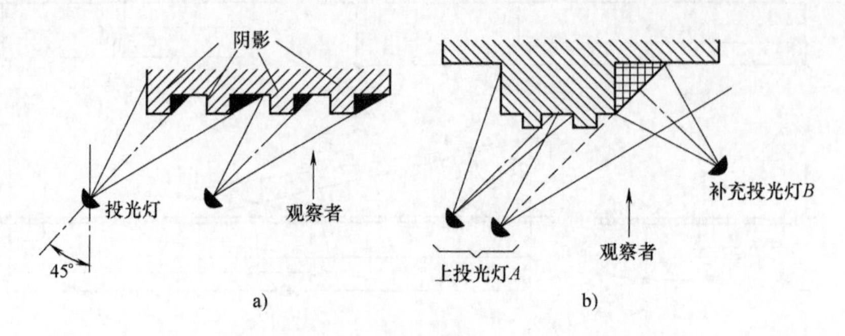

图 8-22　凹凸平面的立体感体现

a）主观察方向与投光方向呈 45°角　b）淡化阴影的方法

7. 廊柱的照明

对于廊柱的泛光照明可以采用剪影效应（“黑色轮廓像” 效应）法，如图 8-23 所示。编组为 2 号灯具放在廊柱 3 后面，将建筑物的立面照得很亮，在这明亮的背景之上就浮现出廊柱的“黑色轮廓像”，即产生剪影效果，为了不使反差太强，最好再加一个辅助投光灯 1，以照明整个场景。

如果需要照亮廊柱自身，可采用窄光束的投光灯 2，将其安装在廊柱的顶部或底部，由于光束很窄（实际上是垂直上下的），这些灯具基本上没有光照在建筑物的立面上，为了使立面不致太暗，有必要加辅助投光灯 1，以照明整个场景。如图 8-23b 所示。投光灯 2 采用掠射式的照明方式，还有利于显现廊柱表面的细节。

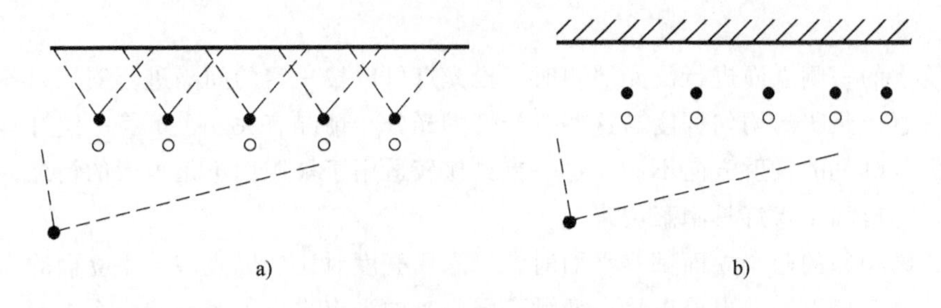

图 8-23　廊柱的照明

在图 8-23a 中，1 为弱光对整个建筑进行泛光照明；2 为强光照亮背景；3 为与建筑主平面脱离的廊柱。

在图 8-23b 中，1 为弱光照亮整个建筑面；2 为对每个廊柱进行掠射式照明；3 为与建筑主平面脱离的廊柱。

除以上两种方法外，还可以对建筑物的立面采用一种颜色的光照明，而对廊柱用另一种颜色的光照明，将建筑物和廊柱区分开来。

8. 玻璃幕墙的照明

对于玻璃幕墙，采用内光外透的方式照明，从室内将光线打到建筑物的窗孔上，在窗口

处的下部放置一只或多只灯具来照明窗帘、窗框。也可以采用很多线状的光源沿幕墙的网架排布，形成规则的彩色光网络图案。还可以用很多闪光灯或光导纤维装在玻璃幕墙上，使它们顺序地或随机地发光，产生动态的效果。如果支撑玻璃幕墙的金属网架有很好的反光性能，可以从下部进行投光照明。这时，玻璃幕墙尽管是黑的，但是闪闪发光的金属框架照样能显现出建筑物的轮廓。

（四）城市景观照明

城市景观照明除了室外建筑物景观照明之外，还包括公园、广场、庭院等场所的装饰照明。

1. 照度标准及光源

城市景观照明的照度标准可查有关手册和技术标准。

公园景观照明中，树木由投光灯具照射，利用明暗对比显示出深远来；投光灯照射假山时，要使棱线最亮，其他部分逐渐暗淡下来；照射草坪或花坛，则要利用光环形成有韵律的图形；在喷水池的喷水口或瀑布流入池塘的地下，应在水面以下装设灯光；在节日里，公园还应该装饰彩灯以创造节日的欢乐气氛。

广场的光源一般多采用大功率、高光效光源，如大容量氙灯、高压汞灯、荧光高压汞灯、钠灯、金属卤化物灯等。广场类型很多，集会广场是节日集会、人们欣赏自然的休息场所，最好采用显色性良好的光源；以休息为主要功能的广场照明，白炽灯等暖色光的灯具最适宜，但从维修和节能考虑，推荐采用汞灯和节能灯；交通广场是人员车辆集散的地方，应采用显色性良好的光源；在火车站中央广场，因为旅客流动量大，容易沾上灰尘或其他污染，因此光源一般设置在广场中心的周围，采用容易维护的灯具。广场灯具的安装方式一般采用高杆照明方式和投光灯照明方式。

2. 庭院照明

庭院照明的目的是表现建筑物或构筑物的特征，并能显示出建筑艺术立体感。庭院照明的光源一般采用小功率高显色性的高压钠灯、金属卤化物灯、高压汞灯和白炽灯。庭院照明的灯具可采用半截光或半截配光型灯具，主要包括投光灯、低杆灯和矮灯等。

庭院照明主要在假山和草径旁设置地灯，以及在道路的上下坡、拐弯或过溪涉水的地方设置路灯。

一般庭院照明的范围较小，灯具选型要简洁艺术，要让人们置身于田园的感觉。灯杆的高度宜在2m以下，可以在假山草地旁设置埋地灯。对于住宅楼群之间的休息庭院，应在道路上下坡、拐弯或过溪涉水之处设置路灯以方便住户。当沿道路或庭院小路照明时，应有诱导性的排列（如采用同侧布置灯位）。

园林小径灯高3~4m，竖直安装在庭院的小径边，与建筑、树木相衬，其灯具的功率不大，要求与建筑、雕塑等相和谐，使庭院显得幽静舒适。草坪灯安装在草坪边，通常草坪灯都较矮，外形尽可能艺术化。水池灯的密封性应十分好，采用卤钨灯做光源。当点燃时，灯光经过水的折射，会产生出色彩艳丽的光线，特别是照在喷水柱上，人们会被五彩缤纷的光色和水柱所陶醉。

庭院灯的高度可按0.6倍的道路宽度（单侧布置灯位时）至1.2倍的道路宽度（双侧对称布置灯位时）选取，但不宜高于3.5m。庭院灯杆间距可为15~25m。庭院草坪灯的间距宜为3.5~5倍草坪灯的安装高度。

3. 树木花卉照明

主要采用突出重点的投影式照明方式。

树木照明是根据树木形体的几何形状来布灯，必须与树的形体相适应。灯光照亮树木的顶部，可以获得虚无缥缈的感觉，分层次照亮不同高度的树和灌木丛，可造成深度感。为了不影响观赏远处的目标，位于观看者面前的物体应该较暗或不设照明。同时要求被照明的目标不应出现眩光。

地面上的花坛都是从上往下看的，一般使用蘑菇状的灯具。此类灯具距离地面的高度约为0.5~1m，光线只向下照射，可设置在花坛的中央或侧面，其高度取决于花的高度。由于花的颜色很多，所用的光源应有良好的显性色。

4. 雕塑照明

针对不同形状和高度的雕塑，为了突出雕塑的某些重要特征，一般设置局部照明。

对于5~6m高的中、小型雕塑，主要是照亮雕塑的全部，不要求均匀，依靠光、影及其亮度的差别，把它的形体显示出来，所需灯的数量和灯位，视对象的形状而定。

如果被照的雕塑位于地平高度，并独立于草坪的中央时，灯具与地面水平，以减少眩光，如图8-24a所示；如果雕塑位于人们行走的地方，灯具可固定在路灯杆或装在附近建筑物上，如图8-24b所示，必须防止眩光。

5. 旗杆照明

灯具一般设置在旗帜展开的范围之内，方向向上并倾斜向旗杆方向。

对于装在大楼顶上的一面独立旗帜，在屋顶上应布置一圈投光灯具，圈的大小是旗帜所能达到的极限位置，将灯具向上瞄准，并略微斜向旗帜。根据旗帜的大小以及旗杆的高度，可以采用3~8个宽光束型的投光灯，如图8-25a所示。旗帜插在一个斜的旗杆上时，应在旗杆两边低于旗帜最低点的平面上，分别安装两只投光灯，这个最低点是在无风的情况下确定的，如图8-25b所示。对于一组旗杆上挂旗覆盖的空间，分别用装在地面上的密封光束灯照明每根旗杆，灯具的数量和安装位置取决于所有旗帜覆盖的空间。

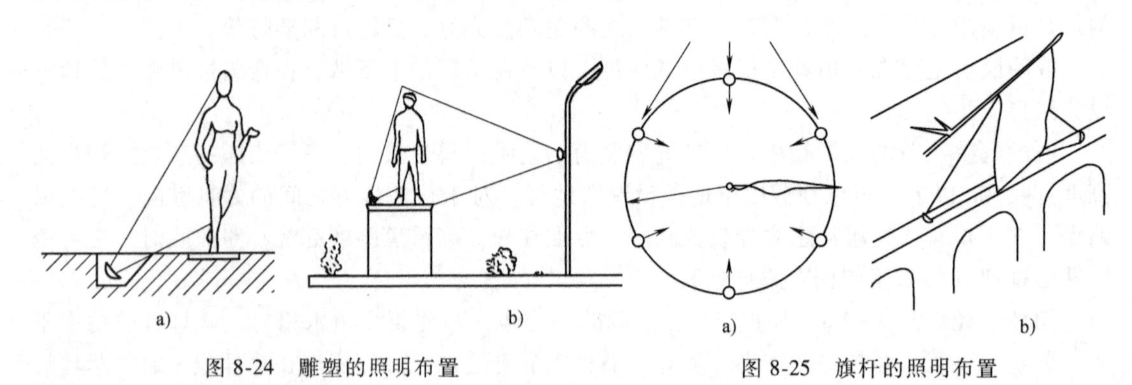

图8-24　雕塑的照明布置　　图8-25　旗杆的照明布置

6. 水景照明

城市中的喷泉、瀑布、水幕等水景是动态的，而湖泊、池塘是静态的。水幕或瀑布的照明灯具布置在水流下落处的底部，光源的光通量输出取决于瀑布落下的高度和水幕的厚度等因素，也与水流出口的形状造成的水幕散开程度有关，如图8-26a所示。踏步式水幕的水流慢且落差小，需在每个踏步处设置管状的灯具，如图8-26b所示。灯具投射光的方向可以是水平的也可以是垂直向上的，如图 8-26c 所示。

静止的水面或池塘可采用泛光照明或掠光照明。静止的水面或缓慢的流水能反映出岸边的一切物体。如果水面不是完全静止而是略有些扰动，可采用掠射光照射水面，获得水波涟漪、闪闪发光的感觉。灯具可以安装在岸边固定的物体上，如岸上无法照明时，可用浸在水下的投光灯具来照明。

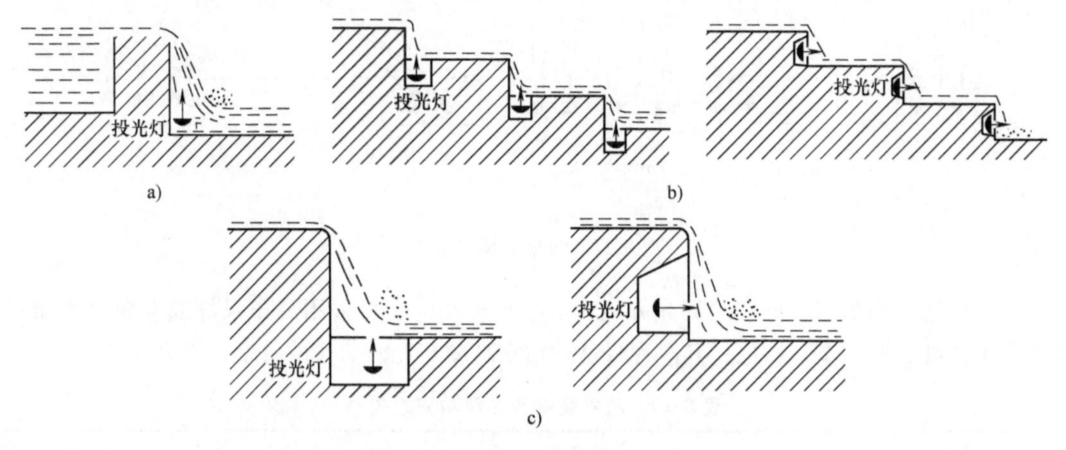

图 8-26　水幕或瀑布的照明布置

a）水流下落处的底部　b）踏步式水幕　c）垂直或水平

7. 桥的照明

桥的照明主要突出桥的外形和轮廓，可采用散光照明、补充照明、强光照明、线光照明等方式，分别突出桥的拱面、侧面、烘托出桥的外形轮廓。

人在桥上看得见的是面向上游和下游的两个水面及桥底，因此灯具放在河岸旁，用扩散的光照亮桥底的拱面。如果桥的长度和高度较大时，可在桥墩上另加灯具来补充照明，用强光照明桥底的拱面，并用略微暗的光照射桥的两侧。桥面较平坦的桥梁，有时可能看不到桥的拱面，此时可用线条状光源藏在栏杆扶手下，照亮桥面，勾画出桥的轮廓。

8. 水下照明

水下照明分为观赏照明和工作照明。观赏照明一般采用金属卤化物灯或白炽灯作光源。工作照明一般采用蓄电池作为电源的低压光源，作为摄像用的光源主要采用金属卤化物灯、氖灯、白炽灯等。灯具采用具有抗腐蚀作用和耐水结构，要求灯具具有一定的抗机械冲击的能力，灯具的表面便于清洗。

9. 喷泉照明

喷泉照明要突出水花的各种风姿，利用灯具形成不同光的分布，造成特有的艺术效果。灯具一般设置在喷水嘴周围喷水端部水花散落瞬间的位置。

在水流喷射情况下，将投光灯安装在水池内喷口后边，如图 8-27a 所示；或装在水流重新落到水池内的落点下面，如图 8-27b 所示；或在两个地方都装投光灯具，如图 8-27c 所示。由于水和空气有不同的折射率，故光线进入水柱时，会产生闪闪发光的效果。

喷泉照明的灯具一般安装在水下 30~100mm，在水上安装时，应选不会产生眩光的位置。灯具选用简易灯具和密闭灯具。12V 灯具适用于游泳池，220V 灯具适用于喷水池。喷泉照明

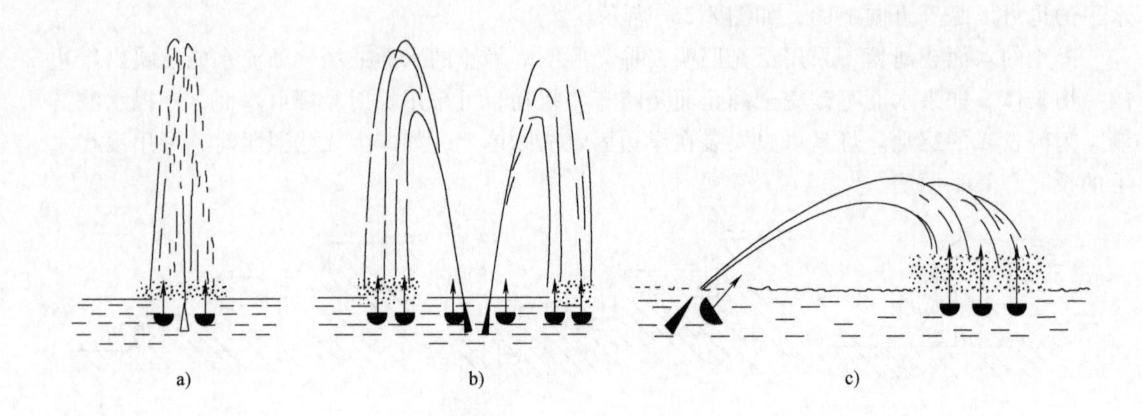

图 8-27　喷泉照明的布置

的光源一般选择白炽灯，可采用调光方式；当喷泉较高时，可采用高压汞灯或金属卤化物灯。颜色可采用红、蓝、黄三原色，其次为绿色。喷水高度与光源功率的关系，见表 8-23。

表 8-23　喷水高度与光源功率的关系

光源类别	白炽灯					高压汞灯	金属卤化物灯
光源功率/W	100	150	200	300	500	400	400
适宜的喷水高度/m	1.50~3	2~3	2~6	3~8	5~8	>7	>10

当喷水的照明采用彩色照明时，由于彩色滤光片的透射系数不同，要获得同等效果，应使各种颜色光的电功率的比例按表 8-24 进行选取。

表 8-24　光色与光源电功率比例

光色	电功率比例	光色	电功率比例
黄	1	绿	3
红	2	蓝	10

欲使喷水的形态有所变化，或与背景音乐结合进而形成“声控喷水”方式或采用“时控喷水”方式。

10. 高塔照明

从塔的形状上来看，主要分为圆塔形和方塔形。

1）圆塔形的照明采用窄光束灯具，安装在比较近的地方，光束边缘的光线正好与塔身相切。最好采用三个或三组投光灯，呈 120°安装，如图 8-28a 所示。当采用三组投光灯时，每组中用不同的灯照明塔身与不同的高度。

2）人们观看方塔时常常同时看到的不止一个面，照明应能使相邻的两个面相互区分，如图 8-28b 所示。若塔身墙面是平的，应该采用图 8-28c 所示的照明方法。

四、景观电气设计

1. 负荷计算

计算灯具的安装功率和电流。

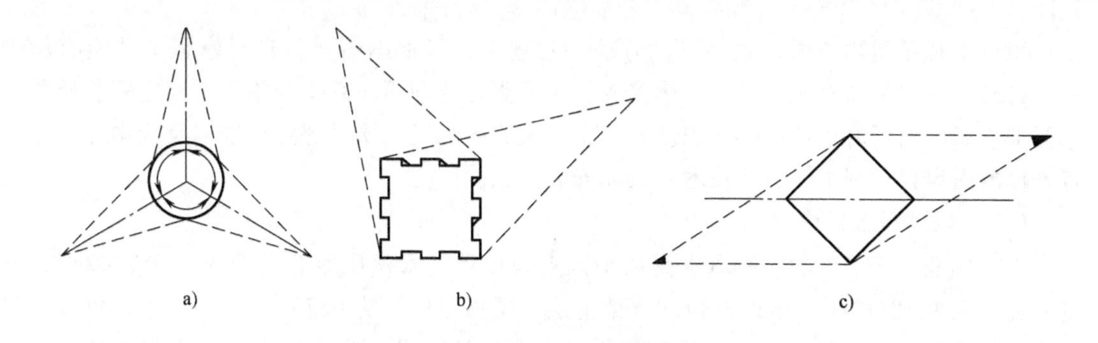

图 8-28　高塔照明

1）考虑整个照明供电系统，并对供电方案进行对比，确定配电方式。

2）各支线负荷的平衡分配，线路走向的确定，划分各配电盘的供电范围，确定各配电盘的安装位置，计算每支路的安装功率。

3）计算各支线和干线的工作电流，选择导线截面面积和型号、敷设方式、穿管管径，并进行中性线电流的验算和电压损失值的验算。

4）通过计算电流，选择电气设备，包括各配电盘上的开关及保护电器的型号及规格、电度表容量等，进而选择合适的配电箱。对于配电箱，应尽量选用成套的定型产品，若采用非标产品，应根据电气设备的外形尺寸，确定配电盘的盘面布置。

2. 管网综合

在电气设计过程中，管网综合应与其他专业进行管网汇总，仔细查看管线相互之间是否存在矛盾和冲突的地方。如果有的话，一般情况下，由电气线路避让或采取保护性措施。

3. 施工图的绘制

先进行灯具平面布置图设计，再设计相应的配电系统图，最后编写工程说明以及主要材料的明细表，并按此顺序进行绘制。

4. 照明控制策略、方式和系统的确定

根据照明方案确定的光源和灯具及照明效果，并结合现场的实际情况，运用合理的照明控制策略和控制方式，选择适当的硬件设备，组成性价比较高的照明控制系统，预设置相应的程序。

五、识读景观照明施工图

景观照明施工图的专业性较强，要看懂图不仅需要绘图知识，还应具备一定的电气专业基础知识，如电工原理、接线方法、设备安装等；熟悉各种常用的电气图形符号、文字代号和规定画法。识读图时，首先要阅读电气设计说明，从中可以了解到有关的资料，如供电方式、照明标准、设备和导线的规格等情况。

（一）识读步骤

阅读景观照明施工图，在了解电气施工图的基本知识的基础上，还应该按照一定顺序进行，才能比较快速地读懂图纸，从而实现识图的目的。

一般按图纸目录、设计说明、材料表、系统图、平面图顺序进行识读，并相互对照识读。

识读景观照明施工图的顺序，没有统一的规定，可根据需要，自行掌握，并应有所侧重。有时一张图纸需对照并反复识读多遍。为了更好地利用图纸指导施工，使之安装质量符合要求，识读图纸时，还应配合识读有关施工及验收规范、质量评定标准以及全国通用电气装置标准图集，详细了解安装技术及具体安装方法。

（二）识读图纸目录

本项目是位于某市的尚风尚水商住小区景观设计。景观用地总面积为 16987.62m^2，道路铺装面积为 10112m^2，绿地面积（含架空层、屋顶绿化）为 6875.62m^2。其中，电气照明设计包括景观照明和背景音乐。详见附图 26 电气设计说明、附图 27 景观照明箱系统图、附图 28 景观照明平面图、附图 29 音响设施平面图。

（三）识读电气设计说明

根据电气设计说明（附图 26），了解到该工程的以下情况：

1）工程概况、设计范围、设计依据。

2）供配电系统：负荷等级为三级，电源是一路 380/220V 三相低压电源，采用 TT 低压系统引至总配电箱 AL-ZM。

3）设备选型及安装：指明灯具等设备的选型、节能措施及安装要求。

4）照明系统的控制方式：指明了照明系统采用手动/自动控制方式。

5）线缆选型及敷设：电缆及导线型号、穿管管材、敷设方式、敷设深度等。

6）接地系统及安全措施：接地措施及接地电阻应达到的标准；保护措施及安装要求等；总等电位联结要求。

7）其他系统的有关要求：对背景音乐及广播系统的有关要求进行说明。

（四）识读材料表

在材料表中，显示了该工程所使用到的图例符号、设备名称、型号规格、数量等。

（五）识读配电系统图

从电施 02（附图 27）中，可以看出进线回路：

1. 计算负荷

$P_e=47.5$kW　$K_x=0.8$　$\cos\varphi=0.8$　$I_{js}=72$A。其中，$P_e=47.5$kW 表示设备总容量为 47.5kW；$K_x=0.8$ 表示需要系数为 0.8；$\cos\varphi=0.8$ 表示功率因数为 0.8；$I_{js}=72$A 表示计算电流为 72A。

2. 电源进线

YJV22-0.6/1KV-4×35+1×16-SC(−0.8m)，表示采用 YJV22 型电力电缆，该电缆的额定电压为 0.6/1kV，4 根（其中 3 根为相线，截面面积为 35mm^2；1 根为中性线 N，截面面积为 16mm^2）导线穿焊接镀锌钢管（SC），埋深为 0.8m。

3. 重复接地

$R_d\leq30\Omega$，表示重复接地电阻为 30Ω。经过重复接地后，保护线 PE 与中性线 N 从进户处分开后，所有用电设备的金属外壳均与 PE 线连接。（此项见电气设计说明）

4. 总开关

CM3-250M/3P 100A 表示断路器型号为 CM3，额定电流为 250A，整定电流为 100A，极

数为 3 极。

5. 浪涌保护器 SPD

CPM-R 40T 表示额定电流 40kA。浪涌也叫突波，顾名思义就是超出正常工作电压的瞬间过电压，浪涌是发生在仅仅几百万分之一秒时间内的一种剧烈脉冲。含有浪涌阻绝装置的产品可以有效地吸收突发的巨大能量，以保护连接设备免于受损。浪涌保护器（Surge protection Device）也叫信号防雷保护器，是一种为各种电子设备、仪器仪表、通信线路提供安全防护的电子装置，过去常称为“避雷器”或“过电压保护器”，英文简写为 SPD。浪涌保护器的作用是把窜入电力线、信号传输线的瞬时过电压限制在设备或系统所能承受的电压范围内，或将强大的雷电流泄流入地，保护被保护的设备或系统不会因冲击而损坏。

6. 分支回路

26 个单相分支回路，3 个三相分支回路。单相分支回路分别向照明灯具供电，三相分支回路分别向水泵和喷雾机供电。

三相分支回路参照进线回路进行识读，下面以 N0 回路为例说明供电情况，再识读 N2 回路。

1）开关：GCS201-C16/2P 30mA 表示断路器的型号为 GCS201，极数为 2，额定电流为 16A，剩余电流为 30mA。

2）控制：18A/1P 表示自动控制用的接触器 1 对主触头的额定电流是 18A。

3）导线：采用 YJV22-0.6/1KV-3×6-SC50，FC，0.7m，表示采用 3 根截面面积为 $6mm^2$ 的 YJV22 型电缆，穿直径为 50mm 的 SC 焊接镀锌钢管沿地下（埋深 0.7m）至 16 只灯具。

4）另注明了回路负荷为 0.5kW，供电给 16 只灯具，接在 L1 相序上。

N2 与 N0 回路对照，发现与 N0 不同之处：一是此回路接在 L3 相序上；二是用 220V/24V 的单相变压器将 220V 电压变换成 24V 的安全电压，供电给埋地式水灯；三是导线：采用 VV42-0.6/1KV-2×6-SC50，FC，0.7m，表示采用 2 根截面面积为 $6mm^2$ 的 VV42 型电缆，穿直径为 50mm 的 SC 焊接镀锌钢管沿地下（埋深 0.7m）至 20 只埋地式水灯，特别提醒的是变成 24V 安全电压后，一定不能再用 1 根导线进行接地。

注：L1、L2、L3 相序，分别对应上文所述的 A、B、C 相序。

（六）识读景观照明平面图

景观照明平面图见电施 03（附图 28）；水泵和喷雾机的配电平面图见电施 04（附图 29），该平面图含有 AL-ZM 中 W1～W8 回路的配电。

1. 进线

由小区物业变压器低压回路埋地引来一路 YJV22-0.6/1KV-4×35+1×16-SC(−0.8m) 型电力电缆，该电缆的额定电压为 0.6/1kV，4 根（其中 3 根为相线，截面面积为 $35mm^2$；1 根为中性线 N，截面面积为 $16mm^2$）导线穿焊接镀锌钢管（SC），埋深为 0.8m。

2. 总配电箱

总配电箱 AL-ZM 的位置在照明负荷的中心，配电箱的规格及内部元件见系统图说明，安装见电气设计说明。

3. 支路

结合系统图和照明平面图，分清每一条支路上的设备及线路的走向。大家可以根据支路的编号顺序来识读每条支路。由电施 03（附图 28）可见，N0 回路从总配电箱引至小区主轴的 16 只灯具，结合电气设计说明和材料表可知，灯具为 220V 10W LED 灯，在总配电箱进行手动/自动控制。其他单相回路参照 N0 回路进行识读。W1～W6 为三相回路，分别引至水泵电源控制箱；W7/W8（预留）为三相回路，引至喷雾机电源控制箱。

4. 设备

主要有总配电箱、灯具、水泵电源控制箱、喷雾机电源控制箱等。根据区域的功能，布置灯具等设备，识读设备布置的位置、安装方式、设备间距等。在识读灯具时，搞清楚灯具与回路之间的对应关系。根据现场实际情况，可对灯具等设备的布置位置进行微调。

项目小结

景观照明施工图设计主要是先进行光照设计，再进行电气设计。在进行光照设计时，应了解照明的基本知识，包括光和光源的基本概念、常用电光源的分类、照明灯具、照明方式，以及如何进行照度计算。在进行电气设计时，应了解照明供配电系统，包括单相交流电概念及计算、三相交流电概念及计算、低压配电系统的形式、低压配电线路的接线方式、景观照明供配电的要求等。

景观照明施工图主要由首页图、平面图、系统图、安装大样图等组成。景观照明施工图设计成果要用图纸的形式展现出来，应掌握景观照明施工图的标注方法，以及如何用 AutoCAD 绘制施工图。通过识读景观照明施工图，进一步理解设计的内容、步骤及方法。

思考与练习

第一部分：理论题

1. 简述光的基本概念。
2. 简述常用电光源的分类方式。
3. 举例说明常用的照明灯具。
4. 照度计算有哪几种方法？
5. 什么是单相交流电和三相交流电？
6. 简述低压配电系统的形式和低压配电线路的接线方式。
7. 景观照明施工图由哪几部分组成？
8. 简述景观照明施工图设计的主要内容和注意事项。
9. 简述景观光照设计和景观电气设计的主要内容。

第二部分：实践操作题

【任务提出】景观照明施工图设计实训。

【任务目标】绘制某省某经济开发区福利院景观照明施工图。

【任务要求】根据规划总平面图（图 6-2），绘制景观照明施工图。

参考文献

[1] 周代红. 园林景观施工图设计［M］. 北京：中国林业出版社，2010.

[2] 中国建筑标准设计研究院. 建筑场地园林景观设计深度及图样：06SJ805［S］. 北京：中国计划出版社，2006.

[3] 黄晖，王云云. 园林制图［M］. 重庆：重庆大学出版社，2006.

[4] 深圳市北林苑景观及建筑规划设计院. 图解园林施工图系列：园林设计全案图（一）［M］. 北京：中国建筑工业出版社，2011.

[5] 深圳市北林苑景观及建筑规划设计院. 图解园林施工图系列：园林设计全案图（二）［M］. 北京：中国建筑工业出版社，2011.

[6] 何昉. 图解园林施工图系列：种植设计［M］. 北京：中国建筑工业出版社，2011.

[7] 深圳市北林苑景观及建筑规划设计院. 图解园林施工图系列：铺装设计［M］. 北京：中国建筑工业出版社，2011.

[8] 中国建筑标准设计研究院. 环境景观 滨水工程：10J012-4［S］. 北京：中国计划出版社，2011.

[9] 中国建筑标准设计研究院. 环境景观——室外工程细部构造：15J012-1［S］. 北京：中国计划出版社，2016.

[10] 中国建筑标准设计研究院. 环境景观 绿化种植设计：03J012-2［S］. 北京：中国计划出版社，2008.

[11] 陈祺，陈佳. 园林工程建设现场施工技术［M］. 2版. 北京：化学工业出版社，2011.

[12] 刘成达，周淑梅. 园林制图［M］. 北京：航空工业出版社，2013.

[13] 杜娟，李端杰，张炜. 景观工程制图［M］. 北京：化学工业出版社，2009.

[14] 樊思亮. 景观细部CAD施工图集Ⅱ［M］. 北京：中国林业出版社，2012.

教材使用调查问卷

尊敬的教师：

您好！欢迎您使用机械工业出版社出版的"高职高专园林专业系列教材"，为了进一步提高我社教材的出版质量，更好地为我国教育发展服务，欢迎您对我社的教材多提宝贵的意见和建议。敬请您留下您的联系方式，我们将向您提供周到的服务，向您赠阅我们最新出版的教学用书、电子教案及相关图书资料。

本调查问卷复印有效，请您通过以下方式返回：

邮寄：北京市西城区百万庄大街22号机械工业出版社建筑分社（100037）
时　颂　　　（收）

传真：010-68994437（时颂收）　　　E-mail：2019273424@ qq. com

一、基本信息

姓名：________ 职称：________ 职务：________

所在单位：________

任教课程：________

邮编：________ 地址：________

电话：________ 电子邮件：________

二、关于教材

1. 贵校开设土建类哪些专业？

□建筑工程技术　□建筑装饰工程技术　□工程监理　□工程造价

□房地产经营与估价　□物业管理　□市政工程　□园林景观

2. 您使用的教学手段：　□传统板书　□多媒体教学　□网络教学

3. 您认为还应开发哪些教材或教辅用书？________

4. 您是否愿意参与教材编写？希望参与哪些教材的编写？

课程名称：________

形式：　□纸质教材　□实训教材（习题集）　□多媒体课件

5. 您选用教材比较看重以下哪些内容？

□作者背景　□教材内容及形式　□有案例教学　□配有多媒体课件

□其他________

三、您对本书的意见和建议（欢迎您指出本书的疏误之处）________

____

____

四、您对我们的其他意见和建议________

____

____

请与我们联系：

100037　北京市百万庄大街22号

机械工业出版社·建筑分社　时颂　收

Tel：010-88379010（0），68994437（Fax）

E-mail：2019273424@ qq. com

http：//www. cmpedu. com（机械工业出版社·教材服务网）

http：//www. cmpbook. com（机械工业出版社·门户网）

http：//www. golden-book. com（中国科技金书网·机械工业出版社旗下网站）